日本近代蚕糸業の展開

上山和雄

日本経済評論社

序

歴史研究、特定の時代やテーマの歴史に関する研究は尽きることがない。しかしいうまでもなく、「流行り」「すたり」も大きい。生糸や養蚕からなる蚕糸業史の研究は、尽きることのないテーマであり、常に少なからざる数の研究者を惹きつけているテーマである。

筆者が歴史研究のとば口に立った1970年代前半、日本近代の社会経済史分野では産業革命期の研究が最も盛んであり、そのなかで個別の産業史研究も行われるようになっていた。産業史研究は、それぞれの分野でスタンダード的な位置を占める著作が公刊されると、その分野の研究は次第に低迷する。そうして近代社会経済史研究の主たる対象は、産業革命後の独占資本主義の時代、戦時経済の研究へと移り、また流通や交通、都市化やインフラなどの分野が多くの研究者の関心を惹きつけるようになった。

蚕糸業分野においても、後述するように1970年代初頭、スタンダードとなる研究が公刊され、長きにわたって参照されている。ところが、蚕糸業の場合はその後も多くの研究者が蚕糸業史を研究し、現在においても継続している。もちろんその研究が不十分だったからという点に帰せられるものではない。その原因は、蚕糸業が日本近代史の中で持つ特異性によるものであろう。

その特異性とは、第一に戦前以来、すでに十分に言い尽くされているが、日本農村の「米と繭の経済構造」、日本の輸出貿易に占める圧倒的な位置、などに示される、戦前日本における蚕糸業の重要性が挙げられる。第二に、一筋縄ではいかない蚕糸業の持つ複雑さによるものである。製糸自体は、蚕が吐き出した細い糸を繭からほぐして数本撚りあわせて一本の生糸にするという単純な作業であるが、単純であるがゆえに、原料である繭の産地や種類、繭の処理方法によって多様な生糸となる。また、絹は衣料という人間にとって不可欠な素材の一部であるとともに、奢侈品としての性格が強く、繰糸方法によってきわめて多様な製品を生み出す。その多様な製品に応じうる繭や生糸が求められるのである。さらに第三には、蚕種や養蚕、製糸などの蚕糸業の各分野が、きわめて多様な地域、多くの人々の生活に決定的な意味を持っていたからである。地域も人々も多様・多彩であるが、蚕糸業はその地域・人々を長きにわたって支えてきた。多様な地域・人々と結びついて蚕糸業は展開してきた。蚕糸業の研究は、単なる産業史ではなく、地域の歴史、地域で生き抜いてきた人々の生活史を明らかにすることでもある。

2014年、群馬県に残る富岡製糸場、高山社跡、田島弥平家、風穴が世界遺産に登録された。これらの遺産は、日本全国に通用する製糸・養蚕・蚕種に標準的な技術が形成される一方、それらが地域に根差した技術から生み出され、また地域独自の在りようをも引き継いでいったことを示している。

蚕糸業が、多様な側面から形成され、多彩な地域の在りようと深く結びついて展開してきたがゆえに、尽きることのない研究対象となっているのである。

戦後、蚕糸業史研究は幕末・維新期研究が盛んに行われる中で、矢木明夫『日本近代製糸業の成立』（御茶の水書房、1960年）らの成果を生み、さらに横浜市史編纂と並行して海野福寿・水沼知一・石井寛治らによって売込商体制・製糸金融などの分野の研究が精力的に進められた。石井氏は1972年に『日本蚕糸業史分析』（東京大学出版会）を刊行する。本書は、マルクス主義経済学に基づく講座派の産業革命史研究の蚕糸業部門における到達点であった。本書の特色は、製糸経営を優等糸生産類型と普通糸生産類型に分類する製糸経営の二類型論、商業資本・金融資本の特徴的な活動によって蚕糸業内部に重層的階級構造が成立するという２点にある。この二類型論と重層的階級構造論は、その後長きにわたって大きな影響力を保ってきた。

蚕糸業に少なからざる関心を持っていた筆者は、同書の大きな構想と緻密な実証に圧倒される一方、強い違和感も覚えた。重層的階級構造論に対する違和感は、不十分ではあったが、『史学雑誌』（第82巻第11号、1973年）における書評で論じた。また本書第２章の「蚕糸業における中等糸生産体制の形成」は全体として、石井氏の製糸経営の二類型論とは異なる製糸業の発展のあり方を提示したものである。

1972年以降、刊行された蚕糸業関係の単著は、石井氏の論を援用しつつ1910年代の蚕糸業を論じた滝沢秀樹『日本資本主義と蚕糸業』（未来社、1976年）、製糸業を中心とする労働市場・女工労働を論じた東条由紀彦『製糸同盟の女工登録制度』（東京大学出版会、1990年）、榎木一江『近代製糸業の雇用と経営』（吉川弘文館、2008年）、片倉製糸を中心に論じた松村敏『戦間期日本蚕糸業史研究——片倉製糸を中心に——』（東京大学出版会、1992年）、長野県上・下伊那地方の農村調査を基礎に養蚕業・組合製糸の展開を描いた平野綏『近代養蚕業の発展と組合製糸』（東京大学出版会、1990年）、下伊那の組合製糸を対象とした田中正孝『両大戦間期の組合製糸——長野県下伊那地方の事例——』（御茶の水書房、2009年）、山形県置賜地方の優等糸製糸経営を対象とする森芳三『羽前エキストラ格製糸業の生成』（御茶の水書房、1998年）、愛媛県の製糸業を対象とした井川克彦『近代日本製糸業と繭生産』（東京経済情報出版、1998年）、諏訪の製糸業を主な対象に資本主義的生産組織・制度が如何に形成されてきたかを論じた中林真幸『近代資本主義の組織——製糸業の発展における取引の統治と生産の構造——』（東京大学出版会、2003年）、アジア間競争という視点で論じた金子晋右『戦間期アジア間競争と日本の工業化』（論創社、2010年）らを挙げることができ、ほかにも冨澤一弘『生糸直輸出奨励法の研究』（日本経済評論社、2002年）、清川雪彦『近代製糸技術とアジア』（名古屋大学出版会、2009年）など、テーマを限定した著作もいくつか公刊されている。

単著とはなっていないが、近年、蚕糸業に関する論文を精力的に発表しているのは、公文蔵人・高梨健司・平野正裕・加藤伸行・大野彰氏らである。公文氏は諏訪だけでなく関西の著名な製糸経営の史料にも依拠して、企業統治に関する論文を継続的に発表し（「明治中後期における製糸会社のトップ・マネジメント」『横浜経営研究』第33巻4号、2013年）、高梨氏は片倉製糸の特約取引、蚕種生産などについて研究を進め（「片倉製糸の蚕種生産体制の構築」『社会科学年報』第44号、2010年）、平野氏は組合製糸や営業製糸の個別経営の分析に加え、生糸市場に関する論稿等を発表している（「第一次大戦末～戦後恐慌期における横浜生糸市場の後退過程」『横浜市史資料室紀要』第６号、2016年）、加藤氏は西日本における養蚕業展開の特質に関する実証的な論稿を発表している（「日露戦後養蚕業の発展構造」『日本歴史』第814号、2016年）。

また大野氏は「日本産生糸の品質に関連して、学会に一つの神話が流布している。1890年代から1900年代の欧米市場において日本産生糸は経糸としては使用されず、緯糸にしかならなかったと説く神話が。」という刺激的な書き出しで始まる論稿（「経糸考」、『京都学園大学経済学部論集』15-３号、2006年）に続き、昨年、生糸の精練・撚糸、織物種類による原料の相異などを詳細に検討し、経糸部門からの日本生糸の排除を否定し、明治後期以降のさまざまな改良によって日本生糸が多様な分野に進出することを明らかにした（「1900年前後に欧米で日本産生糸は絹織物の経糸にならなかったのか」『社会経済史学』81-２、2015年）。

筆者は石井氏の著書に対する書評に加え、松村氏の著書の書評（『土地制度史学』第145号、1994年）、田中氏の著書の書評（『社会経済史学』76-１、2010年）などにおいて、蚕糸業史研究を振り返りつつ、それぞれの位置づけを試みてきた。こうした多くの業績の中でも特筆される成果は、中林氏の著作であろう。氏は諏訪地方を中心にした製糸業に関する緻密な実証的研究を積み上げつつ、製糸業の発展を新古典派の制度論・組織論に結びつけて論じた。著者によれば「伝統的な経済史研究が論じてきた産業組織の変化に対して、新古典派的な基礎を与え、再定義する試み」（同書、３頁）ということになる。本書はある書評において、「近代製糸業史の分野にとどまらず経済史研究全体の流れの中で、一つの画期的業績として今後高く評価され続けるであろう。」（牧野文夫氏の書評、『経済研究』56-３、2005年、276頁）と高く評価されている。中林氏の精力的にして緻密な分析については、まさに驚嘆の目を以て見ていたのであるが、一書にまとめられると、ある種の違和感を覚えざるを得なかった。印象的な感想になるが、「合理的」「制御」「裁定」「適者生存」などの語に示されている如く、製糸業の発展を「最適反応」の繰り返しによって適合的なシステムが形成されていく過程として捉えるのである。これを成し得た地域・企業のみが「適者生存」として生き残るのであり、経済史研究は制度・組織の形成の過程・仕組みを解明することにあるとする。おそらく新古典派と言われる経済学からすればそうなのであろうが、このような方法では歴史の多様さ、豊かさは明らかにならないのではなかろうか、という感を強く懐かされた。

以下、各章の内容を簡単に述べておこう。

第１章「第一次世界大戦前における日本生糸の対米進出」(『城西経済学会誌』19-１、1983年）は、アメリカ絹織物業の展開を同時代の米国の研究を踏まえつつ検討し、その米国市場に日本生糸が圧倒的なシェアを占めるに至った経過と根拠を明らかにしたものである。米国市場における絹織物の動向とイタリア糸・中国糸との関係に留意しつつ、1880年代から第一次大戦勃発に至る期間を５期に分けて検討し、アメリカ市場における日本生糸の特質、糸格の形成とその分化、製糸家の対応などを解明し、絹織物の大衆化を進めたのが日本生糸であり、大衆化に対応して普通糸・中等糸に特化したことが日本生糸のシェア拡大の最大要因であることを明らかにした。

第２章「蚕糸業における中等糸生産体制の形成」(高村直助編著『日露戦後の日本経済』塙書房、1988年）では、日本生糸の対米進出の根拠となった中等糸の生産がどのようにして可能になったのかを検討した。長野県小諸の純水館、上田の依田社といった中規模の製糸経営が、諏訪製糸家の高い生産性の実現と諏訪の生糸が裾物となって糸格間価格差が拡大する中で、最も需要の多い中等糸を基本としつつ、糸況に対応して柔軟に生産糸格を変え得る糸況対応型経営を築いていくことを明らかにした。製糸家にそれを可能ならしめたのは、栽桑・蚕種・養蚕にわたる技術革新であり、政府・府県の政策もそれを支えたことを同地方の養蚕農家、養蚕業の動向から解明した。

第３章「筒井製糸と四国の蚕糸業」(『市史研究「よこはま」』第３号、1989年）は、蚕糸業の後発地域でありながら明治後期から急速に発展し、優良な繭に支えられて高級糸を生産した四国の蚕糸業の展開と、明治末期に創業して高い生産性を挙げたことで知られる徳島県麻植郡鴨島町の筒井製糸の昭和恐慌後までの経営を分析した。

第４章「両大戦間期の生糸市場と郡是製糸」(『国史学』第142号、1990年）は、日本の製糸家の中で最高級生糸を生産しようという意思を持ち、ほぼそれを実現した郡是製糸を対象に、糸格によるプレミアムが変動する中で、またさまざまな障害が生ずる中で、生産する生糸種類の選択をどのように行ったのかを明らかにするとともに、ニューヨーク・グンゼシルクの設立や清算市場の利用などによって、利潤をいかに確保していったのかも解明した。

第５章「養蚕主業村と大規模養蚕農家の動向」(『近世・近代の信濃社会』龍鳳書房、1995年）は、開港以降急速に蚕糸業への傾斜を強めた長野県下伊那郡上郷村と、篤農家原家の幕末から1935年頃までの動向を解明した。全国でもトップクラスの大規模養蚕農家である原家に残された史料、別府地区の農家個票、上郷村の統計などに基づき、養蚕を主業とする地域の農村構造とその技術的基盤について明らかにした。

第６章「両大戦間期における組合製糸」(『横浜開港資料館紀要』第６号、1985年）は、1915年、下伊那郡上郷村に設立され、37年に天龍社に合同する組合製糸上郷館の経営を分析した。上郷館が組合員を強力に組織し、財務状態も良好であったために、糸況に応じた原料政策を展開することができたことを明らかにし、蚕糸恐慌が深まる中で存続し得た製糸経営は、「川上」「川下」からの縦断的統合を果たした組織だったことを示した。

第７章「長野県下伊那の営業製糸、喬木館の経営」(『横浜開港資料館紀要』第28号、2010年）は、長野県飯田町に接する喬木村に、1895年、吉澤家を中心に数人の申合組合として出発した喬木館の1935年頃までの動向を見たものである。喬木村近隣の養蚕農民への指導と女工教育によって、零細ながら明治末期には信州エキストラを生産して着実な経営を続けていたが、震災の打撃と昭和初年の製糸業界の変化に対応できず、地方銀行に多額の債務を抱えて破綻する。しかし同時に養蚕農民を規格統一組合に組織し、組合からの委託製糸として戦時期まで存続することを示した。

第８章「両大戦間期の生糸貿易」(『横浜市史』第一巻上、1993年）は、売込

商体制と称され、外商優位の仕組みであった輸出生糸の流通は、第一次大戦期の好況と戦後の恐慌、関東大震災を機に大きな変貌を遂げ、さらに大正末から昭和初年にかけての検査・取引制度の変革によって、売込商・輸出商の業態は大きく変動する。その変化を、ニューヨークに進出した日本の輸出商、横浜・神戸に開業した新興問屋の動向をみることによって明らかにした。

終章（同前、及び第一巻下、1996年）では、世界恐慌と人絹の織物分野への進出によって生糸消費量の減少と価格の崩落が進むなか、国内蚕糸業は統制の下で「一元的経営」と「すみ分け」によって生きながらえようとしていくことを示した。

本書に収載した論文は、蚕糸業を対象とはしているが、時代も地域もテーマもそれぞれ異なり、しかも長期間にわたって発表してきたものである。対象とテーマによって分析手法は異なっているが、蚕糸業の各部面を史料に即して、実証的に解明しようとする点では一貫している。

目　次

第1章　第一次世界大戦前における日本生糸の対米進出

はじめに——石井寛治氏の所説に関連して——

「序」にも記したように、産業資本確立期以降の日本製糸業と、金融・流通などの関連諸分野を本格的な研究対象の地位に引き上げたのは『横浜市史』の編纂であった。その執筆にも参画した石井寛治氏は『日本蚕糸業史分析』（東京大学出版会、1972年）において、1910年代までの蚕糸業の発展構造を緻密な実証に基づいて体系的に提示した。

まず行論に必要な限りで石井氏の論を整理し、本章の課題を限定しておこう。

開港後、日本生糸はヨーロッパ絹織物業の緯糸、アメリカの経・緯両用糸として輸出を伸ばし、アメリカ絹織物業の発展に伴い、1884年以降アメリカ市場へと次第に転換する。しかし、1890年代・1900年代にはアメリカ市場へのイタリア糸の進出によって経糸部門から締め出されて緯糸生産へ特化し、産業資本確立期の日本製糸業は緯糸生産を中心にして発展した。そして、1907年恐慌以後、「優等糸」と「普通糸」との価格差の増大、清国糸の向上などによって、「普通糸」を生産してきた大製糸家の間に「優等糸」生産に努力する者が出現してきた。こうした世界市場との関わりから、日本の製糸家を、経糸＝「優等糸」を生産する第Ⅰ類型と、緯糸＝「普通糸」を生産する第Ⅱ類型製糸家に類型化する。そして、1910年頃までの製糸業の発展を主導してきたのは、売込商体制に従属する第Ⅱ類型製糸家であり、10年代を通じて第Ⅱ類型の有力製糸家が「優等糸」生産の比重を高め、第Ⅱ・第Ⅰ類型並存の体制へと転換し、20年代以降、第Ⅱ類型から第Ⅰ類型への転換を完了した片倉製糸と、第Ⅰ類型で巨大化した郡是製糸の二大製糸独占体制が成立する、というものである。

石井氏の著作公刊後10年の間に、滝沢秀樹・小野征一郎・大島栄子[1)]などの諸氏が製糸業に関する著書・論文を発表した。小野・大島両氏は10年代以前については、基本的には石井氏の枠組に拠りつつ、石井氏が「展望」のなかで示した20年代以降の独占化の過程を問題にし、また滝沢氏も、石井氏の論理を援用して10年代を中心にした研究を発表した。

本章は、日本糸がアメリカ市場へ本格的に輸出され始めた1880年頃から1910年代初頭までの、日本糸の進出の根拠のいくつかを明らかにすることを課題とするが、本論に入る前に、石井氏の枠組との関連で次の３点を指摘しておこう。

第一は、1880年代から1900年代のアメリカ市場における各国生糸のシェアについてである。石井氏はその間のシェアを、日本が高く欧州が低い時期（80年代中期～90年代初頭）と、日本のシェアの低下と欧州・上海器械糸の増加の時期（～1900年代中期）に分け、99年には「遂に40％ラインすれすれへ転落するという最悪の事態に陥った」（45頁）と評価し、この時期の日本のシェア低下を経糸部門からの駆逐と理解して重視した。

しかし、当時の人々がそうした認識を一般的に有していた訳ではない。アメリカの現状分析家が1910年に述べている如く、日本糸が５割強、欧州糸が４分の１、中国糸が４分の１弱という割合は、「米国における生糸消費の急増にもかかわらず、各国から米国に輸出される割合は過去20年間殆んど変化していない」[2)]という認識も存在した。ここでの課題は、改めて各国生糸のシェアを検討することによって変化の有無を確認することと、もし日本のシェアが低下したなら、それが何故にもたらされたのかをアメリカ絹織物業・日本蚕糸業の動向に即して明らかにすることにある。

第二は、第一次世界大戦直前における日本の生糸とアメリカ市場における各国生糸の評価の問題である。石井氏は前掲書において、「（第Ⅰ類型製糸家の1900年代末における）質的な意味でのイタリア水準への到達」（47頁）、「（第Ⅰ類型製糸家とイタリア・フランス製糸家との）類似性＝生産力水準の高さの故に、彼らが1910年前後にイタリア糸圧倒の役割を担い得た」（83頁）と評価する一方で、09年の主要荷主の分析においてはなお「第Ⅰ類型製糸家で大量の出荷を行なう者はいたって僅か」(60頁)であり、「勢力の相対的な弱さ」が強調され、また同時期のアメリカ市場において日本糸の51%が経糸に用いられていたとする推定[3)]を過大評価であるとし[4)]、「海外で経糸に使用される『優等糸』を生産するものの数は、依然として少数であった」(47頁)とする。判断に迷うところではあるが、「転換期としての1910年代」(83〜92頁)を含めて推測すると、1900年代末までに第Ⅰ類型製糸家が質的にヨーロッパ糸に匹敵する技術的基盤を確立し、弱体ではあったが、彼らがヨーロッパ糸を圧倒する中心になる。そして10年代を通じる第Ⅰ類型の拡大と一部の第Ⅱ類型が「優等糸」生産へ転換することによって日本製糸業は新たな発展を遂げる、という筋道になるのであろう。

ところで、後述の表1-3においてもアメリカ市場における日本糸のシェアは1900年代中期から顕著な増加を示し、大戦直前には7割を占め、大戦末期の2年間を除き20年代中期に8割に達するまで大きな変化はなかった。また後述する如く、イタリア・フランス糸に上海器械糸を加えた割合も、10年・11年に激減した後、20年代初頭まで10%台を保った。こうした1900年代中期から10年代初頭のアメリカ市場における日本糸のシェアの著増は何によっているのであろうか。当時、日本糸が消費者に喜ばれる理由として指摘されたのは、平均的に良質である、相対的に安価である、長期間にわたって販売されている、さまざまな格付生糸を直ちに大量に購入し得る、といった点であった[5)]。こうした指摘は、イタリア糸凌駕の根拠を第Ⅰ類型製糸家の質的な意味でのイタリア水準への到達や、「普通糸」から「優等糸」生産への転換という枠組のみでは把握し得ない側面が存在していたことを示している。

第三には経糸用=「優等糸」、緯糸用=「普通糸」という問題である。こうした分類は石井氏自身も述べているように、固定的ではないが確かに存在した。しかし、この相関関係を決定的に重視するのは問題であろう。生糸の大まかな分類には優等・普通という二者に分ける方法と並んで、上等・中等・下等糸、あるいは優等・準優等・普通糸といった三者に分ける方法も頻繁に見られる。

こうした分類は、生糸の用途を主にして行われる場合と、原料繭や製糸法といった主に技術的側面、あるいは生産条件からなされる場合があった。まず生糸の分類と用途との関係でいえば、綿業に関する議論ではあるが、「品質上の差異を一面的に強調して、価格如何によっては代替関係が現実に存在したことを軽視すべきではないであろう」[6]という指摘は、絹業の場合にもあてはまるであろう。生糸の質と用途との相関関係、あるいは代替関係の有無を検討しなければならない。

次に製糸家の生産条件、技術的側面から生糸の分類をいえば、売込問屋支配体制が緯糸＝「普通糸」を生産する第Ⅱ類型製糸家主導の体制を作り上げたという形で「重層的階級構造」の中に埋没させるのではなく、日本製糸業を規定する生産条件と市場条件の中での製糸家の選択として検討しなければならないであろう。

冒頭から石井氏の所説にこだわり過ぎた嫌はあるが、本章の課題は以上の論点に留意しながら、第一次世界大戦直前にアメリカ市場の70％を占めるに至った日本生糸の対米進出の過程を明らかにすることにある。そして、それがまた日本蚕糸業の展開過程を解明することにもつながるのである。その課題を果たすために、具体的には、第一に当該時期におけるアメリカ絹織物業の展開過程に即して原料生糸の需要傾向を明らかにし、第二には各国生糸の特質と用途の相関関係を検討し、全体的に「普通糸」と評価された日本生糸に格付が形成され、次第に多様化する過程を解明する。そして第三には、その格付の形成と分化が如何なる条件に基づくものであり、またその分化に対応して製糸家が如何なる選択をしていくかを検討する。

第1節　アメリカ絹織物業の発展と各国生糸

多くの織物種類の中で、絹が珍重されてきた所以は、その美観と良質の故であった。絹のそうした特徴はもちろんその原料たる生糸が、光沢・感触・繊維の細さ・強力・弾力などにおいて他の繊維より優れている点に由来する。

19世紀中期に中国・日本の生糸が欧米にもたらされることによって絹の需要が拡大し、また20世紀になると後述する如く一段と需要を拡大するが、しかしなお絹は大衆的衣料である綿や麻に対して高級品・奢侈品的性格を色濃く残していた。絹のこうした特質の故に、19世紀中期以降に生糸の世界市場が形成されると、生糸の質に対する関心が高まるのである。本章の対象とする時期の世界市場に、生糸を供給した主要国は日本・中国・イタリア・フランスの四か国であったが、その序列は第一にセヴェーヌ糸を最高とするフランス糸、第二にピエモン糸を最高とするイタリア糸、第三に上海器械糸、第四に日本糸（器械・座繰糸)、第五に広東器械糸、第六に上海七里糸と広東座繰糸とされ[7)]、この序列は1920年代後半まで基本的には変化しなかった[8)]。

こうした序列が形成され、また特定の市場で大量の生糸が需要されるようになると、各国生糸の内部においても格付という新たな序列が形成され、生糸の序列、格付と絹織物の原料用途の間には、それぞれの時期において一定の対応関係が形成される。本章の対象とするアメリカ市場において、生糸の序列・格付と絹織物の用途との対応関係について最も関心が高まった最初の時期は、1900年代末から10年代初頭にかけての時期であった。アメリカ市場において自然的・慣習的に形成されてきた格付が整理され、公的なものとなったのは1908年６月のアメリカ絹業協会の会議においてであり[9)]、また10年代初頭には絹業関係者・現状分析家による各国生糸の特質や絹織物業に関する著作が相次いで刊行される。この時期はアメリカ絹織物業の発展の一つの到達点であったといえよう。

アメリカの絹織物業は19世紀前半に縫糸・小幅物の分野から出発し、南北戦争後の高率保護関税とイギリスにおける自由貿易体制による絹織物業の衰退、それに伴う職工の移住を契機に発展を開始した[10)]。1871～75年平均で世界市場に供給された生糸のうち、アメリカが輸入した生糸は5.2％にすぎなかったが、19世紀後半から20世紀初頭にかけての顕著な発展によって、アメリカは1906～10年には38.5％の生糸を輸入する最大の絹織物業国となった[11)]。日本は1873～77年の間に総輸出生糸のうち3.4％をアメリカに輸出するのみであったが、

表1－1　アメリカの国別生糸輸入割合（1878〜87年）

年次	総輸入価額（千ドル）	日本（%）	中国（%）	欧州（%）	ロンドン（%）
1878	5,103	16.3	57.9		10.3
79	8,390	26.1	52.1		10.4
1880	12,024	29.5	56.5	6.9	1.7
81	10,889	30.0	55.2	12.5	3.3
82	12,885	35.6	37.6	22.0	2.1
83	14,042	39.8	31.1	26.2	0.3
84	12,481	40.6	24.1	33.0	0.4
85	12,421	42.4	25.8	30.5	
86	17,232			29.3	
87	18,687			31.9	

出典：F. R. Mason, *op. cit.*, pp. 20-28.
注：欧州はイタリアとフランスの合計。

1906〜10年の間にはそれが70％を超えるに至った。日本の蚕糸業はアメリカ絹織物業の発展に吸引され、そこに輸出を集中することによって発展していったのである。

80年代から第一次世界大戦に至る期間のアメリカ絹織物業の発展を、アメリカの景気変動を主な指標として、①1880年代、②1890〜96年、③1897〜1900年、④1901〜07年、⑤1907恐慌〜第一次世界大戦勃発、の五期に分け、その時期区分に即してアメリカ絹織物業の特質と各国生糸の位置づけ、シェアの変化を検討しよう。

1　第Ⅰ期　1880年代

アメリカではすでに1870年代以前に力織機が部分的に採用されていたが、70年代に入ると、生糸輸入の圧倒的な割合を占めていた中国糸の粗悪化と絹織物業の発展との乖離が大きな問題となってきた[12)]。表1－1によれば、70年代末から80年代中期のアメリカ市場において、日本とヨーロッパの割合が急増し、中国が急減するという大きな変化が一目瞭然である。また当時は銀価格の下落によって金を本位とする地域の生糸価格が低下し、アメリカの生糸輸入が拡大を開始する時期でもあった。

増大する輸入生糸は表1－2にも明らかな如く、この時期に力織機の採用によって拡大を開始する広幅物や小幅物の用途に向けられ、日本糸は為替相場の下落による低価格、70年代中期以降の座繰製糸の改良、器械製糸の勃興とその急速な普及による糸質の向上を槓杆に、中国糸を排除しつつアメリカ市場におけるシェアを急速に高めた。当時の日本糸は、90年代初頭の「日本生糸ノ用ハ

表1－2　アメリカの絹織物生産価額（1883～1914年）

（単位：千ドル）

	1883年①	1890年②	1899年③	1904年④	1909年⑤	1914年⑥
広幅物	5,795 (14.2%)	22,900 (45.1%)	52,153 (56.2%)	66,918 (56.4%)	107,990 (62.4%)	137,720 (57.9%)
リボン	9,034 (22.2%)	17,081 (33.6%)	18,467 (19.9%)	21,890 (18.4%)	32,627 (18.8%)	38,201 (16.1%)
縫糸類	10,050 (24.7%)	8,068 (15.9%)	10,246 (11.0%)	10,146 (8.5%)	10,518 (6.1%)	9,682 (4.1%)
レース・編物	—	—	4,862 (5.2%)	8,476 (7.1%)	—	—
その他共合計	40,659 (100%)	50,820 (100%)	92,726 (100%)	118,711 (100%)	173,185 (100%)	237,987 (100%)

出典：①は『中央蚕糸報』第146号、②はF. R. Mason. *op. cit.*, pp. 117-149、③④⑤は『大日本蚕糸会報』第235号、⑥は『蚕糸統計年鑑』（1929年版）。

重モニ当米国最上品ノ原料ニ供スルモノトス」、「本邦生糸ニシテ経糸緯糸ニ使用セラル丶モノハ各其半ヲ占ムルノ現況ナリ」の如く[13]、高く評価されていた。しかし、「耐久性があり、表面がなめらかで、光沢が重要な最高級の平織反物・ハンカチ・レースを生産する最上の絹織物業者はヨーロッパの生糸を使用する」の如く[14]、アメリカ絹織物業の発展の最初から、最高級織物ではヨーロッパ糸が強く、日本糸のその分野への進出は一定の限界を有していた。

2　第Ⅱ期　1890～96年

この時期からアメリカ絹織物業は独自的な発展過程に入る。その第一は、撚糸から織布に至る工程の機械化の進展である。1870年代・80年代に使用されていたのはヨーロッパから輸入した機械であったが、撚糸では80年代後半の改善によって1分間1万回転というスピードの倍増が達成され、リボンでは89年に高速自動リボン織機（high speed automatic ribbon loom）が発明され、広幅物では手織機によってのみ生産されていた模様織物が88年に力織機で生産されるようになり、それに続いて織機の各部分の発明がなされた。アメリカにおける織機の改良は手作業の縮小、単位労働当りの生産額の上昇、機械の単純化を

表1－3　アメリカの国別生糸輸入割合（1890〜1914年）

年次	総輸入量（千ポンド）	日本（%）	中国（%）	イタリア（%）	フランス（%）
1890	4,917	52.0	26.2	16.5	4.4
91	7,521	54.0	24.5	17.0	4.2
92	7,422	49.8	25.3	20.0	4.1
93	4,956	53.3	24.2	17.9	4.2
94	7,974	47.5	30.7	17.0	4.6
95	8,000	49.4	31.5	14.0	4.8
96	6,513	53.3	29.7	13.3	3.6
97	10,315	51.3	28.3	16.9	3.3
98	9,691	46.6	25.9	23.2	3.4
99	11,259	42.2	34.2	19.7	3.1
1900	9,139	50.9	24.8	20.0	3.5
01	12,620	49.1	24.0	20.3	4.4
02	13,637	49.9	22.7	22.7	4.2
03	12,630	53.0	26.8	16.6	3.0
04	17,812	46.6	17.6	25.7	4.5
05	14,505	51.3	20.0	24.1	3.8
06	16,722	55.9	17.9	22.3	3.1
07	15,424	62.4	15.5	19.2	2.4
08	23,333	54.4	20.7	21.3	3.0
09	20,363	58.7	20.1	17.3	2.9
1910	22,379	62.0	24.0	11.8	1.3
11	21,609	67.1	22.1	9.5	0.4
12	26,049	66.9	21.2	10.8	0.5
13	28,594	70.6	20.7	7.0	0.2
14	26,030	70.0	13.6	10.0	0.2

出典：1890〜92年は『中央蚕糸報』第182号、93年以降は『蚕糸統計年鑑』（1930年版）。

目的に80年代末から急速に進んだのである[15)]。

第二は絹織物の輸入関税の引上げである。南北戦争後、従価6割であった関税は1884年に従価5割に引下げられていたが、90年のマッキンレー関税法によって絹織物全体で従価換算で数%引上げられた。この引上げによりベルベットとプラッシュの輸入が減少し、従来ヨーロッパから輸入していた高級品の生産が国内で行われるようになった[16)]。

第三は前期から続いてきた生糸価格の低下が、この時期にも進むことである。1890・91年にはシャーマン銀購入法によって対米為替相場は上昇するが、世界的な繭の良作とヨーロッパの90年恐慌後の不況が重なって横浜価格・ニューヨーク価格も下落した。しかし、92年以降、再び銀の下落による対米為替相場の顕著な低下、アメリカにおける93年恐慌とその後の不況を主な要因にして、アメリカ輸入価格は96年まで低下する。

表1－3は90年以降のアメリカ輸入生糸の内訳である。表1－1と表1－3を直接比較することはできないが、80年代における中国糸のシェアの低下と日本・ヨーロッパ糸の上昇によって、90年代初頭には日本が50%前後、中国が25%、イタリア糸が16〜17%という割合が形成された。80年代から器械糸の輸

出によって急速にシェアを拡大した日本糸は94年に低下し、シェアの拡大は停滞した。また80年代末から急速に発展してアメリカ市場でのシェアを拡大したイタリア糸も、95・96年には低下した。この90年代中期の日本・イタリアの低下の原因は、後述する94年から始まる上海器械糸の対米輸出の増加に求められる。

3　第Ⅲ期　1897～1900年

この時期からアメリカ絹織物業は顕著な拡大の時期に入った。第Ⅱ期に引き続いて撚糸機械と織機の改良・発明が相次ぐとともに、1897年はアメリカ資本主義の転換点と評価される好況となり、かつてない繁栄の時代に入った[17)]。また94年のウィルソン関税法によって絹織物の税率が引下げられていたが、97年にはディングレイ関税法によって下等絹織物には従量税、上等絹織物には従価税を採用して全般的に税率を引上げ、特に下等品に対しては禁止的税率となり、絹織物の輸入は大幅に減少した[18)]。

絹織物は19世紀中頃までは、「中国人と日本人を別にすれば、一般の人々が絹製品を手にすることは不可能であった。絹を好む人々、極く少数の人々のみが特殊な場合に絹製品を着るという贅沢を許されていた」のように、奢侈品であった。それが19世紀後半になると「絹の完全なドレスが広くはないが繁栄した地方の豊かな農民階級の手に入り」、貧しい人々も絹のリボンをつけるようになった[19)]。日本の蚕糸業関係者もこの頃の生糸需要の変動を敏感に感じ取り、90年代中期までは「未タ以テ奢侈品タル絹織物」[20)]、「一般絹織物ノ如キ贅沢品ノ購買ヲ見合ス者増加」[21)] と、なお奢侈品であるとの認識が一般的であり、強かったのに対し、97年以降になるとその認識は大きく変化する。絹織物価格の低下によって需要者が巨大な拡大を遂げ[22)]、絹織物の市場構造は基本的な変化を遂げ、「絹織物の需要か近時全く流行品視せられすして実用的に向ひしは今や争ふへからさるの事実」[23)]、「絹布の奢侈時代は已に業に遠く古旧に属し、今は常套の要品と相成候」[24)] の如く、絹織物の日用品化、必需品化が進んでいるという認識が一般的に形成されてきた。

こうした変化は、アメリカへの生糸輸入量の推移によってもうかがうことができる。19世紀末までは輸入量は拡大しながらも景気変動の影響によって増減が激しかったのに対し、20世紀に入る頃から、以前に比べて急速な安定的拡大を遂げるのである。生糸価格は97年から一転して上昇傾向に転じたが、その原因はアメリカ輸入生糸の5割を占める日本の金本位制採用による為替相場の安定と、アメリカの生糸需要の急激な拡大、アメリカにおける全般的な物価上昇に求められる。

日本糸のシェア拡大傾向は94年頃から停滞し、98・99年には明らかに低下した。この90年代中期から始まるシェアの停滞・低下は、如何なる事情に基づくものであろうか。

第一は、94年に対米為替相場が50ドル（対100円）にまで下がったが、97年の金本位制採用以後は為替相場の低落による生糸価格の低下という槓杆を失ったことによる。第二には上海器械製糸の発展である。上海の器械製糸は78年から始まったとされ、94年から工場数・釜数を増加して対米輸出を拡大し[25)]、四～六緒繰の最新式繰糸器械と上海近辺の優良な原料繭に支えられて、「其光澤の一定と云ひ繊維の斉整と云ひ、殊に纇節の如きは殆んど皆無にして将来我生糸に対して実に恐るべき」[26)]という、ヨーロッパ糸に匹敵する質の生糸を生産し始めたのである。第三はイタリア糸である。イタリア製糸業は後述するように、80年代末の技術的発展を契機に、90年代初頭には国内産繭の増加、90年代中期の国内産繭の減少に対しては東欧・中東からの乾繭輸入によって生糸生産を増加し、98年からは生糸輸出量のうち25％以上をアメリカへ輸出するに至った。そして、90年代中期以降における優等な上海器械糸・イタリア糸の輸入拡大は、アメリカ絹織物業の発展が要求するところでもあった。

> 近来機業上大改良を加へ薄地織物をなすに至り、且蒸汽器、電気器等を用ひ之を織る故運転非常に迅なるより、枠の上下随て劇しく節或は細太の多き糸は切断甚だ多きよし[27)]

力織機改良による絹織物業の発展が、より優等な生糸を求めるに至った状況が知られる。後述するように、まさに90年代中期から日本糸の品質に対する非難が高まり、日本人関係者からも緯糸中心国へ転落するという危惧が強く表明された。こうした日本糸の後退は、アメリカ絹織物業における広幅物の一層の発展に、日本製糸業が十分に対応できなかった事情を反映しているのである。それを第四の原因として指摘できよう。日本糸の90年代中期以降の地位の低下は、98年から1900年にかけて日本糸とイタリア糸の価格差が拡大しているにもかかわらず、シェアを低めている点に象徴的に示されている[28]。

しかし、こうしたアメリカ市場における日本糸の後退を「最悪の事態」と一面的に評価することもできない[29]。第一に、90年代中期からの羽二重を中心にした絹織物輸出の激増である。前述した94年の絹織物輸入関税の引下げによって対アメリカ輸出が増加し、また90年代末からフランス・イギリス向けが増加し[30]、絹織物輸出は1900年代中期まで増加の一途を辿った。生糸生産高に対する生糸輸出割合は、６～７割の高い水準にあったが、輸出用絹織物の原料として生糸が大量に使用されたため、95年から1900年まで、生糸の輸出割合は４～５割台へ低下しているのである。この輸出用絹織物の盛況が生糸輸出割合の低下を引き起こし、シェアの低下をもたらしたという側面があったのである。

第二に、糸質に対する不満・非難が高唱されたのは多くの場合、好況から恐慌への転換に際してであった。その最も典型的な例は1899年から1900年にかけてである。99年はニューヨーク・横浜生糸価格とも激しく騰貴し、「未曽有の好況」を呈したが、翌1900年には恐慌と農産物の不作のなかで、流行も絹織物から毛織物に向かい、「生糸の需要は之を例年に見さるの少数」となった[31]。好況末期に一般的な糸質の粗悪化が進み、不況に転換すると一挙に糸質への非難が高唱されるのである。

> 本年一月以降時々輸入糸商及機屋等ニ就キ細情ヲ探求セシニ、当業者等ハ常ニ生糸一般ノ品質佳良ナラス殊ニ下等糸ニ雑駁ナルモノ多シト殆ント、常套言語ノ外ハ緘口シテ敢テ答弁ヲ与ヘサルナリ[32]

上記の引用は在ニューヨーク領事の言である。市況が好調な場合には中・下級絹織物の売れ行きも良く、劣等な生糸に対する需要も強くて生糸価格の格差も縮小するが、市況が悪化すると、好況時に大量に生糸を購入していた絹織物業者はその処分に困惑して非難を高める。しかし彼らは生糸の質を承知して購入していたので、領事などが不良生糸の商標名・工場名を質しても沈黙せざるを得ないというのである。

第三には、こうした声高な非難も割り引いて聞く必要があるという点である。しばしば絹織物業の中心地であるパターソンを訪問し、絹織物業の視察と日本糸の調査を行った金子堅太郎は、織物業者の「欠点を言へと云ふ農商務省からの依頼、又領事からの請求、其他当業者から聞かれるから私は思ひ存分日本に向って悪口ばかり言って善い事は一つも言はない」[33] という言を紹介している。

90年代中期からの日本糸のシェア低下と糸質への非難は、このような点から必ずしも字義通りに受け取る訳にはいかないが、欧米絹織物業者からの糸質に対する非難が高まり、また日本の蚕糸関係者からも緯糸中心国に転落するという危惧が表明されたのは事実であった。

4　第Ⅳ期　1901～07年恐慌

しかし、日本糸にとっての困難な状況も長くは続かなかった。1900年代初頭には、「我生糸貿易の大地盤は漸く将に安心立命の基礎に向て運移せられつつあり」[34]、「近来本邦糸が欧米機業の進るに伴ひ順次改善の緒に就きつつあるは斯業の為に賀すべき事にして」[35] と、数年前の危機感の表明から一転して日本製糸業の発展的展望が謳歌されるに至った。事実1900年代に入るとシェアの低下は下げどまり、03年からは上昇基調に入り、06年には56%まで拡大する。

日本糸のシェア拡大に示される生糸市場の変化は、まず第一に20世紀初頭のアメリカ絹織物業の発展に基づくものである。97年以降の絹織物の大衆化についてはすでに述べたが、それが絹織物業に次のような影響を与えた。

> 大きな利益は絹織物業への資本のラッシュをもたらし、新たに工場が設置され、古い工場も拡張した。生産の拡大は競争と価格及び利益の低下を引きおこした。……その悪い状況は生糸価格と労賃の上昇をもたらす金価格の下落によって促進された。……増大する競争とライバルより低価格で販売しようという欲望はまず品質を犠牲にして自己の産額を増加させる方向

　に導いた。織物の質は1906〜07年に消費者の声高な非難が浴びせられるまで、数シーズンにわたって非常に悪化した[36]。

絹織物の大衆化は質の低下と価格の低落をもたらし、それはまた安価な生糸への要求を強める。

　アメリカでは外国における程生糸の細大の一定と斉一性に対して購入者は大きな注意を払わない。購入者にとっては価格が支配的な重要性を持つのであり、もし織物業者が繊維の一層の完全性を求めてより高価な生糸を購入したとしても、彼は多くの場合その製品を高く売却することはできない。サイズがあまりに不規則でない限り、又強く、十分に織れる限りでアメリカの絹織物業者はこの点に関して顕著な無関心を示してきた[37]

絹織物の大衆化、即ち価格の低下によって、絹織物業者は生糸を購入するに際して品質よりも価格の低さに決定的な意味を置くようになるのである。もちろん低価格というのは上述の引用にもある如く、進歩しつつあるアメリカの力織機に耐え得る斉一性と強度を維持することが前提であり、「其品位益々精にして価格は愈々廉なるものを嗜好す」[38] と、安価で良質な生糸を大量に必要とするに至り、アメリカの生糸需要構造を変化させるものであった。

　大花客たる米国に於ける原料需要の趨勢が既往と趣きを異にせる事是なり、時に多大の暴騰を見、忽ちに暴落を来すが如き事は爾今見るを得ざるべし[39]

アメリカの生糸市場が安定的な発展を示すようになり、生糸需要の変動に日本製糸業が対応し得たが故に、1901年以降の日本糸のシェア拡大があったといえよう。

第二には中国糸の減少である。中国糸は表1-3に示したように、94〜99年の間3割前後のシェアを占め、1900〜03年の間も銀価格の下落の中で約25%を維持していたが、04〜07年の銀価格上昇によって20%未満へと低下した。こうした中国糸の低下は、上海器械糸にも共通する。90年代後半に急激に拡大して1万俵台に達した上海器械糸の輸出高は07年の1万2,000俵まで停滞的であり、アメリカ向けは01年の約7,000俵まで急速に増加するが、以後大きく減少する。また量的な停滞・減少のみでなく、質的にも「従来上海の製糸場は多くは伊国人の監督によりて営業して居ったが、近年は漸々支那人の手に帰して製品も優等品は減少の方である」[40] と悪化し、裾物に近い三等格が最大の約3割を占めるに至っている。

第三にはイタリア糸の動向である。イタリアは1900年代前半に国内産繭と輸入繭の増加によって生糸の産額を増加させ、また04年からは生糸輸出の3割強をアメリカに向けつつ輸出を増加し、アメリカでのシェアを20～25%にまで高めた。しかしイタリア糸の拡大は、04年から顕著となる日本糸との総輸入生糸平均価格での格差の縮小、標準物での格差が縮小・逆転し、必然的にイタリア糸の糸質の低下をもたらした。1900年代以降のアメリカ絹織物業の中・下級品を主とする発展とイタリア生糸の相対的な悪化、また日本糸の糸質改良を前提にして、この時期にイタリア糸と日本糸は全面的な対抗関係に入ったのである。

欧米の顧客は伊太利糸を捨て日本生糸に向ふたれば、競争は到底我（イタリア――引用者）の堪ゆる処にあらずして、我は他邦にて産出しがたき品即ち優等の絹物を僅に売りたるのみ[41]

新糸開市の頭初より伊太利糸と競争を開始し伊大利糸に比し安値を以て競ふて米国に売込み、以て同国に於けるの伊太利の得意場を大に奪略するに至れり[42]

以上のように、イタリア・日本関係者双方が述べているように、イタリア糸の困難な状況が顕在化し、日本糸の進出が決定的なものとなったのである。

こうした状況の中で、02年の日本糸は総輸出高のうち経糸用が4割、緯糸用が6割と推定されるまで経糸部門を回復したのである[43]。

5　第Ⅴ期　1907年恐慌～第一次世界大戦勃発

1907年恐慌によってポンド当たり4ドルを超えていた生糸価格は11月から崩落し、1911・12年まで3ドル程度への糸価低迷が続いた。アメリカの生糸輸入量は景気後退局面では大幅に減少するのが常であったが、表1－3に示したように07年恐慌による減少は相対的に少なく、その後の不況の中でも輸入量は減少することなく大幅な増加を続けた。

こうした生糸市場の変動は、90年代末から始まった絹織物業の変化がこの時期にいっそう進み、定着したことを示している。

生糸の比較的廉価なりしは絹布の需要を増加する上に於て製造家を容易ならしめたり……絹布の用途は漸次一般的となり其原料たる生糸の現在の如き廉価は益々其一般的傾向を増進すべきなり[44]

恐慌後の糸価の低下が、絹織物の需要を拡大したことが知られる。絹織物はすでに指摘したように、90年代末から高級品の需要が減少し、中・下級品が増加していたが、それがいっそう進むのである。まず広幅物では琥珀や繻子の衰退が著しく、縮緬や絹綿・絹毛交織物などの低価格製品が中心となり、小幅物ではその大部分を占めるリボンが09年頃までは流行していたが、それ以後急速に衰退した[45]。アメリカ絹織物業は80年代以来、リボンと広幅物部門の拡大によって発展してきたが、製品分野が大きく変化してきたのである。

近来著しく増したのが絹手袋、絹メリヤスである。此種の増加は一般の流行も素より原因ではあるが生糸の価の安いのが一の原因を為して居る、以前は絹手袋、絹メリヤス等は上流社会にあらされば用ひなかったのが、近来は中流は申すまでもなく極下流の者まで用ゆる様になり[46]

以上のように、生糸の用途は編物、すなわち手袋・靴下・下着などの需要が拡大し、大戦直前にはアメリカの生糸使用割合は広幅物40％、編物29％、リボン24％、縫糸7％と推測されている[47]。絹織物の需要の変化は工場数にもあらわれてくる。11年から12年にかけて、純絹の広幅物工場は17、リボンは9工場減少する一方、絹編物工場は165から250工場へと増加しているのである[48]。

ところで、こうしたアメリカ絹織物業の変化は日本糸や他の生糸にどのような影響を与えたであろうか。ニューヨーク市場における日本糸の裾物である上一番を基準に、日本糸の頭物とイタリア糸の第2位の糸格の価格差を検討すると、07年恐慌から10年代初頭の時期は、恐慌～09年末、09年末～12年までの二期に分けられる[49]。恐慌から09年末までは日本の裾物と日本の頭物・イタリア糸との格差が大きく、09年末から12年までは日本の裾物と頭物の格差が縮小しつつもイタリア糸との格差は容易に縮小しない。恐慌の前兆が現われる07年春頃から従来の恐慌と同様にイタリア糸と日本糸の格差が拡大し、同年末にかけていっそう大きくなり、日本の頭物と裾物との格差も秋以降次第に拡大する。日本糸の頭物だけでなく、実は中級品である「準エキストラ」物も次のような論理で騰貴していた。

中等織物の流行が盛んになった為に経糸用として伊太利……の如き、上等糸を使用する事は、其価格の高き為に事情の許さゞる点からして、其代用として日本の関西上一番格のものが非常に多く需要せらるゝ傾向を来した、之即ち日本生糸中上一番格と準エキストラ格物との間に非常の値開きを生ずる原因[50]

他方、需要が縮小しつつある高級絹織物の分野では生絹が流行し、それには生産費を節減するためにも撚糸工程を省略した一本経（single weaving）が用いられ、一本経にはイタリア・上海の強弾力に富んだ器械糸が用いられた。そしてまた、日本糸の裾物である上一番は、柞蚕織物や縮緬の流行によって上一番よりも質は劣るが、08年からの為替相場の下落によって低糸価を槓杆に進出してきた広東器械糸の圧迫によって市場を部分的に奪われ、低糸価に低迷するのである。

しかし、その価格差も09年末頃から次第に縮小してくる。その原因の第一は経糸に日本の中等～優等器械糸を使用していたリボンの不況、第二には上一番と上一番より40～50円高クラスの日本糸を使う編物の需要増大、第三には上海為替相場が09年で下げどまり、10年から上昇基調に入ることによって、広東糸の圧迫が次第に緩んできたことによる。このような原因によって日本糸の下位レベルの需要が増大し、上位レベルの需要が減少して日本糸内部での価格差が縮小したのである。しかし「北米利加市場に於て伊仏の生糸が我『関西エキストラ』より百斤に付殆ど百円以上の高価を保ちつつある」[51] のように、恐慌時に拡大した日本糸とイタリア糸との価格差は縮小しなかった。縮緬用の一本経（特太糸）には「何れにても安きものを使用致し得る」[52] ので日本糸の使用が増加したが、日本糸の十四中クラスでは一本経に耐え得なかったので、琥珀などの織物の経糸には使用することができず、拡大した価格差が縮小しなかったのである。

1907年恐慌以後、日本糸がアメリカ市場におけるシェアを拡大する根拠は、アメリカ絹織物業の中・下級品の発展と編物の顕著な拡大に対応して、「準エキストラ」と称されるような、中位のレベルの生糸を供給し得たことによるのである。

イタリア製糸業は糸価が低落する中で08年から産繭額・生糸産額を減少させながらも、08年には輸出生糸の36％、09年には40％をアメリカへ集中することによって08年までは20％近くのシェアを維持したが、09年以後には急減した。

> 此間西欧の製糸家は遂に頻年の強打撃に堪えずして操業の短縮、工場の閉鎖若しくは休業破産等不愉快なる報道の屢次伝はり……斯の如きは直段の対抗上欧州糸が米国に於て駆逐の運命に逢遭せんとするの一証左[53]

イタリア糸はアメリカ市場から急速に排除され、主に自然的条件に基づく優れた粘強性と繰糸工程の精密さに支えられ、一本経あるいは高級絹織物の経糸として、アメリカ市場の数％を占める最高級生糸としてのみ生き残っていくのである。イタリアの生糸輸出量が大幅に減少していく一方で、日本糸との価格差が拡大している事実は、日本糸と糸質において大きな差異のないイタリアの多くの生糸がアメリカ市場から排除され、イタリア糸の中でも最優等糸のみが輸出されていることを示している。

日本糸が５割５分から６割、イタリア糸が２割弱、中国糸が２割を占める1900年代末のアメリカ市場における原料生糸の用途は、次のようにまとめられる。イタリア糸の３分の２は日本の飛切上格と同等以上の糸質で一本経と高級絹織物の経糸、残りの上一番格以下の生糸も中級以下の絹織物や交織物の経糸に用いられる。日本糸はあらゆる分野に用いられ、アメリカ輸出の５割強を占める関西上一番格（Best No. 1）以上の器械糸と座繰優等格が経糸、それ以下は緯糸に使用される。中国糸では上海器械糸の上物がイタリア糸に匹敵し、広東・七里糸は緯糸・縫糸に使用される[54]。

大戦前までの数年間にイタリア糸は１割を切るまでに減少し、日本糸は７割に達するという大きなシェアの変化が進む。しかし、「僅少の優等品が伊太利代用として一本縦広幅物即ち染色織物に使用」[55]、「日本糸の一番良いのは伊太利糸の二流の糸に匹敵して一本の儘使はれて居る」[56] の如く、日本糸のうちイタリアの二流品にさえ匹敵し得たのは少数であり、日本糸がイタリアの優等格生糸を駆逐したのではなかった。その変化は、第一に日本の関西上一番格クラスに相当するイタリアの上一番格などの下位レベルの生糸を排除したこと、第二には市場が急速に拡大した編物や中・下級絹織物の原料生糸である中下位のレベルを、日本が大量に供給し得たことによってもたらされたのである。

以上、80年代から第一次大戦までのアメリカ絹織物業の展開と、各国生糸の占有率・価格・用途などを検討してきた。日本糸はヨーロッパ糸とともに、70年代末から80年代にかけて座繰の改良・器械の採用によって中国糸の市場を蚕食しつつ、勃興期アメリカ絹織物業の比較的優等な原料生糸として進出し、90年代初頭までの日本糸の用途は経緯相半ばするという状況であった。ところが93年恐慌以後、日本糸のシェアは停滞・低下をきたし、経糸部門からの一定の後退を余儀なくされるという事態が90年代末まで続いた。しかし、90年代末からのアメリカ絹織物業の中・下級品を主とする顕著な発展の過程で、日本糸はイタリア糸との全面的な対抗関係に入り、1900年代前半には日本糸の約４割が経糸に使用されると推定され、シェアも06年には56％に達する。こうした傾向は07年恐慌後もいっそう進み、10年代初頭にはイタリア生糸をアメリカ市場の限定された部門に押し込めることに成功したのであった。

第２節　日本生糸の特質

1　日本生糸への非難

前節で明らかにしたように、日本糸はアメリカ市場においてヨーロッパの「優等糸」と中国の「下等糸」の中間にある「普通糸」として位置づけられたが、日本糸は何故に「普通糸」たらざるを得なかったのであろうか。日本糸に対するアメリカおよび日本の絹業関係者による非難は時期によって強弱はあるが、基本的には絶えることがなかった。本章の対象とする時期にヨーロッパ糸と比較して非難された点は、①デニール開差が大きい、②抱合が不良である、③節・毛羽立ちが多い、④色沢が一定していない、⑤切断が多い、⑥強力に欠ける、といった点であった[57]。

こうした日本糸の欠点をもたらした原因は、繰糸工程と原料繭の品質にあった。ヨーロッパの繰糸器械は東洋生糸の進出に対抗して1880年代から顕著な改良が始まり、特に80年代後半のフランスとイタリアの関税戦争を契機に、イタリアでの改良に拍車がかけられ、92年以降にはフランスの蚕糸業奨励政策によって同国にもイタリア式の器械が急速に普及していった。そして90年代末には四緒繰が一般化し、六緒・八緒繰も出現して生産性の上昇と、繰枠の緩速度回転によるデニールの均一性などの糸質の上昇を可能にしたのであった[58]。

しかし、製糸業の生産過程は繭糸の原型を保存し、蚕が繭を作った過程を逆に解舒してその数本を捻り合せるという「極めて軽度の加工業」である。

> 原料繭の品質が製糸の工程、糸量、及び製品の品質の上に及ぼす影響は決定的のものとなる……以上3項目の原料価値（解舒・糸量・品位価値——引用者）は何れも養蚕家の生産技術に依存する。故に製糸業が原料繭の各種価値に、随って養蚕技術に依存することは極めて大である[59]

簡潔に記されているように、器械の改良と糸質の上昇には原料繭が決定的な比重を占めていた。明治・大正期には多くの蚕糸業関係者がヨーロッパ視察に出かけるが、彼らは異口同音に欧州繭の評価について、①繭種類が少ない、②糸量が豊富である、③解舒が良好である、④繊度が斉一である、⑤強度に富んでいる、といった特徴を挙げている[60]。

こうしたヨーロッパ繭の優秀さは、表1-4、表1-5によっても明白である。表1-4によれば、日本の繭は蛾量1匁、給桑100貫当収繭量ではヨーロッパ種・中国種と比較しても優れているが、繭が小さく、糸長も短かく、平均繊度も太く、纇節・切断数も多い。表1-5はデニール検査器による繭一粒の繊度開差を示したものであるが、日本種は第1次から第2次にかけて急激に太くな

表1－4　各国繭質の比較

	日本種	ヨーロッパ種	中国種	交配種
蛾量1匁当収繭量（貫）	3.821	3.735	3.568	3.912
給桑100貫当収繭量（〃）	5.930	5.292	6.303	6.261
上繭百分率（%）	84.9	96.6	96.8	90.1
繭1升顆粒（個）	224	174	172	189
糸長最長（m）	713	942	750	773
糸長最短（m）	471	586	430	477
糸長平均（m）	573	736	581	620
平均繊度（デニール）	3.11	2.82	2.53	2.98
400回当纇節（個）	4.34	3.50	3.85	2.50
400回当切断（回）	0.08	0.04	—	0.02

出典：『大日本蚕糸会報』第277号。調査者は愛知県立原産種製造所技手木村助太郎。

表1－5　各国繭の繊度開差

（単位：デニール）

	日本種	ヨーロッパ種	中国種	日支交雑種
第1次　100回	3.12	3.16	3.08	3.05
第2次　〃	3.67（＋0.55）	3.30（＋0.14）	3.26（＋0.18）	3.65（＋0.60）
第3次　〃	3.56（－0.11）	3.19（－0.11）	3.07（－0.19）	3.54（－0.11）
第4次　〃	3.26（－0.30）	2.99（－0.20）	2.78（－0.29）	3.21（－0.33）
第5次　〃	2.67（－0.59）	2.75（－0.24）	2.38（－0.40）	2.63（－0.58）
第6次　〃	2.03（－0.64）	2.47（－0.28）	1.91（－0.47）	1.99（－0.64）
第7次　〃	—	2.20（－0.27）	1.36（－0.55）	1.36（－0.63）
第8次　〃	—	1.70（－0.50）	—	—

出典：『中央蚕糸報』第151号。

り、第4次以降で急激に細くなることが知られる。この繭一粒のデニール開差の大きさは、生糸のデニールの不整をもたらすのである。纇節・切断の多さは、特にくびれた繭（輪鼓形繭）に原因があった。日本にも「角又」のようにくびれの少ない品種はあったが、輪鼓形繭が飼育も容易で収繭量も多いところから普及し、繭質と糸質を低下させたのである[61]。繭質の悪さに加え、繭種類の多様さも大きな問題であった。明治後半期には少なく見積っても800種以上の繭種類があったと推測されており[62]、それが糸質の向上を妨げる要因となったのである。

ヨーロッパの優れた繰糸器械に着目した行政当局や、一部の製糸家は最新式の繰糸器械を輸入した。住友製糸場は煮繭分業・器械索緒の四緒繰器械を輸入したが、「生糸の販売先きより切断多くして再繰甚しく困難なりとの非難ありて、弊場の生産品は著るしく声価を失墜し実に言ふに忍びざる有様」となり、「決して仏国三界から鉄製器械なぞをかつぎ込むものではない」[63]とし、また1890年にフランスから100人繰器械を輸入して創業した山陰製糸会社も、92年にはその器械を撤去して「本邦在来の器械に自己の考案を加へ之に伊仏の器械を参酌」して再開せざるを得なかった[64]。横浜の生糸検査所でも1900年にフランスから最新式の製糸器械を輸入して試験を行った。しかし以下のように、日本の繭に不適当であるとされ、捨てて顧みるものがいなくなったとされている。

今四口取りの製糸器械を以て本邦の繭を繰糸せんと欲するも、解舒不良にして到底其業を全ふすること能はざるなり……伊仏の生糸が本邦のものに優れて居るのでわざわざ伊仏より機械を輸入して製糸を試みたが今では捨てゝ顧みるものがない、伊仏の生糸の優れた原因は繭にあったのである[65]

主として繭質に規定された糸質のために日本糸の評価はヨーロッパ糸に比較して相対的に低く、日本糸がシェアを大きく拡大した時期においても、最も高い粘強性と斉一性が必要な高級広幅物の経糸に用いられることはなかった。

2　日本生糸の優位性

しかし日本糸の用途の規定には、ほとんどの場合「概して論ずれば」という前提がつき、決定的なものではなかった。80年代末にイタリアの蚕糸関係者が述べているところによれば、60年代から80年代前半にかけて、イタリアとアジアの生糸は、次のようにその用途にはかなり明確な相違があったと認識されている。

その使用に種々ありて需要おのゝゝ相同しからず、而して彼等は相互に直接の競争を為さゞりしか故に、一方の相場に高直の変動あるも他の一方の影響は普通微薄なりしか或は毫も影響の及ぼすものなかりしなり、当時亜細亜の生糸は殊更に太筋の織物に使用せられ、伊太利の生糸は細筋若くは糸筋の整ひ揃ふて完全なるものを要する時に使用せられたるなり[66]

しかしながら、日本は官民一体の努力によって着実な改良と産額の増加を達成し、87年においては「紐育に在りては日本生糸は伊太利の生糸に対して其全線悉く烈しき失敗を蒙らしめたり」[67] という状況となった。そして今後の展望として、「欧州の産糸は唯単に特別なる異種の織物２、３類の製造の他は必要なき品」となることに甘んじるのでなければ、「我製糸家は自今亜細亜糸の価格を超えさるやうにし、尚成るへくは其以下の価格にて産出する」[68] ようにしなければならないと主張する。

このように日本の器械糸が欧米市場に進出して以来、ヨーロッパ糸の代表たるイタリア糸と日本糸は「紐育市場に於ける日本生糸と伊太利生糸との競争は一朝一夕のことにあらず」[69]、「日本蚕糸は実用上伊国蚕糸に異ならず……殊に日本と伊太利とは米国市場に於て常に競争せり、日本は伊国の最も懼るゝ処なり」[70] という競争関係を続けてきた。

絹織物市場・生糸市場の拡大に伴って絹織物と生糸との間には用途の相関がそれぞれの時期において形成されるが、それは使用価値の相違を示すほどのものではなかった。特に日本糸は優れたヨーロッパ糸と劣等な中国糸との中間に位置していたが故に、いくつかの条件によっては標準物の価格でヨーロッパ糸を凌駕することもあり、また信州上一番格でも経糸として使用されたのである[71]。

両者の関係を相対化する主要な原因は二つあった。一つは生糸の質そのものが有している問題である。前述した日本糸の欠点は決して日本糸や広東糸にのみあったのではなく、ヨーロッパ糸にも存在した。切断や纇、二本揚り、ラウジネスの問題など、日本糸に浴びせられた非難の多くは撚糸と織布の過程であらゆる生糸に見られるものであった[72]。そして、それらの欠点の多くは再繰と撚糸工程で若干の手数と損失を負担すれば改善されるものであり、アメリカの撚糸・織物工場ではそれが広範に行われていたのである[73]。

第二は、1897年頃から顕著に発展するアメリカ絹織物業自体の問題である。アメリカの絹織物業者は劣悪な生糸を購入して低級な絹織物を生産する者、優等な生糸を購入して高級な絹織物を生産する者と、生糸の価格・質、絹織物の流行などを勘案しながら随時適宜な生糸を購入し、多様な絹織物を生産する者、という三つの型に分けられ、第三の型が最も多いといわれる[74]。このような絹織物業の展開においては、生糸の質と用途の関係は極めて相対的なものであった。生糸の質と織物用途の関係は、一部の高級絹織物や縫糸などの分野においては比較的固定した関係が成立したとしても、次のように、同一方法で製糸された生糸の間では相互に代用され、中・下級の絹織物においては生糸の質それ自体が問題なのではなかったのである。

大なる需要の差を見ることを得ず、互に代用することを得るものなり、特に其同一方法を以て製糸せられたる場合を以て然りとなす、之れ欧州、支那及日本器械糸の間に於て大なる価格の差なき所以なり[75]

すなわち一般的には、絹織物業者が如何なる生糸を購入するかを決める要因は、第一に「要は欠点の程度分量と代価との関係如何に帰する」[76] とあるように、生糸の質と価格との相関であり、第二には流行や景気変動、業界内部の状況など絹織物業者を取り巻く市場条件であった。絹織物の種類と生糸の質の間には、前節で述べた如くそれぞれの時期において一応の対応関係が形成されてはいたが、その対応関係は以上に述べたように相対的なものであり、強い代替性を持つものであった。こうした対応関係とその代替性を示すものとして、繭質・糸質によって各国・各産地の生糸に序列がつけられ、またそれぞれの生糸のなかにおいても序列が形成されていった。次には、日本糸、特にアメリカ向け器械糸に序列、即ち格付が形成される過程を検討しよう。

第3節　日本生糸の格付の形成

1　糸格の形成

1890年代中期までの横浜市場では、器械細糸・器械太糸・座繰糸・折返糸・提糸・鉄砲糸などの区分がなされ、価格もほぼこの序列であった。器械製糸生産高が座繰を上回るのは94年であるが、輸出生糸のうち器械糸が過半を占めるのは80年代末であると思われる。統計が得られる90年には器械糸が54%を占め、93年には64%を占めるというように、輸出市場では座繰以下を急速に圧倒していった[77]。90年代中期には提糸以下が急減して輸出市場から消滅し、器械細糸・折返糸の大部分はヨーロッパ向けとなり、アメリカへは器械太糸と座繰糸が輸出され、その区分が明確となる1900年代中期には、アメリカ輸出生糸のうち器械太糸が9割を占めるに至る。

90年代中期の横浜市場におけるこうした生糸の区分は、生産方法や束装を基準にしたものであり、後年の格付とは質を異にしている。格付は産出地を同じくし、しかも基本的には同一の生産方法によって生産された生糸の分類である。中国では上海糸と広東糸は同一の格付表に入らず、また日本も関西と信州のように分けられる場合もあった。同一地域でも上海の器械糸と七里糸、広東の器械糸と座繰糸、日本の器械糸と座繰糸はそれぞれ異なった格付体系が形成されるのである。ここでは日本の輸出生糸、アメリカ向け輸出生糸の大部分を占める器械太糸に限って考察する。

90年代前半までのアメリカ市場においては、日本の器械糸は次のように評価されていた。

> 二三ノ評判善キ種類ヲ挙クレハ開明社、六工社、東行社、長信社、得信社、俊明社、鶱瑚社、及横浜甲九十番商会ノ商標等ニ有之、又地方別ヲ以テ言ヘハ評判良キ製糸ハ概シテ信州産ニ係リ、次ニ甲州産モ亦タ頗ル良質ノモノニ有之、而シテ日本糸ノ中其最モ雑駁ナルモノハ下等糸ニ属シ、殊ニ前橋糸、上州糸、及ヒ奥州糸等ニ多ク之ヲ見受ケ候[78]

即ち信州器械、その中心である諏訪器械糸は座繰糸や折返糸は勿論、他地方の器械糸と比較しても評価が高く、価格においても上位に位置づけられていた。この時期までの器械太糸で諏訪器械糸以上の価格を実現しているのは、山陰製糸・室山製糸・太陽社などいくつかの製糸場のみであった[79]。しかしその一方で、93年恐慌の頃から信州生糸に対する非難が強まってくる。

> 殊に近来は毛類多く又は綾振り外れ、二本揚げ等の糸を輸出するものあるを以て織屋の不評判を招き大に販路の妨害を与へたり、而して毛類は信州

糸に多くして関西糸に少きもの丶如し[80]

日本の生糸の中で殊に信州で出来る所の器械糸の毛ば立つのは実に困ると云ふです[81]

図1-1　ニューヨークにおける各国生糸の価格（1894～1912年）

（単位：ドル）

		イタリア	日本	上海
1894年9月 ①	3.90	飛切上		
	3.80	飛切		
	3.70			
	3.60	上一番	特別～一番	
	3.50	一番～二番		
1897年10月 ②	4.00	飛切上		飛切
	3.90	飛切	飛切上	
	3.80	上一番	飛切	一番上
	3.70	一番	一番上	二番上
	3.60			
1905年10月 ③	4.60		飛切上	
	4.50	飛切上	飛切	
	4.40	飛切	上一番	一等
	4.30	上一番		
	4.20			
1909年10月 ③	4.70	飛切上		
	4.30	飛切	飛切上	一等
	4.00	上一番		
	3.80		飛切	
	3.60		上一番	
1912年10月 ③	4.10	飛切上	飛切上	一等
	4.00	飛切	飛切	
	3.90	上一番		
	3.80			
	3.70		上一番	

出典：①は『大日本蚕糸会報』第31号、②は同第67号、③は各年次『生糸検査所調査報告』、③の日本は代表的糸格のみ。

日本からアメリカへの器械糸の輸出が急増し、器械糸の中での糸質の差異が問題になり始めたこの90年代前期頃から、ニューヨーク市場における日本器械糸の格付が形成され始まる。図1-1の94年9月の価格関係図に示したように、日本器械糸には特別と一番の区別が存在するが、イタリア糸と比較すると明らかに異なっている。イタリア糸は飛切上から二番まで五格に細分され、価格も最低3.50ドルから3.95ドルまで45セントの差があるのに対し、日本糸は格の区別が存在しながらも、価格では一括されて3.50ドルから3.65ドルまで15セントの差があるのみである。このことはイタリアが多様な糸格、価格の生糸をアメリカ市場に供給していたのに対し、日本は低価格で限定された種類のみを供給していたことを示している。こうした状態は、ニューヨークの価格を知ることができる94年3月から9月まで全く同様である。

横浜市場で諏訪器械糸より上位にランクされる器械太糸が、「格」として出現したのは96・97年からであった。茂木商店の『蚕糸貿易要覧』には96年から優等太器械、即ち信州エキストラの相場が記され、翌97年には信州エキストラ以上の格として関西優等太器械も時に記されるようになった。原商店の『生糸貿易概況』に信州優等品・関西優等品の名称が記されるのは、97年が最初である。ニューヨーク市場においても図1-1のように、97年10月には器械糸に飛切上・飛切・一番上という3格の存在が確認される。しかし、イタリア糸が3.65～4ドルまで35セントの範囲に4格があるのに対し、日本糸が3.70～3.90ドルという20セントの範囲に集中している点は、94年となお同様な状態にあったことを示している。

横浜の外商たちは「拝見」という生糸荷口の個別的品位の鑑定により、一定の銘柄格差をつけて購入していた。90年代前半におけるアメリカの輸入急増と日本糸内部での器械糸増加に、必然的に随伴する糸質の多様化に対応して、ニューヨーク市場でまず器械糸の格付が形成された。この格付に対応して横浜市場においても90年代中期に、アメリカ向太器械は関西優等・信州優等・信州上一番という3格に格付されたのである。しかし信州エキストラは格付成立当初から後年まで数銘柄にとどまり、また次第に比重を高める関西エキストラも成立当初は少数の製糸家であった。1910年前後には「優等糸」を生産することで著名になった岐阜の信勝社、愛知の三龍社、三重の関西製糸、滋賀の山中製糸、岡山の山陽製糸、山口の義済堂、愛媛の白滝製糸なども、当時は諏訪器械糸とほぼ同水準であった。

格付が形成され分化するに至る最大の要因は、銘柄・糸格による価格差の拡大であることはいうまでもない。横浜市場で格付が形成される1896年から1914年までの上一番格と信州優等・最優等との価格差を見ると、格差が拡大しているのは1900年と1907～09年の間である[82]。両期はイタリア糸と日本糸の標準物の格差も増大しており、また1894年も同様に格差が拡大している。景気後退局面ではなお奢侈的衣料である絹織物の需要は大きく減退するが、そうしたなかでも中・下級絹織物に較べると高級絹織物の減退は小さく、そのために生糸の価格差が拡大する。この価格差の拡大を契機に糸格が形成され、いっそうの分

図１－２　糸格の形成過程（1898～1905年）

	低　　　　　　　高
1898～99年	氷上共同—諏訪—羽前—信州Ｘ—山陰 九州 甲州
1901～02年	諏訪—（九　州—信州Ｘ—羽前—山陰 （氷上　羽子板） 甲州）
1904～05年	諏訪—氷上—信州Ｘ—甲州—（九　州／羽子板）—（山陰／羽前）

出典：各年次『横浜生糸貿易概況』『蚕糸貿易要覧』により作成。

化が進むのである。

2　糸格の多様化

糸格が分化していく経過を、売込価格を基にして作成したのが図１－２である。この図に見られる糸格分化の特徴の第一は、信州＝諏訪器械糸の裾物化であり、第二は他地方生糸の上昇である。80年代から90年代前半にかけて「信州有名品」「信州優等品」と称され、価格も高位を保っていた諏訪器械糸は、1900年代初頭には器械太糸の中で完全に裾物となり、価格でみると座繰優等は勿論、座繰一番よりも下位に位置づけられるに至った。他方、90年代末にもなお諏訪器械糸より低位にあった、後の関西一番格の代表的銘柄である氷上共同や後の矢島格となる甲州物が1900年代初頭には上位になり、羽前物は羽前エキストラと称されて信州エキストラを超え、山陰エキストラとほぼ並ぶ。1900年代前期には甲州物が矢島格、あるいは甲州エキストラと称されて信州エキストラを超え、また90年代末から1900年代初頭にかけて諏訪器械糸の前後に位置していた鹿児島・熊本の九州物や群馬の碓氷社などの器械糸の上昇も著しい。

ニューヨークにおける90年代中期以降の格付の分化過程は明確にはできないが、横浜におけるこうした格付の分化は、ニューヨーク市場を反映して形成されたのである。前述した如く、1908年にアメリカ絹業協会が日本器械糸の公式的な格付を決定し、それに対応して横浜市場でも格付の一般的な呼称が成立す

図1－3　ニューヨークと横浜における糸格の関係（1910年）

ニューヨーク	横　浜	価格（100斤当り円）
Double Extra	優等　　（飛切）	900～930
Extra	準優等　（矢島格）	910
Shinshu Extra	信州優等	—
Best No. 1-Extra	精選一番（八王子格）	｝870～880
Best No. 1	関西一番（依田社格）	
Hard Nature No. 1	硬質一番（武州格）	—
No. 1	上一番	850～855

出典：価格は『明治四十四年　生糸検査書調査報告』の1910年9月下旬～10月上旬。

るが、それを示したのが図1－3である。図の格付は、図1－2に示した1904・05年の状況とほぼ同一であることがうかがえよう。08年に決定される日本器械糸の格付は、すでに1900年代中期にはほぼ成立していたのである。しかし、この格付はあくまでも生糸の取引に際しての公式的な目安にすぎず、一般的にはこの頃にはエキストラ格以下は同様であるが、Double Extra が Grand Extra、Double Extra Special、Double Extra の三格に分けられ、横浜では特別優等・最優等・羽子板格と称されていた[83]。また20年頃にはニューヨークで13格、横浜では17格もの格付が付される場合もあったが、そうした多くの格付は「直開き大なる時は一格として存在するものも、小なる時は他の格に併合さるゝものあり」[84] のように、一般的な格付ではなく、基本的には1900年代末に形成された格付が20年代前期まで維持されるのである。

格付は本来的には特定の織物用生糸として最適の糸質を示すために、「品質の優劣により或る階級に区分する方法」として成立した。その格付はアメリカ絹織物業の大衆化＝多様化に対応して、1900年代に分化を遂げ複雑化する。そうした段階の格付はアメリカ絹織物業の特徴、即ち生糸の品質よりも価格を重視するという特徴によって、生糸の質のみでなく質と価格の相関を示すものとしての性格を強めてくるのである。

　買人たる機屋は値段高きも完全に近き生糸を望むものと、又多少の欠点は
　是を認容して代価低きものを望むものとあり、一様ならず、要は欠点の程

度分量と代価の関係如何に帰するものとす、茲に於て売買両者間に生糸格付なるものを定むる必要を生ず[85]

格付は糸質そのものを示す区分としてよりも、糸格による価格差を表示するものとして重要性を持ってきたのである。中・下級絹織物の急速な拡大の中で、激しい競争状態にあった絹織物業者ができる限り安価な生糸を求め、その要求に応えるものとして糸質と価格の相関を示す格付が形成されたのである。

糸格による価格差は年度によって、また同一年度内でも大きく変動した。その変動の原因は、織物の流行の変遷、嗜好の変化、糸格ごとの供給量、自然的条件などさまざまな原因が考えられる。織物業者はこうした糸質と糸格による価格差を勘案しつつ原料生糸を購入したのである。大戦期から大戦後にかけて格付問題がアメリカから提起され、日本とアメリカの業界で大きな問題となるが[86]、生糸の格付がこうしたものであったが故に、その萌芽はすでに体系的な格付が成立した当初より存在した。1913年に、次のように指摘されている。

最大の不明朗さと曖昧さがこの格付問題の中にあるように見える……何年にも亘ってあらゆる格付の標準の漸次的な低下が進み、大部分の商標の長所と欠点は年によって非常に異なっている[87]

このように、すでに格付の問題点が指摘されていた。格付の最大の問題は基準が不明確であるという点にあるが、それは横浜の内外の輸出業者にのみ帰せられる問題ではない。指摘されているように、輸出業者が売込商や生糸荷主からできる限り低糸格で購入した後、原標を取り去って包装・荷造を改め、より高糸格で販売するという行為も行われた[88]。しかしそうした流通上の問題のみでなく、同一地方の原料繭を同一の製糸場によって生産したとしても、生糸の質はその年の自然条件に左右されるという、蚕糸業自体の持つ問題、経験的な鑑定から科学的な鑑定への移行期にあったという問題があった。そしてまた、前述した如くアメリカ絹織物業者の生糸需要の特徴それ自体が、格付の混乱と動揺を生み出したのである[89]。

第４節　糸格分化の条件

1　原料繭

1910年代初頭には早くも格付に対する疑問が寄せられつつあったが、ニューヨークと横浜において格付が形成され、分化するに至るのには糸質に関する根拠が存在した筈である。ここでは、まず日本糸の格付をもたらした条件を明らかにし、そうした条件のなかで製糸家が如何なる方針を選択していったのかを検討しよう。

前述した如く、1893年恐慌を中心とする90年代前半には日本生糸に対する非難が高まり、それが再度、より高唱されたのは99年、1900年の好況と恐慌の時期であった。日本糸の中でも非難は従来大量に、比較的良質の生糸を輸出していた信州器械糸に集中し、日本の蚕糸業関係者からも強い危惧が表明された。そうした状況を背景にした90年代後半から1900年代前半における糸格の形成と分化の特徴が、信州器械糸の裾物化と他地方生糸の上昇にあるとするなら、当時の信州器械糸の糸質悪化と他地方生糸の糸質上昇の具体的根拠を明らかにしなければならない[90]。

当時、糸質に大きな影響を与えるとされた条件は原料繭の問題、原料処理技術、繰糸工程の３点であった。以下、順次それらの問題を検討しよう。

原料繭の品質では、同一製糸場内部での繭種類の多寡という問題と、原料繭の品質そのものという問題がある。信州＝諏訪器械糸悪化の第一の理由は、この原料繭の雑駁さに求められる。「日本生糸の粗製品多きは製糸所に於て種々異様の繭を混同するに原因し」と非難されたが[91]、諏訪地方ではすでに90年頃には原料繭の５割近くを上州・武州・甲州などの他府県から購入し、1900年頃には購繭範囲は全国に及んで他府県繭の比率は圧倒的な割合を占めた[92]。

　購繭の競争に忙殺せられんとするの当業者をして繭の種類を一々区別せしめんとするや固より難し、特に購繭の大部分を他県に求むるものにありて

は其種類の名称を知る能はさるの事情あるを以て、何等の種類に拘はらす悉く混同して輸送するを通例とす[93]

購繭範囲の拡大は、以上のように必然的に原料繭の雑駁さと輸送に伴う繭の損傷をもたらした。

表1-6　春繭と夏繭の比較

	赤熟（春）	小石丸（春）	夏蚕
繭1升糸量（匁）	10.1	10.17	8.23
1時間繰糸量（匁）	6.2	7.26	6.02
100回当纇節（個）	17	17	32
平均繊度（デニール）	14.5	15	12.75
強力（g）	48	53	41
伸度（mm）	121	121	103

出典：『大日本蚕糸会報』第30号より作成。調査者は東京工業学校。

繭の質は大別すると軟質と硬質に分けられ、軟質は信州全域と美濃・武蔵の一部の繭で抱合不良・強伸力薄弱・護膜質少とされ、硬質は関西・奥州・甲州・山陰に産し、ヨーロッパの黄色繭よりは劣るが軟質よりは優れているといわれる[94]。繭質は同一蚕種の場合でも桑質・自然条件・飼養方法によって異なるが、春蚕の場合繭価格は一般的に関西地方が高く、関東・東海道筋で低いことは繭質の差があったことを示している。また山陰・四国・九州などの「新場」はそもそも蚕糸業の勃興期から、行政当局や関係者が優良な蚕種を導入して養蚕・製糸を開始した地域であり、「種類一定にして繭質一様なり、この精良なる原料を交通不便の為め多くの外来の競争者の為め攪乱せらるゝことなくして選み取ることを得るを以て、山陰道生糸の価値は実に此の原料の賜なり」[95]と評価されるほどであった。

こうした繭質の一般的な差に加え、信州糸の軟質たる所以は「元来此種の生糸（夏秋蚕）は春蚕糸と比べて軟質が勝って居りますので」とあるように[96]、夏秋蚕にも原因があった。夏秋蚕は明治初年に長野県を中心に飼育され始まるとほぼ同時に、繭質不良や桑樹の疲労などを理由に排斥の動きが出るが、その後蚕糸業の発展に伴って春蚕の上族期と農繁期の重なる寒冷な地方を中心に急速に普及していった。増加する夏秋蚕による糸質が改めて注目されたのは、90年代中期であった。表1-6に示したように、また次の引用のように、夏秋蚕は春蚕に比べ、繊度が細いことを除くと、毛羽立ち・纇節・強伸力などすべての点において劣っていたのである。

夏蚕に於ける特異の性質は其得たる織物の表面に多くの毛羽を露はし、随て光沢少く……之を織るに当り経糸の切断数他に比して甚だ多きとに在り、是れ蓋し糸に纇多くして其強力も亦劣れるとに原因せしものなるへし……夏蚕は其結果孰れの点に於ても遥に劣等にして到底前各種に比す可らず、蓋し之を経糸として使用するの不適当なるを信せり[97]

しかも専用桑園を設置しない段階での飼養であったために桑を損傷し、春蚕にも悪影響を与えた。98年に全国平均の夏秋蚕割合は28%であるのに対して長野県では36%、08年には全国が38%に対して60%と極めて高い割合を示すのである。

2　原料処理

原料処理は殺蛹・乾繭・貯繭・煮繭の４段階からなるが、前の３段階は基本的には１工程として捉えることができるから２つに分けて検討しよう。殺蛹～貯繭は蛹の発生を防ぎ、蛆・黴の害を防ぐことを目的にするが、信州＝諏訪地方の器械製糸が最も早く、急速に成長した理由の１つに、他地方と比較して湿度が低いために乾繭・貯繭に十分な注意を払わなくても、長期の操業が可能であったことが指摘される。それは勃興期の製糸業には有利に作用したが、「繭の貯蔵をして完全ならしむときは春夏秋冬の別なく同一に解舒を滑かならしむることを得」[98]、「殺蛹・乾燥宜しきを得ば却て糸量を増し糸質を佳良ならしむるの利益あり」[99] の如く、この工程が解舒・糸質に与える影響が重視されてくると、結果として不利に作用することとなった。98年の西ヶ原式乾繭機をはじめとして多くの乾繭機の発明が続き、大規模な繭倉庫が建設されていくなかで[100]、長野県の製糸家は自然的条件に依存したために、その技術改良に立ち遅れたのである。

煮繭についても90年代末から大きな問題となってくる[101]。煮繭は解舒を良くするために行うのであるが、日本の輪鼓形繭は煮繭がそもそも不揃になるのみならず、原料繭の質や乾燥が一定していない場合は煮繭も一定せず、能率を悪化させ切断や糸節・毛羽立ちの原因になる。また信州地方で行われていた若煮は、糸量は出るが落緒繭や纇節が多く品位が劣り、老煮も糸量減耗・纇節多く繰糸難渋とされ、繭質・乾燥度に応じた適煮が強調される。煮繭の程度が重視されてくると、従来の繰糸工女による煮繭は「一般の工女に委任して行はしむる事は実に容易ならぬ不得策……各自区々なる煮繭法を行ふが為に生糸の品位を一定し難き欠点」があるとして非難され[102]、羽前地方の煮繰分業と沈繰法が注目され、1900年代末にはかなりの関西地方製糸家が繭煮渡法を採用し[103]、また中原式煮繭機などの発明も行われた。

繰糸工程の良否も原料繭の質や原料処理技術と相乗して、デニール不定・毛羽立ち・抱合不良・切断などの要因を形成した。繰糸器械は前述したように、一部の製糸家や試験場がヨーロッパから最新式の器械を輸入し、また円山文助や御法川直三郎らの手によってそれらに匹敵する水準の器械も製作された。しかし、従来強調されてきた低賃金労働力の豊富な存在や製糸家の資本蓄積の少なさによるのみでなく[104]、それらは日本の原料繭の繊維の短かさ、繊度開差の大きさ、解舒の悪さなどの特質の故に十分な機能を発揮することができず、採用されなかったのである。周知のように抱合を良くするためには共撚式が優れているが、ケンネル式が三緒繰、四緒縁と緒数の増加によって生産性を上昇させていくのに対し、共撚式は1900年代を通じて次第にケンネル式へと転換する[105]。この期の糸質向上のための繰糸工程の改善は、撚数の増加、綾かけ装置の改善、枠角の固着防止などの微細な点に限定されていた[106]。

90年代後半から1900年代を通じた諏訪器械糸の裾物化と他地方生糸の上昇の技術的条件は、主に確保し得る原料繭の質と原料処理技術に拠っていた。特別優等格の製糸家として名高い室山製糸湯の伊藤小十郎が、「予の瞑目せし暁には生繭仕入と乾繭法とにより少くとも年内収益7、8千円を減ずべし」と述べ[107]、また河野製糸場が殺蛹・乾繭に際して常に室山製糸湯の指導を受けていたといわれることも、原料繭と処理技術が糸質に決定的な意味を有していたことをうかがわせるものである。

もちろんそれは器械設備の糸質に持つ意義を否定するものではない。

　東北地方や関西地方の数県のような新場の原料が良くって、工女が正直で、
　器械が新くて物価の廉い所に在ては即ち精巧なるエキストラ格のものを製

することが出来る……種々雑多の買集め繭に加ふるに運搬の為めには少からぬ損傷を来たした所の原料を以て、粗末な木製のガタ〳〵器械で工賃の高い渡り工女を使ってそれで優等糸のみ製糸しようとしたならば必ずや多くの屑糸を生じ[108]

総じて信州器械の設備改良の遅れは指摘されるところであるが、その場合にも結論は「製糸の良否に最も直接の関係を持つのは第一が原料である」とされるのである。

3　目的糸格の設定

1890年代中期から生糸の質を決定する要因に対する関心が高まった。愛知県や鳥取県では、原料繭の改善のために県当局と蚕糸業者の連携によって優良な蚕種を輸入して黄繭種を普及させ、またそうした改良が不可能な地域では選繭によって繭の斉一性を確保することに努めた。こうして日本の繭の相対的な劣悪性を部分的には克服しつつ、原料処理技術、繰糸工程の改善に努めることによって、90年代末から1900年代において、かつては評価の高かった信州上一番を裾物に転落させるほどの糸格の分化・上昇を達成し、また後述するように上一番を含めた日本糸全体の糸質の向上も達成したのである。

しかし、90年代から10年代初頭の時期に蚕糸業関係者によって強調されたのは、もちろん全面的な「優等糸」生産の拡大ではなかった。欧米絹織物の動向を屡々『大日本蚕糸会報』などに寄せている駐リヨン領事は、優等品よりも普通品を供給するほうが利益があると報じている。

近時の絹布需要は主として廉価品に在るを以て優等原料を使用せる製品は其販路を得るに苦しみ、優等糸の用処は頗る狭小……優等品を製造するよりも益々進んで普通品の供給を図る方寧ろ利益あるへきなり[109]

また当時急成長しつつあった尾沢組の尾沢琢郎は、安価な生糸を供給すれば需要はますます伸びるであろうと記している。

此絹物の需要と云ふことに付ては供給する方から価を高くせずして出してやれは年を逐ふて増加し倍額になっても差支ないと云ふ望みを持って居る[110]

そして生糸検査所の所長となる紫藤章も、次のように、安価で比較的質の良い生糸の生産を強調するのであった。

徒らに品質の佳良にのみ趨せて製糸経済を度外視するが如きは営業として最も之を避けざるべからず、要は只経済の許す範囲内に於て商品たるの資格を有する生糸を製造すべきのみ……品位を斉一ならしめ、荷造又は束装の方法を一定ならしめ、先方の注文に応ずるだけの同一数量を毎に市場に搬出するの用意をなすにあり[111]

製糸業全体としても、また生糸輸出に外国貿易の重要な部分を負っている日本の行政当局としても、なお需要が限定されている欧米の絹織物の市場を拡大せねばならなかった。毛織物などの競合繊維に対抗して需要を拡大するには絹織物価格の低下が必要であり、そのためには安価な生糸が不可欠であった。それはまた、アメリカ絹織物業者の日本製糸業への要請とも一致するものであった。官僚・売込商・輸出商・代表的製糸家は、ヨーロッパの最優等糸に匹敵するほどの生糸を求めるのではなく、安価で相応に良質な生糸の生産を力説するのである。

製糸業全体としてはこうした方向が強調される一方、個別の製糸家に対しては一時的な糸格による価格差の拡大、あるいは縮小に眩惑されることが戒しめられた。製糸家の目的糸格の観念は、日本糸の格付が分化する頃に形成され始めたと推測されるが、目的糸格が強調されたのは07年恐慌後の糸格間価格差の拡大の時期であった。

原料繭品質の優劣程度如何によりて生産生糸の品位即ち糸格如何を予定し、以て之に適当なる製造法及管理法を施すことは企業の主眼で製糸業経営の任に当るものは必ず先ず其方針を確定することが最大なる緊要事である[112]

確保し得る原料繭の質に応じた目的糸格の決定が強調されるのである。1910年代初頭には、上一番と飛切優等との価格差が100円以下であれば上一番、以上であれば「優等糸」が有利であるといわれた[113]。

こうした糸格による価格差の有利・不利の目安が成立するのは、糸格によって原料繭を含む生産費が異なっていたことを示している。時期は下るが、生産

表1－7　目的糸格による輸出価格と生産費（1923年）

（単位：生糸100斤当り円）

		釜数	目的糸格	輸出平均価格	生産費合計	原料繭代	屑物差引合計
A群	⑤信産館	704	最優20円高	2,000	471.22	1,608	2,005
	⑥綾部	600	特優等	2,132	407.76	1,556	1,903
	⑨郡是	540	最優以下～以上	2,134	424.97	1,831	2,215
	⑩原	520	最優等	2,118	526.88	1,726	2,197
	⑫郡是	310	最優以下～以上	2,190	416.40	1,803	2,160
	⑮福島県是	210	最優	2,087	463.82	1,844	2,241
	⑯	200	特優	2,122	439.93	1,885	2,266
	⑰	194	最優50円高	1,990	445.87	1,828	2,221
	⑱郡是	50	最優以下～以上	2,154	396.28	1,363	1,706
平均（a）				2,103	443.68	1,716	2,102
B群	①小口組	2,679	八王子	2,004	452.78	1,491	1,891
	③山十組	987	毬・羽子板	2,090	374.14	1,463	1,792
	④交水社共同	946	毬	1,988	415.60	1,717	2,083
	⑧鳥取片倉	600	最優30円高	1,732	444.55	1,558	1,919
	⑪依田社	340	最優90円高	1,840	489.24	1,522	1,954
	⑭	256	最優	1,859	440.06	1,953	2,338
	⑱	150	最優20円高	1,844	449.64	1,217	1,604
	⑲	144	毬	1,830	417.09	1,273	1,635
	⑳小野	120	最優	1,805	411.53	1,482	1,834
平均（b）				1,888	432.74	1,520	1,894
(a)－(b)				215	10.94	196	208

出典：蚕糸同業組合中央会『生糸生産費に関する調査（大正12年調査）』（1927年）より作成。

注：記載25工場のうち、国用糸工場、目的糸格・輸出平均価格が不明な7工場を除く。

A群には目的糸格最優以上かつ輸出価格1,900円以上の工場、B群には羽子板格以下、および1,900円未満の工場を入れた。番号は原資料、製糸場名は商標から判断した。

表1－8　目的糸格別原料繭価格と輸出価格（1929年）

（単位：生糸100斤当り円）

目的糸格	工場数	原料繭価格①	輸出平均価格②	②－①
80点以下	33	1,033	1,257	224
81～84点	84	1,088	1,267	184
85点	98	1,095	1,303	208
86点以上	12	1,138	1,364	226

出典：『製糸業実態調査成績（昭和四年度）』。

注：原料繭価格・輸出平均価格の不明な工場、および組合製糸は除いた。

費と販売価格の関係を表1－7と表1－8に示した。震災直前の23年の調査は個別工場を示したものであり、目的糸格と実際の輸出価格との間にはかなりの乖離が存在するが、「優等糸」生産工場であるA群はB群よりも215円高い輸出価格を実現する。両群の生産費では、原料繭を除く狭義の生産費が約11円と小差であるのに対し、原料繭代の差は196円となり、原料繭の価格が生糸価格に決定的な意義を有していたことがうかがえよう。昭和恐慌にかかる表1-8の調査では、目的糸格81～84点の群の原料繭価格と輸出平均価格の差が異常な数値を示しているが、他の3群は原料繭価格に208～226円を加えた価格が輸出価格になるという関係を示している。

検討した時期は若干下るが、生糸の質を反映する生糸価格は狭義の生産費ではなく、原料繭価格に最も強く左右されるのである。第一次大戦以前にすでにこうした相関が形成されていたからこそ、製糸家はまず第一に確保し得る原料繭の質に応じた目的糸格を決定し、それに対応する原料処理や繰糸を行うべきであるとされたのである。

第5節　製糸家の対応

1　最優等糸製糸家の「展望」

1910年代には「製糸業経営の方針」ということが強調されるが、それは原料繭の質に対応した原料処理法を含む繰糸法を採用し、最も効率的な製糸経営を営むことであった。

> 原料を優等、準優等、普通との3種に別ち、製糸法を優等糸の製法、準優等糸の製法、普通糸即ち上一番格近所の製糸法との3種に大別[114]

原料繭を3種に分け、それに応じた3類型の経営方法を採用すべきとされるのが一般的であった。目的糸格が形成され強調されるなかで、この3者に分類される製糸家が如何なる対応をしていったのかを次に検討しよう。

「機械制工業への発展的展望をより強く内包」し[115]、20年前後に急拡大を遂げたといわれる最優等糸製糸家の実際の展望は如何なるものであっただろうか。22年の製糸工場の糸格を包括的に記した『生糸貿易論』には、最優等糸製糸家70余名が記されているが、そのなかから当初より大規模な製糸家、10年代、20

表1－9　最優等糸製糸家の動向（1911～27年）

	製糸場名	1911年		1921年		1927年		糸　格
		工場数	釜数	工場数	釜数	工場数	釜数	
山形	多勢吉	1	160	2	328	1	188	200円高
〃	多勢亀	1	276	2	604	2	673	220～250円高
〃	長谷川製糸場	1	180	2	508	3	596	200～240円高
—	原製糸所	3	1,330	3	1,388	3	1,406	—
岐阜	信勝社	1	1,000	3	874	1	632	60円高
愛知	三龍社	4	998	10	2,049	6	1,476	60円高
三重	関西製糸場	1	169	5	906	5	1,080	60～90円高
滋賀	若林製糸場	1	124	1	224	2	766	50円高
愛媛	河野製糸場	2	294	6	644	2	267	200円高
—	郡是製糸	8	1,181	24	5,950	27	8,169	—

出典：郡是は『郡是製糸株式会社六十年史』、その他は第6次・第9次・第11次『全国製糸工場調査』による。

年代を通じて顕著な規模拡大を遂げた製糸家を示したのが表1－9である。山形の多勢亀と長谷川は10年代、20年代を通じて拡大を遂げ、20年代後期にも高い糸格を維持しているが、10年代に拡大した三龍社・関西製糸・河野製糸のうち、三龍社は27年に釜数の大幅な減少と同時に最優60円高の糸格に低下し[116]、関西製糸は釜数を若干増大させるがやはり糸格は60～90円高の水準に低下し、河野製糸は200円高という高糸格を維持するが釜数を大きく減少させる。信勝社は釜数減少とともに糸格も60円高にとどまっている。

10年代から20年代にかけて最も顕著な拡大を続け、「『優等糸』製糸家としての特質を維持・発展」させ[117]、第Ⅰ・第Ⅱ類型並存の体制を形成したとされる郡是製糸はどうであったろうか。「優等糸」生産を維持・発展させる槓杆になったといわれる既設工場の買収方式と急拡大が、実は大戦末から20年代後期にかけての郡是の「優等糸」生産に大きな障害となっていたのである。

規模の拡大は原料繭のなかに占める春繭の率の減少、選繭歩合の低下をもたらし[118]、「各工場ともに、その地方の産繭のみでは操業が維持できず、輸送の不利をしのんで遠隔地の繭を購入補充」せねばならず、また工女募集にも齟齬を来たし、「京都・兵庫への工場の集中は、この時代に出来上り、当会社の製糸部門の苦悩のもととなって、それは戦後にまで禍根を残した」といわれる[119]。事実27年の調査によれば、郡是の工場別糸格は片倉よりも低位に位置づけられるほどであった[120]。郡是は16年から26年までの「量的拡大」に対し、27年からは京都・兵庫を中心にした既設工場の買収ではなく、他地方への工場新設と完全運動・緊張週間などの生産性向上運動によって、「質的発展」を目指さねばならなくなるのである[121]。

こうした最優等糸製糸家の糸格の維持と規模拡大の矛盾が表面化したのは、決して遅い時期ではなかった。すでに17年には２、３年前からの傾向として、以下のように優等糸製糸家が糸量増加を余儀なくされ、その結果糸質が悪化し、危機的な状況にあることが指摘されていた。

> 飛切上格の製糸家が近来非常に糸量本位に流れて糸歩を取ることに汲々として、知らず〳〵の間に糸の品質を自然に貶し……夫れは糸歩本位に流れた結果、又一方に於て煮繭の抵抗力弱き上わ煮えのする様な蚕繭を原料とせねばならぬ結果[122]

郡是以下の最優等糸製糸家が拡大を志向することは、優等な原料繭の確保という自らの存立基盤を掘り崩すことになり、拡大を志向した最優等糸製糸家の多くは糸格を低下するか、規模を縮小するかの選択を迫られることになった。最優等糸製糸家として20年代後期まで残り得たのは、規模拡大に消極的であった一部の中小製糸家であったといえよう[123]。

2　中等糸の生産へ

1890年代中期に信州器械とほぼ同じ価格水準にあった各地の製糸家は、信州器械の糸質悪化、上一番の裾物化を尻目に糸質を改善し格付を上昇させた。彼らは力織機の高度化と絹織物の大衆化によって上質且つ安価な生糸を大量に求めていたアメリカ絹織物業の要請に対応し、技術改良と原料繭の相対的な良好さに支えられて次第に糸格を上昇させていった。しかし後に述べるように、1910年代後半の最優等格の層の薄さから推測して、このクラスからは優等格の最高位の格付まで上昇したものは多くない。彼らの多くは八王子格や関西上一番などの「普通糸」上格、あるいは優等格でも毬・羽子板・矢島格などの中・

下位の「優等糸」生産にとどまっているのである。このクラスは1900年代に順調に拡大を続け、10年前後には甲州の矢島組を筆頭に、横浜入荷生糸荷主のなかで20位前後を占める中堅の製糸家を甲州・三河・美濃から輩出するに至った[124]。

他方、信州製糸家も夏秋蚕のいっそうの拡大や購繭範囲の拡大という悪条件にもかかわらず、乾繭・貯繭などの原料処理技術の改善によって糸質を改良し[125]、信州上一番の悪評を部分的には解消する。そして1900年代末期には、諏訪以外の東行社・俊明社・依田社・純水館などの大製糸家は「相当なる技師を雇入れ改良に努力した結果、何れも漸次改良せらるゝ様になった」と評価され[126]、上一番格を脱してベスト・ナンバーワン（関西上一番）格に格付されるようになった。

諏訪製糸家は上一番格の生糸を生産し続けたが、彼らも信州器械糸に対する非難が出はじめるとほぼ同時に、より上格の生糸を生産しようとする意図は有していた。93年からの開明社による中国繭の輸入は単なる原料繭不足の解消ではなく、上海近辺の優良繭を輸入しようとしたものであり[127]、また片倉組は実現しなかったが、99年に関西地方への工場設置を意図したといわれる[128]。諏訪製糸家は細糸の糸況が好調なときや価格差が拡大した場合には、細糸や「優等糸」の生産を意図するが、90年代においては原料繭と資金不足によって断念せざるを得なかった。

諏訪製糸家による上格糸生産が実現したのは県外進出によってであった。信州製糸家による県外進出が始まるのは90年頃からであるが、それは本格的なものではなく、最初のブームは上一番の裾物化が確定し、糸格間の格差が拡大する1900・01年の7工場である。第2のブームは07年の12工場であり、同年には合計24工場5,800釜に達し、その後着実な増加を続けて14年には39工場1万5,000釜を数えるに至った[129]。14年までに信州製糸家によって設立された県外工場60のうち、非諏訪系は4工場のみである。諏訪製糸家の県外進出をリードした片倉組は、大戦直前には県外に全釜数の34％を有し、片倉組の生産する生糸は矢島格以上が22％、関西上一番26％、武州格24％、上一番28％と、すでに上一番格は3割を切っている。尾沢組は矢島格10％、関西上一番43％、上一番47％となり、他の諏訪の大製糸家も関西上一番や武州格の比重を高めていた[130]。

諏訪で上一番格を生産していたこれらの大製糸家は、県外工場で本拠地とそう異なる器械を採用したのではなく、また設置当初は女工も本拠地から派遣したといわれる[131]。この段階では最優等格の生産は少ないが、上一番格とほぼ同様な製糸方法によっても、原料繭の条件によっては「優等糸」である矢島格程度の生産が可能であったことを示している。

周知のように、生糸価格は需要地における景気変動、競合繊維との間での流行の変化、供給側における自然的・社会的条件、流通過程に介在する商業資本の投機的性格などによって激しく動揺した。しかし生糸価格のみでなく、糸格間の価格差も大きく変動したのである。それをもたらしたのは、前述した一般的な糸価変動に加えて、絹織物内部での流行の変化、嗜好の変化や自然的条件による糸質の変化などが考えられる。アメリカの絹織物業者は、こうした市場の特質に対処するためにすでに述べたように糸価に応じて原料生糸を転換し、また大規模工場では数種類の絹織物を生産する体制を取っていた。それが変動の激しい絹織物業で、リスクを回避する有力な一手段であった。日本の製糸家も絹織物業者と同様な体制を取ることが望まれたのである。

> 絹織物の時好によりてかくも変遷する以上、本邦製糸に各々性質の異れるものあるは頗る当を得たる事にて、優等糸、中等糸、裾物と夫々価格の相違あると共に、其の品質をも異にするが故……若夫れ一製糸家にして上、中、下3種類とか、或は2、3の異なれる性質のものを製出し、年々多少とも異なれる需要に応じ得るの策を執らば更に妙ならん[132]
>
> 着実なる信州製糸家は、此危険より脱出せんがために、毎月尠くとも、3回以上生糸を売り退き、年内糸価の平均を得ることを以て方針とせり……規模狭小の関西製糸家は……荷口の纒まらざるために売り均しの便利を得る機会乏しく[133]

大規模化しつつあった諏訪製糸家、それに加えて中位の糸格を生産した比較的大規模な信州系・非信州系の製糸家は、多様な糸格を生産することによって糸格間の価格差を利用し、また同一糸格のみでも出荷回数の多さによって価格変動のリスクを減少することが可能であった。こうした特質を有していたが故に、信州系製糸家は最優等格の部分では弱体であったが、10年代・20年代を通じて急速な拡大を続け、20年代中期には全国釜数の43％、生産高の60％を占めるほどの成長を遂げたのである。

90年代中期以降、日本糸に対する非難が強まるなかで、製糸家はそれぞれが置かれた条件に応じて糸質の改善と糸格の上昇に努めた。生糸の質を客観的に評価するのは難しいが、生糸検査所の調査によれば切断数は着実に改善されている様子がうかがえる。類節の大小とも1900年代以降に減少した。繊度開差も1900年代を通じて縮小している。以上の３項目は着実に改善されているのに対し、繭質に最も強く影響を受ける強力は90年代末から10年代前半において全く上昇していない[134)]。日本製糸業は90年代末以降、ある程度の糸質の改善には成功しながらも、1900年代・10年代前期においては繭質に規定される強力の点において、大きな限界を有していたといえよう。

糸質の改善を表す輸出生糸の糸格別割合は表１-10に示した如く、1900年代末から知ることができる。09年の調査はアメリカ輸出生糸のみに関するものであり、また準優等格以上の内訳も明らかでないが、準優等、即ちエキストラ格以上が25％、中位の関西上一番格（八王子格）が25％であり、09年には12年とほぼ同水準に達していたと見て相違ないであろう。次に12年と17年を比較すると、最優等格は５％台で殆んど変化がないのに対し、矢島格以上で見ると25％から40％へ大幅に増加し、八王子格が５％、武州・上一番格が５％減少している点が注目される。18年は17年と大きな変化はない。17・18年から20年にかけても明瞭な変化が看取される。10年代を通じて５％台だった最優等格が20年には20％、22年には50％と一挙に割合を高め、10年代末に35％であった武州・上一番格が20年には26％、22年には５％と急激に減少し、20年代前期には武州・上一番格は輸出市場から消滅する。

1900年代末から20年代初頭における糸格別割合の変化は、次の２段階に整理される。1890年代末から10年代にかけての糸質の改善によって、日本製糸業もヨーロッパ糸に部分的に匹敵し得る生糸を生産したが、それは1910年前後において５％程度で、10年代を通じて増加しなかった。しかも最優等格でさえ「極

表1-10　輸出生糸の糸格別割合（1909～22年）

（単位：%）

	1909年度 ①	1912年度 ②	1917年度 ③	1918年度 ④	1920年度 ⑤	1921年度 ⑥	1922年度 ⑦
最優等（郡是・羽子板以上）	25	5.42	5.36	5.80	19.2	22.94	49.4
優等（毬格以上）		4.19	14.20	16.00	15.8	—	5.6
準優等（矢島格）		15.48	20.68	20.60	13.4	14.08	19.4
八王子格	25	23.17	18.26	16.90	18.6	14.89	20.2
武州・上一番格	30	40.39	35.45	34.10	26.3	48.08	5.4
細糸	—	11.35	6.05	6.60	6.7	—	—

出典：①は紫藤章『米国絹業一般』65頁、②③④は『大日本蚕糸会報』第326号、⑦は同第412号、⑤は滝沢前掲書112頁、⑥は藤本正雄『生糸貿易論』57頁。

良いものには伊太利の良いものと上海の器械糸が使はれて居る……日本糸の一番良いのは、伊太利の二流の糸に匹敵して一本の侭使はれて居る」と[135]、15年においても糸質ではイタリア・上海器械糸を凌駕することができず、イタリアの二流の糸に匹敵し得たのは最優等格すべてではなく、特別優等格の数銘柄であったことをうかがわせる。10年代までの糸質の改善は、優等・準優等・八王子格などの増加という結果をもたらすのである。

この糸格上昇の型が変化するのは、20年頃からの最優等格の激増によってであった。その増加は、第一には10年代末期から各府県で強力に推進された奨励品種による一代交雑種の普及、第二には大戦末期におけるヨーロッパ糸の対米輸出途絶に基づくものである。この時期の糸格の上昇は日本蚕種の改善に基づくものであると同時に、アメリカ絹織物業の最高級生糸であるイタリア糸の輸入途絶によって、日本の生糸がその代用として格上げされたことをも示しているといえよう。20年頃からの最優等格の増加によって、日本糸の標準物（＝裾物）は20年代前半に八王子格、羽子板格へと上昇し、25年には最優等格が裾物となり、大部分の輸出生糸は「最優何十円高」という名称で格付されるようになった。

おわりに――良糸＝中等糸生産体制へ――

日本糸は、アメリカ市場へ本格的な進出を開始した1880年頃から1930年頃までの約半世紀にわたって、優れたヨーロッパ糸と劣悪な広東糸・七里糸の中間たる「普通糸」としての評価を基本的には変えなかった。80年代におけるアメリカ絹織物業の力織機化、広幅物・小幅物の拡大に対応して、日本製糸業が座繰製糸の改良と器械製糸の普及をこの時期に達成したことが、アメリカ市場において大きなシェアを確保していた中国糸を排除し、日本糸のシェアを急速に高めた原因であった。しかし、90年代におけるアメリカ絹織物業のいっそうの高度化に日本製糸業は十分に対応できなかった。93年恐慌とその後の不況のなかで、日本糸に対する非難が高まり、ヨーロッパ糸との価格差が拡大して日本糸のシェアは減少した。日本糸とヨーロッパ糸の間で、また日本糸内部での価格差の拡大を契機に、ニューヨーク・横浜両市場で90年代中・後期からアメリカ向け器械太糸に格付が形成され始め、糸質の改善についての関心が急速に高まってきた。

90年代後半に始まった日本製糸業のこうした傾向を加速させたのは、1900年の恐慌であった。価格差が拡大するなかで日本生糸の着実な改善が進み、1900年代中期には器械太糸の格付が完成した。しかし、90年代末以降の絹織物の大衆化・低価格化の顕著な進展によって、アメリカは糸質の向上のみを求めるのではなく安価な生糸をも同時に強く求めていた。アメリカの低糸価への要求の強さと日本糸の糸質向上の成果は、1900年代初頭以降の日本糸の漸次的なシェアの回復と、日本糸・イタリア糸の価格差の接近、そしてそれらが05・06年に大きく進んでいるところに示されている。イタリアの関係者も1900年代初頭には、「競争は到底我の堪ゆる処にあらず」[136]と述べ、また日本の関係者も「(イタリア糸は）我邦の経糸に対し幾分の強敵たるに相違はないけれども、価格の上に於て常に幾分高く、決して将来慮るべき敵ではないのである」[137]と述べ、イタリア糸に対する日本糸の優位は明確になった。

その状況を改めて進めたのは、07年から09年に至るニューヨーク糸価の大幅な下落の中での価格差の拡大であった。価格差の拡大に対しては90年代、1900年代と同様に全体的な糸質を向上させるとともに上格糸の生産を拡大し、また糸価の暴落とその後も続く低迷に対しては、一釜当り生産力の上昇と繭価格の低下によって耐え抜いたのであった[138]。日本製糸業がアメリカ市場に低価格で生糸を供給し得たことが、90年代末から進んでいた絹織物の大衆化をいっそう推し進め、絹織物の中・下級品を中心にした多様化と需要の拡大をもたらしたのであった。1880年代以降、アメリカ市場において対抗関係にあったイタリア製糸業はこうした日本製糸業の動向に対応することができなかった。イタリア糸はこの時期に大幅にシェアを縮小し、以後はアメリカ市場の数%を占めるに過ぎない最高級絹織物の原料生糸としてのみ残ることができたのである。

以上述べてきたように、日本糸がアメリカ市場において1910年代初頭に70%に及ぶシェアを確立し得た大きな根拠は、日本糸の「普通糸」としての評価であった。この評価は絹織物が奢侈品であり、市場が限定的・固定的な段階ではさして有利に作用しなかった。90年代末以降に絹織物の需要が大衆化し、中・下級品を中心に顕著な拡大と多様化を示し始めたことが、日本製糸業に発展的展望を与えたのである。絹織物の普及・多様化に対応して多様な糸格を生産し得たことが、日本製糸業の強力な競争力の源泉であった。それから10数年の間に日本製糸業は多様な格付の生糸を生み出し、「日本糸は何にでも使はれて居る」[139]、「世界で需要する上等糸の一部分と中等糸と下等糸の上ものは大部分日本が世界に供給する形勢」[140] となったのである。日本糸が全体として「普通糸」であったが故に、「上等糸」の下位、「下等糸」の上位を容易に生み出す糸格の分化を為し得たのであった。

その糸格の分化過程で、日本糸は力織機の高度化に対応する糸質の改善を果たしつつ、基本的には低糸価を維持した。

> 日本生糸の産額漸次増加せると共に其品質著く改良せるにも拘わらず、価格常に低廉なるを以て機業家が進みて伊国蚕糸よりも先つ日本蚕糸を消費するに至り[141]

> 純絹、混織等の製織家の激しい競争と、消費者が絹に相応の代価を支払わないために安価な製品を製造するという傾向によって織物業者は安い生糸を求めている……かくして織物業が進歩すればする程日本糸の消費が増加し、イタリアは日毎に地盤を喪失しつつある。その第一の理由は日本の糸

質が改善されていることであり、イタリア糸を用いていた織物業者も今や日本糸を購入している。第二の、そして主要な理由は日本糸が安いからである[142]

「普通糸」たることを基礎に、糸質の改善、多様な糸格の生産、低価格の維持を行い得たことがアメリカ市場への進出の決定的な根拠であったといえよう。

90年代末からの絹織物業の発展は、第1節で述べたようにアメリカ生糸市場の安定的発展をもたらした。この生糸市場の安定化は、ニューヨーク・横浜両市場における生糸取引方法の大きな変化をもたらし、またその変化が生糸市場の安定的発展の根拠ともなったのである。日本糸総輸出高に占める外商取扱高は1901年までほぼ80％であったが、それ以後三井物産・生糸合名・原輸出店の積極的な進出によって内商取扱高が急増し、米国向けでは06年に5割を超えた。

外国商館による日本糸の輸出は機業家・在外生糸商からの注文による輸出と外商の見込輸出が中心であり、ニューヨーク市場においては1900年代前期まで「直取引」という横浜相場を基礎にした取引が一般的であった。ところが、三井物産が豊富な資力をバックに数カ月の先売約定の手段によってニューヨーク市場を席捲し、「外国商館中資力薄く小心翼々として旧套を襲ふものは年々其取引高を減縮せざるなし」[143]という状況に至った。輸出業者によるニューヨークでの先売約定は横浜市場における成行売の盛行を背景にし、またそれを促すものであった。

成行に応し手放したるを以て常に市中に在荷を停滞せしめす、為めに例年に比し輸出額を多大ならしめしは、要するに斯業貿易を投機的に流れしめさりしもの[144]

1900年代に広がった成行売は絹織物業の発展、即ち生糸市場の相対的な安定を背景に出てきたものであり、先売約定の一般化は成行売の盛行による生糸市場の安定を根拠に成立するものである。日本の大商社の進出によってニューヨーク・横浜両市場の投機的性格の稀薄化が進み、それが日本糸の対米進出の一つの根拠になったことは疑いない。

このように見てくれば、アメリカ生糸市場の急速な拡大に対応して輸出量を増加し、日本糸よりも優等であると評価されていたヨーロッパ・上海器械糸の３割に及ぶシェアを減少させ、日本糸のシェアを急速に拡大したのがどのクラスの製糸家であったかは明らかであろう。それは「質的な意味でのイタリア水準への『到達』」といわれるような、石井氏の規定された意味での第Ｉ類型製糸家の拡大と生産増大、一部の第Ⅱ類型製糸家の「優等糸」生産の開始＝第Ｉ類型への転身といった事態では説明し得ないのである。

90年代中期に、すでに銘柄格差として諏訪器械糸よりも高価格を実現し、90年代後半には関西優等格を形成する一群の製糸家は、その後も最優等格以上の地位を維持し続けた。しかし、これらの製糸家の層は薄く、規模拡大への基盤も弱く、輸出生糸の中では10年代を通じて５％を占めるにすぎない存在であった。それに対して、90年代中期に諏訪器械糸とほぼ同水準の生糸を輸出していた他地方の多くの製糸家は、原料繭の相対的な良好さと原料処理技術・繰糸技術の一定の改善によって、優等・準優等・八王子格などの中位の糸格への上昇と規模拡大を果たし、諏訪製糸家も県外進出を推進することによって中位の糸格から上一番までの多様な生糸を生産して規模拡大を続けた。

1900年代中期に成立した格付体系は、10年代末期における一代交雑種の普及とアメリカへのヨーロッパ糸の輸入途絶によって20年頃から大きく変化していくが、最優等格クラスの製糸家のうちで急拡大を遂げたものは、拡大自体が自らの存立基盤を掘り崩すことになり、20年代には糸格を低下させるか縮小するかの途を歩まざるを得なかった。また、中位の糸格を生産することによって拡大を続けた製糸家は、20年代の新たな格付体系のなかにおいてもやはり同様な位置づけであった。

日本の製糸家のなかにも、石井氏が指摘された経営的特質を有し、ヨーロッパの二流の「優等糸」に匹敵する生糸を生産する製糸家も少数ながら存在した。しかし、20年代までにおいては、彼らがその経営類型の特徴を保持したままで拡大する条件は、市場・技術の両面から存在しなかった。アメリカ市場におけるシェアの拡大、即ち日本製糸業の発展は、上一番格前後の標準物＝裾物を主に生産する体制から、裾物の減少・消滅と中位の糸格の増加、それへの転換として把握することが正当である。中位の糸格への移行に際しては、糸質の改善と同時に低糸価の維持が必要であった。こうした意味において、90年代後半から10年代にかけての日本製糸業の展開は、世界市場において全体として「普通糸」と評価される日本糸の内部において、裾物を中心にしていた段階から、低糸価を維持しつつ糸質を改善することによって、中位の糸格を中心とする「良糸」＝中等糸生産体制への移行として総括される。需要の限定された最高級格の生糸ではなく、アメリカ絹織物業の発展、即ち中・下級絹織物の発展と編物の激増に対応して市場を拡大した「良糸」を中心にしたことが、日本製糸業の発展の根拠であった。そしてまた、「良糸」こそが絹織物の流行・価格・糸質によって最も強い代替性を持つものであった。中等糸生産体制への移行は、20年代前期における裾物の漸次的上昇によって完成するといえよう。

「良糸」ではなく「高格糸」を目指した生産体制への転換は、アメリカ生糸市場の大きな転換を持たねばならなかった。化学繊維のために生糸が絹織物市場から次第に駆逐されて多様な用途を喪失し、女性用平編靴下の原料に特化していく過程で生糸市場は大きく変貌していった。生糸の用途が限定されてくると、製糸家はプレミアムを生み出す「高格糸」の生産に力を傾けるに至るのである。

注

1）　滝沢秀樹『日本資本主義と蚕糸業』（未来社、1978年）、小野征一郎「昭和恐慌と農村救済政策」（安藤良雄編『日本経済政策史論　下』東京大学出版会、1976年）、同「製糸独占資本の成立過程」（安藤良雄編『両大戦間の日本資本主義』東京大学出版会、1979年）、大島栄子「1920年代における組合製糸の高格糸生産」（『歴史学研究』第486号、1980年）。

2）　F. R. Mason, *The American Silk lndustry and the Tariff*, Princeton University Press, 1910, p. 30.

3）　紫藤章『米国絹業一斑』（生糸検査所、1910年）65頁。

4）　過大評価であるとの根拠は、①並織物流行という一時的な傾向、②絹織物の経・緯使用率を４対６と推定し、③フランス・イタリア・上海器械糸がすべて経糸に使用されたとすれば、日本糸の５割が経糸に使われる余地はない、といったところにある。

5） James Chittick, *Silk Manufacturing and lts Problems*, New York, 1913, p. 19.

6） 高村直助『近代日本綿業と中国』（東京大学出版会、1982年）15頁。

7） 伊藤清蔵『世界の蚕業競争と日本蚕業』（1908年）89～94頁。

8） 蚕糸業同業組合中央会『生糸の品質と其検査格付に就て』（1924年）3頁。

9） James Chittick, *op. cit.*, p. 15.

10） 早川直瀬『本邦蚕糸業と米国絹業』（1917年）248～251頁、紫藤章「米国絹業談」（『大日本蚕糸会報』第217・218号、1910年）。

11） 蚕糸同業組合中央会『蚕糸統計年鑑』（1930年）。

12） F. R. Mason, *op. cit.*, pp. 15-29。

13） 農商務省農務局『第一次輸出重要品要覧（農産之部）』（1896年）41頁、28頁。

14） F. R. Mason, *op. cit.*, p. 28.

15） *Ibid.*, pp. 111-131.

16） *Ibid.*, pp. 64-73. アメリカの関税政策と絹織物業の関係については『大日本蚕糸会報』第113号（1901年）69～70頁、『中央蚕糸報』第161号（1929年）16～28頁。マッキンレー関税法については鹿野忠生「外国貿易と関税」（鈴木圭介編『アメリカ独占資本主義』弘文堂、1980年）を参照。

17） F. R. Mason *op. cit.*, pp. 95-96. メンデリソン『恐慌の理論と歴史』第四分冊（飯田貫一ほか訳、1961年）172～179頁、藤瀬浩司『資本主義世界の成立』（ミネルヴァ書房、1980年）222～231頁。

18） F. R. Mason, *op. cit.*, pp. 91-98. ディングレイ関税法については鹿野忠生「19世紀末期のアメリカ貿易構造とディングレイ関税」（九州産業大学『商経論叢』第14巻第2号）を参照。

19） J. Schober, *Silk and the Silk lndustry*, translated by R. Cuthill, London, 1930, p. 221.

20） 茂木商店『第九　蚕糸貿易要覧』（1897年）3頁（『蚕糸貿易要覧』は『横浜市史』資料編十二～十五による。以下同じ）。

21）『第二次輸出重要品要覧（農産之部）』（1901年）18頁。

22） J. Schober, *op. cit.*, p. 221.

23） 原合名会社『明治三十五年　横浜生糸貿易概況』1頁（『横浜生糸貿易概況』は『横浜市史』資料編七～十一による。以下同じ）。

24）『第十四　蚕糸貿易要覧』（1902年）15頁。

25） 曽田三郎「中国における近代製糸業の展開」（『歴史学研究』第489号、1981年）28頁。

26）『大日本蚕糸会報』第40号（1895年）１頁。
27）同上、第33号（1895年）17頁。
28）ニューヨーク市場における各種生糸の価格差、上海器械糸・イタリア蚕糸業の動向については、本章のもとである「第一次大戦前における日本生糸の対米進出」（『城西経済学会誌』19-１）を参照、以下、本章では「別稿」と記す。
29）本章の冒頭に記した如く、石井氏は前掲書において1899年のシェアの低下を「最悪の事態」（45頁）と評価している。
30）『明治三十三年　横浜生糸貿易概況』６～７頁。
31）『第二次輸出重要品要覧（農産之部）』108頁。
32）『第一次輸出重要品要覧（農産之部）』75頁。
33）『大日本蚕糸会報』第93号（1900年）６頁。
34）『明治三十六年　横浜生糸貿易概況』134頁。
35）『第拾五　蚕糸貿易要覧』（1903年）17頁。
36）F. R. Mason, *op. cit.*, p. 135.
37）James Chittick, *op. cit.*, p. 25.
38）『第拾三　蚕糸貿易要覧』（1901年）18頁。
39）同上、18頁。
40）『大日本蚕糸会報』第171号（1906年）９頁。同様な記述は『明治三十八年　横浜生糸貿易概況』148頁にも見られる。
41）『大日本蚕糸会報』第140号（1904年）58～59頁。
42）『明治三十七年　横浜生糸貿易概況』89頁。
43）『大日本蚕糸会報』第126号（1902年）18～21頁。
44）『明治四十二年　横浜生糸貿易概況』153頁。
45）『大日本蚕糸会報』第216号（1910年）１～５頁、同上、第280号（1915年）88～91頁など参照。
46）同上、第245号（1912年）36頁。
47）同上、第280号（1915年）88頁。
48）『明治四十五年　横浜生糸貿易概況』133頁。
49）各年次『生糸検査所調査報告』による。別稿58頁、第２図参照。
50）『大日本蚕糸会報』第216号（1910年）３頁。
51）同上、第276号（1915年）76頁。
52）同上、第280号（1915年）88頁。
53）『第二十四　蚕糸貿易要覧』（1912年）２頁。
54）上海・広東の各種生糸の割合は『大日本蚕糸会報』第263号（1913年）22～24頁

を参照。Leo Duran, *Raw Silk,* New York, 1913, pp. 140-142、James Chittick, *op. cit.,* p. 15、紫藤章前掲書、60〜64頁、農商務省農務局『世界之蚕糸業竝人造絹糸業（第二次)』(1912年）127頁。

55)　『大日本蚕糸会報』第280号（1915年）90頁。

56)　同上、第282号（1915年）43頁。

57)　Leo Duran, *op. cit.,* p. 107、『第二次輸出重要品要覧（農産之部)』100頁などを参照。

58)　今西直次郎『中外蚕業事情（初編)』(1894年）18〜20頁、『第四次輸出重要品要覧（農産之部)』(1909年）191〜192頁、『大日本蚕糸会報』第104号（1901年）27〜35頁、藤瀬浩司前掲書、239頁、253頁などを参照。

59)　志村茂治『生糸市場論』(1933年）6〜9頁。

60)　イタリア・フランスの繭の優秀さは気候・風土といった自然条件とともに、微粒子病による壊滅後の養蚕業の復興過程で交配種が開発されたことも大きな原因である。すでに90年代初頭には一代交雑種の優秀性が確認されており、94年のイタリアでは掃立卵量の47%が交配種である（三吉米熊『伊仏蚕業事情』〈1892年〉48〜49頁、『第一次輸出重要品要覧（農産之部)』207頁、なお松原建彦「フランス近代養蚕業の発展過程」福岡大学『経済学論叢』第19巻第2号・第3号も参照)。

61)　『大日本蚕糸会報』第51号（1896年）55〜56頁、同上、第61号（1897年）12〜20頁。

62)　清川雪彦『蚕品種の改良と普及伝播』(国際連合大学、1980年）6頁、松村敏「大正・昭和初期における蚕品種統一政策の展開」(『農業経済研究』第53巻第4号）189〜190頁。

63)　『大日本蚕糸会報』第160号（1905年）14〜16頁。

64)　同上、第214号（1910年）47〜49頁。

65)　同上、第111号（1901年）1〜6頁。

66)　『大日本農会報』第92号（1889年）40〜41頁。

67)　同上、42頁。

68)　同上、第101号（1889年）37頁。

69)　『大日本蚕糸会報』第54号（1896年）41頁。

70)　同上、第83号（1899年）60頁。

71)　同上、第226号（1910年）26〜29頁。

72)　萩原清彦『米国の絹業とラウジネスの研究』(1915年）46頁。

73)　James Chittick, *op. cit.,* p. 26.

74)　*Ibid.,* pp. 16-17.

75)　伊藤清蔵『世界の蚕業競争と日本蚕業』210頁。

76) 『大日本蚕糸会報』第328号（1919年）43頁。

77) 原商店『横浜生糸貿易十二年間概況』（1896年）5～6頁。

78) 『第一次輸出重要品要覧（農産之部）』80頁。

79) 各製糸家の売込価格は『横浜生糸貿易概況』『蚕糸貿易要覧』の商況報告によった。ヨーロッパ向けの器械糸は11デニールを主とする細糸、アメリカ向けは14デニールを主とする太糸が中心であった。一般的にいえば細糸を生産するには太糸よりも繊度が細く、開差の少ない優良繭が必要であり、細い故により丁寧な繰糸作業が不可欠とされ、100斤当りの価格も細糸が高い。90年代から10年代にかけてヨーロッパ・アメリカの糸価が大きく変動した場合には信州製糸家も細糸生産に向かうが、一般的にいえば90年代中頃から細糸を生産していた製糸家も次第に太糸へ転換していった（『大日本蚕糸会報』第21号、1894年などを参照）。

80) 『大日本蚕糸会報』第28号（1894年）42頁。

81) 同上、第24号（1894年）14頁。

82) 各年次『蚕糸貿易要覧』『横浜生糸貿易概況』による。別稿69頁、第9表参照。

83) 紫藤章前掲書100頁などを参照。

84) 藤本正雄『生糸貿易論』（1922年）25頁、19～38頁。

85) 『大日本蚕糸会報』第328号（1919年）43頁。

86) 蚕糸同業組合中央会『日米生糸格付技術協議会議事録』（1928年）。

87) James Chittick, *op. cit.*, p. 25.

88) 滝沢秀樹前掲書、111頁、120頁。

89) 日本器械糸の格の変遷については、紫藤章前掲書100～101頁、河合清『我生糸と米国』（1911年）68～69頁、早川直瀬『本邦蚕糸業と米国絹業』336～337頁、同『生糸と其貿易』（1922年）113～114頁、細川幸重『生糸の格と製糸法』（1918年）42～45頁、藤本正雄『生糸貿易論』22～35頁、内外蚕糸業通信所『日本生糸の格』（1922年）1～11頁などを参照。

90) 石井寛治氏は糸質の悪化・上昇といった形では捉えず、日本製糸業が売込商支配体制のもとにあったためにアメリカ絹織物業の発展に対応し得なかったとする（前掲書、49頁）。

91) 『大日本蚕糸会報』第14号（1893年）36頁、あるいは同第48号（1896年）49頁参照。

92) 『平野村誌』下巻（1932年）456～457頁。

93) 『大日本蚕糸会報』第148号（1904年）17～18頁。

94) 紫藤章前掲書、84頁など参照。

95) 『大日本蚕糸会報』第192号（1908年）15頁。

96) 同上、第198号（1908年）43頁。

97）　同上、第30号（1894年）38頁、あるいは今井省三『世界繊維界と蚕糸』（1935年）320頁参照。
98）　『大日本蚕糸会報』第46号（1896年）23頁。
99）　大日本蚕糸会『日本蚕糸業史』第二巻（1935年）302頁。
100）　同上、293～311頁。
101）　志村茂治『生糸市場論』19頁、『大日本蚕糸会報』第61号（1897年）12～20頁。
102）　『大日本蚕糸会報』第163号（1905年）20頁。
103）　同上、第199号（1908年）3～5頁。
104）　石井寛治前掲書、247頁。
105）　『大日本蚕糸会報』第192号（1908年）3頁。
106）　同上、第31号（1895年）72～73頁。
107）　同上、第199号（1908年）3頁。
108）　同上、第126号（1902年）21頁。
109）　同上、第93号（1900年）51～52頁。
110）　同上、第156号（1905年）13頁。
111）　同上、第158号（1905年）16頁。
112）　同上、第206号（1909年）8頁。
113）　早川直瀬『製糸経済論』（1913年）298頁。
114）　細川幸重『生糸の格と製糸法』159頁。
115）　石井寛治前掲書、70頁。
116）　大島栄子氏は前掲論文において、27年当時の高格糸の目途を最優150円高以上としている。
117）　滝沢秀樹前掲書、165頁。
118）　郡是製糸株式会社『郡是製糸六十年史』（1956年）365～366頁、406～407頁。
119）　グンゼ株式会社『グンゼ株式会社八十年史』（1978年）151～152頁。
120）　大島栄子前掲論文、46頁付表参照。
121）　『郡是製糸六十年史』119頁、『グンゼ株式会社八十年史』238頁。
122）　『大日本蚕糸会報』第300号（1917年）64頁。
123）　石井寛治氏は、「優等糸」生産の方向を準備したものとして第Ⅰ類型製糸家の意義を重視し、その特徴を、①各地に散在する有力な地主＝商人層、②最初から輸入製またはそれに近い高性能の繰糸器械、③近在の養蚕農民との密接な関係（特約組合）による優良繭の確保、④養成女工、⑤売込問屋の前貸金融への依存度が低い、の5点に整理した（70～71頁）。問題は「優等糸」の範囲が不明確なことであり、当時の用語に従って「優等糸」をエキストラ＝準優等格以上とすれば、指摘された特徴は多くの製糸家に適用されない。また特別優等・最優等格に限定すれば特徴のいくつかは適用されるが、その場合には第Ⅰ類型は発展的展望を有せず、彼らが規模拡大を志向することは自らの存立基盤を危くすることになるのである。具体的な点については、本章で精粗はあるが述べたところであり、「優等糸」生産のための必要条件であったとは思われない（別稿、99～100頁参照）。

124) 『横浜市史』第4巻上、86頁、石井寛治前掲書、59頁を参照。
125) 『大日本蚕糸会報』第156号（1905年）13頁。
126) 同上、第226号（1910年）11～12頁。
127) 同上、第80号（1899年）45頁。
128) 同上、第81号（1899年）54頁。
129) 大日本蚕糸会信濃支会『信濃蚕糸業史　下巻』（1937年）801～802頁。
130) 横浜生糸検査所『横浜生糸検査所六十年史』（1959年）230～232頁所収の糸格別工場によって算出した。
131) 前掲『信濃蚕糸業史』下巻、792頁、茅ヶ崎市『茅ヶ崎市史　2　資料編下』（1978年）311頁。
132) 河合清『我生糸と米国』91頁、92頁、92～93頁。
133) 『大日本蚕糸会報』第254号（1913年）17～18頁。
134) 『中央蚕糸報』第137号、『大日本蚕糸会報』第238号による。別稿第14表参照。
135) 『大日本蚕糸会報』第282号（1915年）42～43頁。
136) 『大日本蚕糸会報』第140号（1904年）59頁。
137) 同上、第171号（1906年）30頁。
138) この時期の製糸業の生産力・繭価格については、「政策金融を背景とする現金での繭の買叩きによる原料代引下げという方向で進められ、この間製糸賃金コストは低下していなかった」（高村直助『日本資本主義史論』ミネルヴァ書房、1980年、216頁、あるいは石井寛治前掲書、243頁）とし、それがヨーロッパ糸凌駕の有力な一因とされている。しかしこうした点が立証されているとは言い難い（第2章67～68頁参照）。
139) 『大日本蚕糸会報』第282号（1915年）42頁。
140) 同上、第245号（1912年）34頁。
141) 同上、第234号（1911年）45頁。
142) Leo Duran, *op. cit.*, p. 115.
143) 河合清『我生糸と米国』321頁。
144) 『明治三十四年横浜生糸貿易概況』147頁。

第2章　蚕糸業における中等糸生産体制の形成

はじめに

日露戦争直前、7万俵前後であった器械糸生産高は、戦後に急激な増産を果たして第一次世界大戦直前には18万俵に達した。この拡大はもちろん輸出の伸長に拠っている。1912（大正元）年、日本の輸出生糸は世界生糸産額の4割を超え、急成長を続けるアメリカ生糸市場の7割を占めるに至った。

こうした量的発展にもかかわらず、輸出価格水準が低下したために交易条件の悪化をもたらした主因と位置づけられ、また日露戦後期を上回る第一次大戦期の急成長のため、日露戦後の蚕糸業が注目されることは少なかった。しかし、この時期の貿易を論じた海野福寿氏が、「その後半は（1910～14年――引用者）むしろ次期につながる発展期とすべきであろう」と指摘している如く[1)]、蚕糸業においても後の発展を方向づける条件がこの時期に形成されたと考えることができよう。

第1章において、第一次大戦直前の製糸業の急速な発展は、アメリカにおける絹織物の大衆化、織機の高度化に対応し、日本製糸業が全体として糸質を改善しつつ、中位の糸格を中心とする「中等糸」を、相対的に安価に供給し得たことに拠っていることを明らかにした。同章でもその根拠を部分的には述べたが、本章の課題は良質な生糸を安価に供給することが如何にして可能になったのかを、具体的に明らかにすることにある。

日露戦後の蚕糸業をこのような視角から独自に論じたものは見受けられないが、長期的分析のなかで関説した研究はいくつかある。それらを大きく分ければ、一つは「強引な繭価引下げ」「繭の買叩き」といわれる繭価へのしわ寄せによって生糸価格が下落し、それが生糸輸出の増加をもたらしたとする多くの論考であり、他の一つは養蚕・製糸業における技術革新によってこの時期から顕著な生産力の上昇が始まるとする論考である。

これらの論拠は本論のなかで検討するが、前述の課題に入る前に、二、三の留意点を記しておこう。第一に、生糸は原料価格が高くて付加価値が低いだけに、製糸業あるいは生糸を論ずる場合、製糸業だけでなく栽桑・養蚕・蚕種を含めた蚕糸業という視角からの分析が不可欠であるということである。第二に、特定時期の全国的傾向を探ろうとすれば全国統計を使わざるを得ないが、製糸業の場合には往々にして大工場と座繰農家が混在するなど、統計の扱いには慎重であらねばならないということである。ここではできる限り主産地であった長野県の個別経営内部に踏み込み、全国統計は傍証程度としたい。第三に、従来の蚕糸業研究は流通・金融に偏する傾向が強く、生産過程そのものへの踏み込みが不十分であったと思われるので、ここでは特に製糸・養蚕業における生産過程の変化を明らかにしたい。

第1節　製糸業の動向

1　日露戦後の製糸業

「はじめに」で日露戦後の蚕糸業について二つの見解があることを指摘したが、今少し詳しく検討しておこう。石井寛治氏は産業資本の形成・確立期を通じて、器械製糸の発展の根拠は、等級賃金割に基づく低賃金且つ苛酷な女工支配と、繭価引下げによる養蚕農民からの利益搾出にあり、確立期である日露戦後に両者がほぼ全国的に形成されたことが日本製糸業の国際競争力の源泉であったとする[2)]。また生糸の質的な面については、いわゆる第Ⅱ類型製糸家は1907（明治40）年恐慌後の価格差拡大の中で関心を示すが、なお「優等糸」生産の基盤を有せず、転換は不可能であったとしている。海野福寿氏は、この時期に製糸業の生産力上昇は認められるが、実質賃金の上昇によって相殺され、生糸価格下落と輸出量増大は繭価下落によって実現されたとする[3)]。高村直助氏もほぼ同様に繭価格への転嫁によって説明している[4)]。

他方、全国統計の推計的処理によって1905年以降の生産力上昇に注目したのが、藤野正三郎氏と、同氏を含む『長期経済統計』の著者たちである。両者とも明治初年から第二次世界大戦までの長期分析であるため、日露戦後に絞って論点を整理するのは困難であるが、共通点は1905年以降の顕著な発展に注目していることである。しかし、その根拠は双方で大きく異なっている。藤野氏は1920年代初頭までの労働生産性の上昇を部分的には認めつつ、その効果は実質賃金率の上昇に吸収され、日露戦後に始まる生糸価格下落＝生糸輸出伸長は、養蚕技術の革新による繭投入係数の低下、即ち相対的な繭価格の低下に基づくとする[5)]。他方、『長期経済統計』は生糸価格に対する繭価格の有利化、相対的上昇を導き、繭投入係数の低下を否定する。そして、1905年以降の器械製糸の発展は「小さな進歩の累積」による生産性の上昇にあるとしている[6)]。

日露戦後という限定された期間であっても、そのイメージの乖離、統計系列の採り方による相違には驚くべきものがある。ここでは全国をカバーする統計によって屋上屋を重ねる弊を避けるため、空間的には限定されているが、1911年に器械糸の35％を生産した長野県の「製糸工場調」[7)]から作成した表2－1によって、前述の論点を検討しよう。

1釜当り生産高と女工1人当り生産高はほぼ照応して推移する。1905・06年と12貫台であったのが、それ以降急増して12年までに15貫台、即ち約2割増加し、大戦直前には17貫台、約4割増加という画段階的な上昇が見られる。年間生産高を大きく左右する要因に操業日数があるが、日露戦争の頃にはすでに240日以上に達しており、この時期に関しては考慮する必要がない。女工1人1日当り繰糸量は、日露戦争前に50匁前後であったが[8)]、1913（大正2）年以降は70匁前後となり、約4割増加している。

次に問題になるのは、この労働生産性の上昇が名目賃金の上昇に吸収されたか否かである。製糸業の特殊な賃金形態の故にか、「製糸工場調」では日給が

表2-1　長野県器械製糸場の諸指標（1905～15年）

年度	1釜当り生産高（貫）	1日1釜当り生産高（匁）	女工1人当り生産高（貫）	繭投入係数	100斤当り実質労務費指数
1905	12.325				
1906	12.723		12.058		100
1907	14.367		14.292	1.047	91
1908	14.438		13.739	1.102	97
1909	15.778		14.563	1.078	97
1910	13.755		12.775	1.159	104
1911	15.073		……	……	98
1912	15.962		14.772	1.065	90
1913	17.715	72	16.517	……	85
1914	16.003	69	15.121	1.151	80
1915	17.112	66	15.923	1.070	88

出典：各年次『長野県製糸工場調』。
注：「実質労務費指数」は100斤当り労務費を1906年を基準に指数化し、それを1900年10月基準の東京卸売物価指数を1906年基準に組み替えた指数で除した指数。

調査されず、また県統計によっても適切な数値が得られない。そこで、すでに生産性の上昇を反映している生糸100斤当りの労務費指数を参考に掲げた[9)]。1906年を基準とする実質労務費指数は10年までほぼ同レベルか、上昇気味であるが、11年から14年にかけて急減したことが明らかである。労働生産性との関連で言えば、10年まではその伸びを相殺するほどの名目賃金の上昇が見られたが、11年以降は労働生産性の伸びがそのまま生産費に反映されているといえよう。

1単位当りの生糸を製造するのにどれほどの繭を必要としたかを示す「繭投入係数」の値は、少なくとも07年から第一次世界大戦初めまでは変化していない。

日露戦後の約10年という限定的な時期の特徴を、全国統計によって明らかにしようとするには、統計の不備、原料繭の規定性の強さ、生産費と糸質の相関などによって大きな限界がある。しかし、全国統計よりはるかに精度が高いと思われる長野県のみの調査によれば、この時期、釜当り・女工1人当りの生産性は約4割にも及ぶ顕著な伸びを示している。1910年までは名目賃金の伸びも大きかったが、11年以降の生産性の上昇は明らかに生産費の低下をもたらしている。この生産性上昇の原因は、一般的には、この時期長野県を先頭に開始された２緒繰から３緒繰、４緒繰への緒数の増加と、殺蛹から煮繭に至る原料処理技術の改良にあった。

次には技術改良に基づく生産性の上昇、糸質の改良、原料繭の購入などが個別経営で如何に行われたかを検討しよう。

2　小諸純水館の動向

長野県北佐久郡小諸町の純水館は、1890年に同町の醸造業者小山久左衛門が100釜で創始し、20周年にあたる1909年には320釜の第一純水館をはじめ、合計12工場944釜を擁し、13年の出荷番付によれば全国で第33位の出荷量を持つ中堅の結社となった。同社の生糸は04年まで信州上一番と並一番の格付であったが、09年には依田社格、さらに大戦後の25年には最優80円高と着実に糸格を高める。

1904年から06年にかけて、売込問屋や輸出商から糸質に関するクレームが何度か寄せられ、また需要動向に対応する繰糸方針の改良も考えられてはいた[10)]。例えば、05年６月23日にはデニールが太きに失すると横浜から指摘され、同年７月29日には繋節が長すぎるために三井物産への売り込みが破談となり、04年10月には光沢よりも糸質・手ざわりが重視され始めた動向に対応し、繰糸賞罰規則の改正も議論されている。しかし、賞罰規則の改正も議論されただけで実施されず、糸質に関するクレームも「各工場へ注意方通知ス」といった、通り一遍の対処に終わり、糸質に関する関心は稀薄であった。

この頃まで、純水館の工場主たちの頭を占めていたのは、ますます生産性を高めている諏訪製糸業に如何に遅れないかということであった。1890年代中期、純水館の本挽工女１人の年間繰糸量が１個（９貫匁）に満たないとき、諏訪では１個２、３分を上げ、その後も、「原繭ノ質ニ於テ著シキ進歩ヲ不認ニ不拘、現下之繰量ハ可驚進捗ヲナシ諏訪地方ニ於テ四口繰リ弐個以上ヲ普通」（1909・７・24、以下年月日を略記）とするまでに至っていた。1905年１月には全工場の二緒繰から三緒繰への転換を果たした。07年11月には「テトロ累進賞与金之為メ繰糸量ノ減殺ヲナス甚タシ」と、デニール賞与が高いために繰糸量が低下しているという理由により、賞罰の重点をデニールから繰糸量にかえよ、という建議が提出され、翌年2月に繰糸量110匁以上の工女に4円の賞金を与えることが可決され、同時に四緒繰も順次採用していく方針が決定された。また08年5月には、繰糸量40匁以下の工女は「不経済……上等之付属物トシテ不得已使用スルモノ」という理由から、改めて繰糸量重視への賞罰規定改正案も提出された。

しかし、同時に糸質に関する関心も形成されていた。「急進ノ進歩ハ弊害ノ伴フモノ皆然リ、信州生糸声価ハ此害ヲ免カル能ハズ、抱合ノ悪シキモノ続出シ需要者ノ嫌厭ヲ買ヒ」(09・7・24) と信州生糸の欠陥を認識していた。純水館が糸質改良に着手したのは好景気のさ中、07年の本挽からである。東京蚕業講習所を卒業した小山房全を責任者に据え、同所別科の卒業生を教師に採用して女工養成の師範場を設立し、その後は同所卒業の技術者も採用して各工場の技術指導を担当させる。08年2月には「本館ハテドロ本位之方法ニテ市場之信用ヲ高メツヽアリ」の如く、糸量重視の経営方針の中でも糸質上昇に力を注ぎ始める。

ところが、1907年秋から始まった糸価低落と価格差の拡大のなかで、08年の新糸出荷以降、横浜から頻々と苦情が寄せられ始めた。6月には売込商渋沢商店からデニールに関する警告が寄せられ、7月にも小野商店から同様な注意がなされた。9月には横浜生糸合名会社へ売り込んだ生糸がデニールの不揃と繋節の多さのために破談、11月にも横浜生糸へ売り込んだ生糸36個が大節のために破談、09年3月にもデニール不揃と細ムラのために破談となった。

純水館では1908年の本挽開始当初より、「一般之産額ハ年一年ニ多キヲ致シ、勢ヘ上中下之等差著シク殊ニ昨秋以来之悲境ニ逢フテ之レカ得失甚シク、成敗茲ニ係ル」(08・6・23) と、糸格による価格差の拡大に対応して、より上格の糸を生産することが同館の存否を決すると認識し、従来の銘柄「菊水」「弁天」の上位に「金字菊水」を設けた。クレームが売込商からの警告にとどまっていた段階では、「ムラ糸苦情ヲ醸スルノ起因ハ其弊売買双方ニアラン」(08・

7・19）と述べている如く、必ずしも製糸家に粗製の原因があるのではなく、購入者にもあると考え、従来と同様に各工場に通知を発して注意を促す程度であった。

ところが破談に至ると対応は大きく異なってくる。９月、12月と出浜し、12月には館長自ら横浜生糸合名会社へ出向き、同社の検査場で「金字菊水」の品位検査に立会い、「大フシ多キ為メト而巳テ何分手合ニ至ラズ」（08・12・10）と、厳しさを体験した。

純水館では破談が続発するようになった九月以降から、本格的な糸質改良に着手し始めた。その内容を製糸工程に即して見ておこう。

(1) 原料繭　同館は春繭の約３割、夏秋繭の約２割を佐倉・桶川近辺の購繭地から購入していたが、1909年の春繭から優良繭の産地として知られた徳島県から購入し始める。そのため、09年は県外繭が春繭で４割近くを占め、仕入価格も１斗当り地元繭が４円25銭であるのに対し、県外繭は４円70銭の割高になった。しかし、「阿波繭ナゾ優等繭ハ四百回以上ハ勿論差支ナカルベク、若シ三百回転ノ最低速度ニ繰糸堪難キ原料繭ハ弁天挽原繭資格ト云フベキモノ」（09・６・24）と記しているように、徳島産繭は高速度繰糸に堪える強弾力を持ち、糸質・抱合とも佳良であった。また、地方繭についても「若掻キ繭ハ断シテ買入ザルコト」（09・６・26）と指示している。切断・類節の大きな原因となる不良繭の選別も、見本を各工場に送付して徹底し、８月７日には繭選別についての工主罰を実行した。11月に多数の不良繭が発覚したある工場は、再検査によって合格するまで「菊水」挽を停止されている。

(2) 繭の保存　繰糸に大きな影響を与える乾繭規制も厳しくなった。1908年９月に規定を改正し、春繭は１升50匁以内から40匁以内に、夏秋繭は45匁から35匁以内へと乾燥程度を上げ、それに達しない工場からは１匁に付き10円の罰金を徴収した。光沢不同・ズル節の原因となる煮繭は、08年まで湯の状態のみが注意されていたが、その後煮鍋・繰鍋の温度と時間を規定するようになった。

(3) 繰糸工程　1907年まで問題になったのはデニール不同が中心であったが、08年以降、繋節・こき節など繰糸に原因する大節、抱合不良などが問題とされるに至った。これらの問題には三つの発生源があった。女工の技術、器械、原料繭である。3、4粒を同時に添緒する「乱暴挽」や、長い繋節など女工の繰糸技術に由来する欠陥は、08年11月以降の賞罰規定の精緻化や度重なる改正によって防ごうとした[11]。器械については08年秋から一時的に二口繰りに戻し、09年2月、ケンネルとその付属品を一新することを決め、同年の本挽から採用した。その費用は稲妻・キリ枠・心ギリ・フシコキすべて併せ304円、1釜当りにすると約40銭である。同年9月からケンネルの角度を変え、10月には再繰場に480円を投資して改良綾も導入した。原料繭については前述したが、抱合を良くしようとすれば一定以上の回転数が必要となるが、徳島産繭を除けばその回転に堪える繭を確保することができず、「関東繭ハ弁天原料繭ニ充テ」(09・10・13) という状態であった。

こうした純水館の糸質改良への努力は、売込商・輸出商の全面的な協力によって行われる。

1908年2月、恒例の年賀のために出浜した館長らは、売込商・輸出商らに「金字菊水」出荷の予定を話して協力を求めた。渋沢商店の売込主任は、その申し出に「前年来之良製方針ヲ不変、加フルニ検査仕訳ヲ厳ニシ色沢ヲ一定シ商標二等級ヲ捺シ」て出荷するなら、上一番30円高は確実であるという保証を与えた。しかし、前述した通り、「金字菊水」「菊水」とも破談が相次ぎ、その度に幹部は出浜して検査を実視する。当時、輸出商や売込商大手は製糸技術者を擁し、拝見係と連携して製糸家に相当詳細な技術的助言を与える態勢を整えていたのである。

前述した種々の改良によっても、輸出商を満足させる生糸を出荷できず、1909年7月には「横浜キ (渋沢商店——筆者注) ヨリ電報、製糸品位悪敷渡シ方困難、直チニ二人出浜セヨ」との電報がもたらされた。渋沢商店からは「先回来製造法其他ニ対シテ百方注告ヲ与ヘタルニモ拘ラズ、更ニ其効果ヲ見ズ」(09・7・24) と苦言を呈せられ、横浜生糸・三井物産の技術者からは煮繭の改良、厳重な選繭、製品の統一について忠告を受け、「信州的繰糸法」から脱することを求められた。純水館から横浜に出向くだけでなく、09年11月には渋沢商店の紹介で技術者が各工場を巡回して助言を与え、12月にも三井の技師が出張し、設備・原料を検討した。

売込商は純水館の糸質改良に資金的援助も与える。1909年10月22日に出浜した館長は、翌23日渋沢商店に至り、製糸改良に要する費用が嵩み、社員の努力も大きいので改善の奨励費として売込口銭の特別割戻2分を要求し、渋沢も「秘密」を条件に改善費として特別割戻を承認した。

純水館は以上のように、原料繭から荷造までを含む製糸業の全工程にわたって、糸質改良の努力を重ねた。幾らかの資本を投下して部分的には「関西飛切物」の製糸法を採用するが、純水館はもちろんその糸格の生産を意図したのではない。

「突飛ナラズシテ今爰ニ現状体ニ僅カノ注意ヲ施シ、実績挙ラハ八十円高ノ格上ハ期待イタサル」(09・6・24)と、従来の技術水準を基礎に、若干の改良を果たすことによって中等糸の生産を意図したのである。しかし、1年半にわたって全力を尽くした改良の成果は、捗々しいものではなかった。改良糸出荷の試験成績によると、デニールは良くなり品位も「余程良」くはなったが、「糸力脆弱ホソムラ多ク従テ切断尠ナカラズ……準優等生糸ヲ以テ自任スルモノトシテハ大ナル不結果」(09・12・5)と嘆かざるを得なかった。

1910年になると、中等糸の一角を占める依田社格をほぼ安定的に出荷する体制を築いた。師範場・純水館事務所から、繭選別・煮繭・添緒・小枠回転数に関して従来と同様な注意がくり返されるが、「金字印……製糸高ノ六割以内ヨリ出来ズ……要スルニ裾物ヲ減少セシムル手段ニ付極力御尽力アランコト……唯現在ノ方針統一ヲ斗ルニ外ナラスモノニ有之候」(10・8・5)と、「金字菊水」が製糸高の6割近くに及んだことがうかがわれ、今後はその比率を高めることが必要としているのである。純水館生糸はこうして上一番格を脱し、海外市場へは「貴社ノ名ヲ以テ輸出セルコトナキハ、由来信州製糸トシテハ先方ノ希望ニ適セサルガ故、不得已関西物ノ補完的ニ商標ヲ改メ輸出セリ」(11年2月出浜報告)の如く、関西(上)一番として輸出されるに至った。

純水館が糸質の改良に本格的に取り組んだ契機は、1907年秋以降の優等糸と上一番格との200円にも及ぶ価格差の拡大にあった。ところが、10年にその価格差は急速に縮小し、11年初頭には数十円になった。1912年２月、年賀のために横浜を訪れた館長らは、「需要ヲ目安トシテ適応スル処ノ品ヲ製スルヲ主眼トシ、常ニ顧客ノ多キ、則チ売口ノ好キ品ヲ製造スルヲ肝要トス」と忠告され、糸質改良を重視した経営方針を同年から転換していく。本挽開始直後の７月６日、「近頃組合ノ製糸ハ世上全格製糸同業家ノ生産力平均ニモ不達ルハ如何ナル訳ナルヤ」と、生産性の低下を指摘し、製糸経済の三大要点は第一に杯数、即ち生産性を上げること、第二に罰金を受けないこと、即ち「与ヘラレタル其原料ノ有スル天賦ノ良質ヲ発揮生産」すること、第三に糸歩、即ち一定量の繭からできる限り多量の生糸を得ることにあると述べ、糸質を維持しつつ生産性・糸歩を上げる方針に転換していった。

3　依田社の動向

長野県小県郡丸子町の依田社は、1889年に下村亀三郎が創業した〒(カネイチ）製糸場を出発点とし、1904年には22工場770釜であったが、日露戦後期に急拡大を遂げ、14年には32工場3145釜を擁し、13年の出荷番付によれば片倉・山十・小口組に次いで全国第４位の大結社となった。依田社も日露戦前は信州上一番を製造していたが、05年頃から糸質の改良に努め、10年頃には横浜市場で関西上一番に匹敵する依田社格という呼称で呼ばれ、18年には優等糸の「ゴルフ」、中等糸の「テニス」「ワイデー」、信州上々一番の「浅間」「地球」という５銘柄を出荷していた[12)]。

〒（カネイチ）製糸場は1901年に廃業していた工場を蚕種業者工藤善助が買収し、07年に100釜で再開した工場である。「営業報告書」[13)] から作成した表２-２により、本章の課題に限定して経営動向を見ておこう。

⑥の女工１人１日当り繰糸量は、「工程調」で厳密に計算されたものである。創業した年を除けば1911年までほぼ70匁台で顕著な増加はなかったが、13年、14年に急増して110匁となり、09年の約３割増となった。長野県の平均は第一次大戦中を通して70匁前後であり、製糸場は長野県の中でも相当高い水準にあ

表２－２　依田社製糸場の諸指標（1907～15年）

		1907年度	1908年度	1909年度	1910年度	1911年度	1912年度	1914年度	1915年度
①繰糸量	(貫)	1,314	2,293	2,230	2,398	2,349	2,383	2,906	3,323
②投入原料金額	(円)	87,625	99,157	106,381	102,696	107,770	108,565	135,298	139,881
③生産生糸金額	(円)	98,715	123,419	127,739	135,171	128,042	133,648	166,219	176,314
④掛目		66.39	43.24	47.70	43.82	45.88	45.56	46.56	42.09
⑤輸出価格	(円)	1,202	861	917	902	872	897	915	849
⑥１日１人当り繰糸量	(匁)	67		71	76.3	76.1	87.3	99.9	
⑦　〃　夏挽繰糸量	(匁)				82	83.5	92	109.2	
⑧１梱当り生産費	(円)	129.35	121.67	127.30	112.23	116.03	108.70	104.76	
⑨　〃　工賃	(円)	(36.00)	29.91	30.89	29.17	30.24	30.57	23.54	24.76
⑩　〃　労務費	(円)	63.29	56.05	54.67	49.10	52.10	55.33	39.73	39.25
⑪損益	(円)	△5,009	1,636	△5,045	4,513	△9,674	△4,383	△894	6,478

出典：製糸場各年度「営業報告書」「工程調」。
注：労務費は工賃・賄費・俸給を合したもの。

ったこと、また主に春繭を用い、繰糸に適していた夏挽（本挽）の期間の繰糸量が多いこともうかがえる。

④の掛目は、特約組合が普及し、糸価・生産費から算出されるようになった頃の掛目とは異なる。「工程調」では1909年から各地・各期の掛目が記され、10年から全体の掛目が算出されているが、その算出方法は繭代金を製造生糸量で除しただけ、即ち生糸１貫匁当りの繭代金を表したものがこの掛目である。

表２－２の掛目、生糸価格、損益の欄を比較すれば、利益を挙げた３年間は掛目の低い年であったことが知られる。

⑧の生産費は順調に低めていったといえるが、そのなかでも⑨の女工工賃、⑩の労務費が14年に著しく低下したのが注目される。大戦前には生産性の急増により、工賃・賄費などが急減していたと推測して相違ないであろう。

次に、製糸経営を左右した購繭活動の実際を明らかにしておこう。依田社は大小さまざまな製糸経営の結社であったため、購繭活動は金融・試験挽・出張地などでは提携しつつも、基本的には各経営が独自に行っていた。購繭の様子をうかがえるのは下村合名会社（カネイチ工場、11年512釜）である。

下村製糸場が他を圧して大きかったため、県外購繭は同工場が中心になり、他は下村の購繭地に付属するようにして活動した。1912年の同工場の購繭態勢を見ると、丸子の工場に本部、東京と岐阜県竹ヶ鼻町に仮本部を設け、竹ヶ鼻は関西仮本部とも称し、本社から原料課長と女工２名が出張して購繭期間中常駐する。購繭地は東海・近畿・四国・関東・東北・北陸の13府県20か所に及び、22名の購繭員が５月23日以降、出廻期の早い東海・四国地方へ出発し、その後東北・北陸へも出張した[14]。

購繭開始前に依田社・各工場が購繭方針を決定する。1910年は東海地方の天候不良のために伊豆・浜松からの購入を中止すること、全体の仕入見込みは「糸況ニ伴ヒ三十八掛ノ買入予定」であったが、「四十掛ノ仕入余儀ナキ」状態と通知される[15]。12年も、糸価安のなかで天候不良のため不良品が多く、しかも「予想意外ノ高相場」となり、「損耗ヲ予期」せざるを得ない状態であったが、かかる場合にこそ「繭形及ビ繭層不良ノ品ヲ取入ルベカラズ、精々撰買ント、成形ノ一定セザル様ノ品ハ絶体ニ避ケラレタシ」と強調された。

各地に派遣された購繭員は、蚕作状況、地方製糸家の状態、他の大製糸家の動静を日報で仮本部・本部へ報告し、「走り繭」が出始めると「見本繭」を購入して竹ヶ鼻・丸子へ送付し、そこで「目挽」し、正確な掛目を算出する。「目挽繭ハ最モ迅速ナル方法ヲ用イテ殆ンド毎日送付」せよ、と繭価の報告以上に重視されていた。年次は不明だが、７月７日から13日の間に送付された繭の「目挽表」を見ると、糸量の多寡によって掛目が大幅に異なり、価格の安い繭が掛目も低くなるとは限らないのである。

丸子町の本部では仮本部や購繭地からの報告、試験挽結果を参考に指示を与える。1912年６月５日に出された「本部情報」には15か所の状況が記されているが、それらを整理すると、各製糸家の購繭競争による高騰と品位不良のために早々と撤退した場所、品位佳良で掛目が低いために購入を指示した場所に分けられる。静岡県稲取村に３名を派遣したが、「到着既ニ片倉組、(山十)、山共等ノ各社大ニ漁リツヽアリ、品不足ノ感アリ、上族後五六日位ノモノヲマブシ買盛ニ行ハレシ為メ、予想ノ掛目ニテ仕入スル能ハザリシ感アリ」という状況で、６月１日に購入打切りを指示した。竹ヶ鼻は「地方小製糸ノ無茶買」、岐阜県大野村は「地方達摩製糸及仲買連ノ高買……（東海地方の）敗兵大イニ逆襲」、愛知県小牧町では「共同組合ノ競争入札買」、高知県伊野町では「片倉、小口……等各社大優勢ニ買ヒ煽リ」など、よく知られた集散地では大製糸・地元製糸・繭市場が入り乱れて購入するため割高となり、下村製糸場もある程度の繭は確保するが、早々に切り上げて「転戦」する。繭質不良のために切り上げたのは、「見本繭ヨリ判スルニ死ニ深ク品位一定セザル」静岡県二俣町、「霜害不良ノ為メ品質不良」の同県袋井駅などである。

他方、徳島県岩倉村へは「見本ニ依レバ品位良好ナリ、目挽一〇六、三十六掛七分、后安模様ナリト、見本ト相異ナクバ大ニ手ヲ伸シ買入ベキナリ、全力ヲ挙ゲテ進撃スベキナリ」と指示を与え、「糸質良好目下地方小製糸ヲ除ク外買入ナク四十一掛見当」の奈良県五条町、「沈静、糸量アリ、目下買入時機ナラン、養蚕豊作」と報じられた京都府福知山町などにも、積極的に購入すべきことを指示している。

依田社全体ではこの頃、5月下旬から6月中旬にかけて他府県から所要原料の約半額を購入した後、6月中旬から残りの半額を「地廻り」によって調達していた。小県郡の産繭は長野県の中では質が良かったので、依田社は地廻り繭も重視し、11年に丸子繭糸株式会社という繭市場を設立して産繭の吸収を図っていた。丸子町にはさすがに他製糸の購繭員は侵入しなかったが、近隣の上田・塩田地方には他製糸が入り込み、「若し丸子軍にして地の利を恃みて少しく買い殺さんか、坪方は直ちに鉾を逆にして此等の諸軍に走せ参ずる恐れあり」という状況であり、依田社は「意外の高買を敢行し先ず各産地の生繭を引付ん」としていた[16)]。ほぼ独占的に購繭地盤に組み込んでいる地元においても、容易には原料を調達できなかった。

片倉など諏訪の巨大製糸は、この頃全国に出張所を設け、最も安い地域から繭を大量に仕入れていたことが明らかにされているが[17)]、500釜の下村製糸場も20余か所の出張所を設け、価格と質を勘案しながら繭を購入する態勢を築いていた。しかし、従来新聞記事などによって強調されてきた繭価の強引な切下げ、買叩きといった行動はうかがえない。繭価は出廻り期の生糸相場・先行感・蚕作などに規定されていたが、当時の繭市場は同盟罷買、開業日協定によって価格低下が可能になるような状況にはなく、極めて競争的状態であった。

遠隔地から購繭する製糸工場が少なかった時代は、そうした買叩き策も功を奏したであろうが、すでに1890年代末には意図的な買叩き策は不可能な事態になっていたと考えられる[18)]。

日露戦後期に産繭量は激増するが、同時に設備釜数・釜当り繰糸量も激増して購繭競争はいっそう激しくなり、意図的な繭価格切下げ策が奏効するような余地はなかった。依田社は地元を有力な購繭地盤として養成しつつ、全国に出張所を分散して価格・質で相対的に有利な繭を購入する態勢を築いていたのである。

次に依田社の糸質改良について述べておこう。依田社が糸質に留意したのは下村亀三郎が1904年から05年にかけて、米国のセントルイスで開催された万博を視察してからであった。「視察日記」[19)] によれば、彼は横浜生糸・三井物産社員らの案内によってしばしばパターソンの諸工場を見学し、依田社生糸を実際に販売している生糸商、使用している工場に赴き、「依田社生糸ノ苦情照会ヲ依頼ス」るなど、積極的に市場調査を行っている。

05年３月５日に帰国した後、３月13日に講演した記録によると[20)]、撚屋のなかには「信州糸ハ悪糸ノ代名詞」として非難する者もいるが、「惣而信器上一番格前後の品が喜こはれる様ニ見へます」と、信州糸は非難もされるが多くの需要があると評価する。依田社生糸を撚屋に試験させたところ、むら糸・節・二本上りの３点が欠陥として指摘された。これらは信州糸全般に通じる欠点で、むら糸の改善は不可能ではないが工費上高くつくとし、節と二本上りは「賞罰を厳にして、殆んとデニイル揃と仝様の注意をして改良したい」と述べ、また「原料繭の良否産地の異仝ニ就て糸質の異なるものハそれ〳〵区別」し、異なった商標を付すことの重要さも指摘している。こうした点を改良すれば、「信州糸ハ実ニ完全ノ域ニ進ンダモノト見テ差支ハナイ」と述べている。

詳細な内容は不明だが、依田社はそれ以後グランド綾を導入し、工女養成所を設置して「テニス」「ワイデー」などの中等糸生産に乗り出していった。

日露戦後期を通じて、日本製糸業は急速な量的拡大を果たした。1890年代後半から始まった信州器械糸の糸質に対する非難は続くが、07年恐慌までは糸価の上昇に支えられていた。恐慌を契機に輸出価格が低下し、その中で糸格間格差が拡大すると、裾物となった信州器械糸を生産する製糸家は二重の打撃を受け、困難な事態に追い込まれた。しかし、その中でも信州器械糸の生産はよりいっそうの拡大を続ける。輸出価格低下に耐え得た一つの有力な原因は、依田社で見たように掛目、即ち生糸1貫匁の中に含まれる繭代金の低下であった。しかし、その繭価は製糸家が容易に「買叩き」「強引な切下げ」をできるような状況ではなく、繭市場は競争的状態にあった。繭価格の低下を可能にした条件は、次節で明かにする如く、養蚕業それ自体の中に求められるべきであろう。

信州上一番格を生産する製糸家は、二つの矛盾する課題を背負わされた。輸出価格低下に対応して生産費を切り下げることと、糸格間格差の拡大に対応して糸格を高めることである。日露戦後期を通じて、この二つの課題は明確に認識された。一方において実質賃金の上昇に対応する、またそれを上回る釜当り・女工1人当り生産性を上げ、他方において上一番格を脱して中等糸を生産するために努力を続けた。それは相対的に劣悪な原料繭、資本蓄積の低さという隘路はあったが、原料繭の購入、原料処理、繰糸工程、出荷態勢すべてを通じて行われた。

上一番格製糸家はこの二つの課題を遂行しようとするが、その両者は矛盾していたが故に、彼らは市場対応的・選択的経営方針を採用する。価格差が拡大した際には生産性を部分的に犠牲にして糸格の上昇に努め、縮小した際には糸格を維持しつつ生産性の上昇に努めるのである。純水館・依田社を例に明らかにした事実は個別的事例ではあるが、その後の製糸業のあり方を見れば、価格と糸格の双方をにらみながら選択的経営を行う製糸家が、日本製糸業の発展を担っていったといえよう。

第2節　養蚕・蚕種業の動向

1　夏秋蚕の普及

製糸業への原料供給部門である養蚕業についても、すでに述べたように、不当な低価格での繭販売を強制され、荒廃桑園が激増すると捉えるのか、あるいは、繭生産における「革新の継起的発生」によって、「絶対的にもその有利性が増大」する画期として日露戦後を捉えるか、という大きな認識の差異が見られる。

養蚕業に関しては連年の全国統計があり、しかも初期には工業統計よりも信頼しうるとの指摘がなされていることにより[21)]、ここで改めて検討することはしない。ただ、繭生産量が1905（明治38）年の272万石から13（大正２）年には459万石、即ち約７割増え、同期間に養蚕農家１戸当り収繭量は57%、桑園面積当り繭生産量は27%、蚕種掃立枚数当り生産量は35%増加していることを指摘しておこう。これらの数値は、好況と一代交雑種の導入によって特色づけられる1916年以降と比較すればもちろん見劣りするが、日露戦争前と比較すれば極めて高い伸び率を示していることは疑いない。しかも、右の時期の特色は養蚕戸数の増加にあるのではなく、養蚕農家の規模拡大と桑園面積・掃立枚数当り生産量の増加にあるということもうかがえよう。

こうした養蚕業の発展が、夏秋蚕の全国的普及に拠っていることはつとに指摘されている。1899年は27%にすぎなかった夏秋蚕比率は1906年に37%、13年には43%へと激増し、それが１戸当り、桑園面積当り生産量を増加させたのであった。しかし、夏秋蚕の普及と時を同じくするように、農政関係者、蚕糸業関係者から養蚕業についての発言が目立ってくる。養蚕業の専業・副業、荒廃桑園、蚕作の安定、繭質などに関してかまびすしい議論が展開されるようになる。これらの問題に共通する原因は、夏秋蚕の全国的普及にあった。

養蚕経営を規模・集約度によって類型化する研究は戦前以来行われてきたが、

その経営類型の多様な分化をもたらした主因は、養蚕業の技術的発展にあった。

1870年代から1920年代後期までの発展は、補温飼育法の確立期である1900年頃まで、夏秋蚕の普及を中心とする1910年代中期まで、一代交雑種の普及期である10年代後期以降の三期に分けられる[22]。群馬県に典型的に見られるように、補温飼育法は春蚕の上族期と田植最盛期の競合を回避し、上族期を短縮・統一するために導入された。早い上族に対応するには、耐寒性のある山桑系桑樹が不可欠であったが、山桑系は夏秋期の伸長停止・硬化が早く、夏秋蚕には適していなかった。また、補温のために蚕室が不可欠であり、桑園や蚕室の有無が経営規模を規定し、増産には一定の限界があった。

古くから自然条件のために春蚕が不可能な地域では、二化性の第二世代の自然孵化による夏蚕が飼育されていたが、明治初年、風穴を利用して二化性の第一世代を抑制した後に蚕種を製造し、その生種によって飼育する秋蚕の生産が開始され、それが長野県を中心に広まっていった。1880年代初期までは不安定で、「秋蚕亡国論」のように非難されたが、80年代中期から夏秋蚕種の製造業者による安定した蚕種の製造と[23]、飼育法の改良・伝習によって急速に普及し、全国で夏秋蚕の割合がなお27％であった99年に、長野県では52％に達していた。

春蚕１回だけの養蚕に較べると、夏秋蚕を導入して年２回、３回と養蚕回数を増すことは大きな利益を生む。表２-３の各桑園は、夏秋蚕の盛行により「本業副業ノ地位ハ顛倒シテ寧ロ養蚕業ヲ以テ本業ト称スルノ至当ナルヲ見ル」[24]といわれた地域の、1904～05年の収支である。春蚕中心の桑園は１反当り1,000株前後、３年目から本格的な収葉を行い、４年目以降10数年間耕作し、桑園の寿命は15～20年である。他方、春・夏・秋３回収葉する密植桑園は、上田に反当り3,000本から5,000本以上も植付け、１年目の夏秋期より摘桑し、２年目から本格的に収葉し、６年で廃園にするという極めて短いサイクルとなる。刈桑は春蚕、摘桑・搔桑は夏秋用である。桑葉の販売は相当広汎に行われていたが、一般的には桑園は養蚕を前提にして経営される。春蚕に用いる刈桑の場合は300～400貫、夏秋用の搔桑は約150貫が繭１石の要桑量であるので、春蚕専用桑園では反当り収繭量１石強にすぎないのに対し、密植促成では春に２石、夏

表２－３　各種桑園の収支

		春蚕用 ①	密植促成 ②	夏秋蚕用 ③
反当り植込株数		800本	5,400	1,540
１年目損益		△18.80円	6.59	△55.94
２年目　〃		△13.50	104.69	23.60
３年目　〃		19.09	111.00	46.00
４年目支出（円）	小作料	17.40	35.34	17.40
	肥料代	24.00	60.10	21.50
	手入費	5.20	8.05	6.00
	雑費	1.80	9.75	3.00
	合計	48.40	113.24	47.90
４年目収入（円）	刈桑収入	75.00	93.75	0
	（刈桑量）	（500貫）	（750）	0
	摘桑収入	6.25	126.67	92.40
	（摘桑量）	（25貫）	（440）	（308）
	他とも合計	84.06	220.41	93.90
４年目損益（円）		35.56	107.16	46.00

出典：①③は長野県農会『桑園経済調査資料』の下伊那郡、②は『大日本蚕糸会報』第178、179号に記された同郡松尾村の報告。

秋に３石、合計５石の収繭が可能になる。

これらはもちろん机上の計算であるが、上田を利用し、多肥多労働を投下して春夏秋にわたって収葉すれば桑園の利益は大きくなる。密植桑園の場合には、春蚕専用に較べると約３分の１の価格で桑葉を供給することが可能であった。桑葉代が繭生産費の５～７割を占めることを考えれば、桑生産費の低下は繭生産費を大きく低下させるものであった。しかも、７、８月という稲作の農閑期に夏秋蚕を行うことによって労働力を完全燃焼させ、たとえ霜害などの天候異変のために春期が不作となっても、夏秋で部分的にせよカバーすることも可能になった。

このように夏秋蚕は桑園当り、１戸当り生産量を増加させ、桑葉代の低下、労賃の安い季節での養蚕によって生産費も低下させる。しかしもちろん蚕糸業にとっては良いことばかりではなく、マイナス面も多かった。

第一は夏秋繭の質が悪かったことである。夏秋繭は春繭に較べ、繊維が細いことを除くと、糸量・解舒・纇節・強伸力などすべての点で劣り、1890年代中期まで評価の高かった信州器械糸の裾物化の重要な要因となってくる。1896年、依田杜が「夏秋蚕ハ従来ノ経験ヲ以テスルモ其利益実ニ僅少、否却テ往々損失ヲ来ス……夏秋蚕製造ヲ全廃スルハ誠ニ鞏固ナレトモ、当時勢ヒ多少製造セサルヲ得ス」[25]と述べているのを見ても、理解されるであろう。

第二は桑園への害である。夏秋蚕が桑樹を酷使して桑園の荒廃をもたらすということは日露戦前から指摘されていたが、日露戦後に至って大きな問題になってきた。養蚕農民は「専用ノ桑ナドヲ作ツテ借金スルヨリハ、二回取リヲシタ方ガ宜イ」と考える[26]。桑を何回も収穫するには従来の堆肥のような漸効肥料では不可能であり、芽出肥・土用肥といって人糞尿や人造肥料のような速効性肥料を多投する。ところが、従来の山桑系桑樹は早生で霜・冷害には強いが、少肥性品種であった。そこに肥料を多投して収量を多くしようとしたために桑樹は衰弱し、病虫害も多発して荒廃桑園が大きな問題になってきたのである[27]。長野県では1906年から荒廃桑園の改植奨励のために桑苗の無償配布を行うが、それは「最モ収葉量ガ多クシテ而シテ夏秋蚕ニ最モ適当ナル処ノ此魯桑ヲ……奨励シ……夏秋蚕ハ専ラ密植桑園カラ葉ヲ取ル」[28] という、夏秋蚕対策の一環であった。そして、繭価が下落すると桑園経営費の約５割を占める肥料の投入量がまず縮減され、肥料の減少は多肥性種である魯桑などを主とする春夏秋兼用、夏秋専用の、密植促成桑園に打撃を与え、荒廃桑園がいっそう増加するのである。

第三に、養蚕業の専業・副業問題もこの時期、声高に論じられた。掃立枚数が如何に大規模になろうとも、年１回の養蚕では専業化は問題にならなかった。しかし、夏秋蚕が導入されて年に数回の養蚕が可能になると、投下労働の平均化、違蚕や繭価の下落などの危険分散が可能になり、養蚕農民のなかにも「夏秋蚕の発達に依り……却て養蚕が主業と為り普通農事は副業たるの観を呈するに至る可し、余は勿論斯の如き現象を希望」[29] する者も出現し、事実、水田の桑園化が一部の地域で進み始めた。農政当局者はこの時期、主業化傾向を強めた大規模養蚕を「投機」であると非難し、全国の農家に最も普遍的な副業は養蚕であると主張して副業の枠内におしとどめようとした。日露戦後期の繭の増産は養蚕農家の増加ではなく、以前からの養蚕農家が夏秋蚕を開始することによって果たされた。農政担当者は春蚕のみに比較すれば固定資本投資が少なく、投下資本の回収も速い夏秋蚕を中心にしつつ、小規模な養蚕農家を「二倍、三倍に進める」という方針を執ったのである[30]。

第四に、多数の農民を養蚕業に進出させるには蚕作の安定が不可欠であった。補温育の普及などによって春蚕は比較的安定したが、夏秋蚕はなお不安定であった。不安定な原因は、蚕種と飼育法の未熟さにあった。夏秋蚕種の本場である東筑摩郡の蚕種業者から蚕種を受け取った一養蚕家は、1904年に次のように報告している。

着後直チニ開放候処悉ク発生間々斃死有之、愚考ニテハ既ニ御発送之際青色ナリシナラント想像致シ候……当秋ハ旱天二カ月モ打続キ桑葉硬化滋養ナク最早落葉セン斗ナル桑葉ニテ、殊ニ廿三四日ハ非常ナル蒸熱ニテ吾ガ郡中一般平均四分作位ニ有之候[31]

長野県の夏秋蚕種は当初から二化性二化不越年種（生種）で、製造後10日前後に発生するため、孵化しつつある状態で到着する場合が稀でなく、夏季の天候の激変に対処する方法も不十分であった。

夏秋蚕種の問題は風穴を使って二化性越年種（黒種）とする方法が開発され、生種に固執していた長野県の夏秋蚕種は日露戦後に市場を奪われていった[32]。飼育法については、春蚕も含め、また繭質統一の観点からも、稚蚕共同飼育が05年頃から強調され始め、蚕糸業法の一つの柱となっていく。

2　養蚕経営の動向

養蚕業の場合には、個別経営の推移を厳密に検討することは難しいが、前項で明らかにした夏秋蚕の普及などの一般的な傾向が、養蚕経営のなかにどのように具現されているかを見ておこう。

表2－4は、長野県南佐久郡野沢町野村家の養蚕業の推移を示したものである。同家は若干の貸付地を持つが、水稲を主として養蚕・養鯉を営む自作上層と考えてよい。自給部分を除いた収支は判明するが、繁雑になるので肥料・桑葉・雇用関係はすべて省いた。飼育日数は発生から上族までで、1894、96年など例外的な年を除くと、1906年まではほぼ40数日を要していたが、07年以降急減し、14、15年には35日前後となった。春蚕掃立量は当初2枚であったが、1899年、1900年の高繭価に刺激されて3枚となり、03年には4枚、09年には4.5枚、14

表2－4　野村家の養蚕業（1894～1915年）

年次	春収繭量（貫）	1枚当り収繭量（貫）	飼育日数（日）	夏秋収繭量（貫）	1枚当り収繭量（貫）	年間平均繭価格（円）
1894	19.46	9.73	34	4.06	8.12	3.00
1895	21.22	10.61	45	1.95		3.67
1896	22.17	11.09	36	3.50	3.50	3.66
1897	0	0	……	1.30	1.30	……
1898	21.06	10.53	39	7.14	7.14	4.18
1899	23.67	9.47	38	7.84	7.84	4.62
1900	32.97	10.99	43	5.00	10.00	4.53
1901	26.74	8.91	43	10.67	8.54	3.92
1902	30.61	10.20	44	5.93	5.93	4.58
1903	25.96	6.40	45	15.73	7.35	4.92
1904	20.62	4.78	43	20.96	8.38	4.27
1905	43.16	10.79	37	16.12	10.75	4.92
1906	27.56	6.89	43	22.81	11.41	5.12
1907	46.24	11.56	39	21.77	7.26	6.10
1908	45.92	11.48	38	23.54	7.85	4.72
1909	51.72	11.49	38	13.30	5.32	4.36
1910	49.82	10.60	38	25.14	6.45	3.88
1911	43.40	9.23	37	29.40	7.35	4.30
1912	50.75	11.08	40	32.59	7.58	4.55
1913	49.46	10.99	39	32.00	7.44	5.30
1914	40.70	8.14	35	29.26	7.32	4.58
1915	49.00	9.80	34	27.56	8.89	3.97

出典：「明治27年養蚕録」「明治42年養蚕録」（野村寛一郎氏所蔵）。

年には5枚となった。夏秋蚕掃立量は1902年まで半枚～1枚であったが、03年以降着実に増加し、ほぼ春蚕と同規模にまで拡大する。株数で示された桑園によると、桑園の拡大は掃立量の増加を2、3年遅れで追い、基本的には自給を目指したと思われる。しかし、09年以降の繭価下落のなかでも、買桑によって掃立量を顕著に増加しているのが注目される。考えられる原因は繭価の下落のために桑価格が下がり、買桑による養蚕となったのではないか、ということであるが、散見される繭価格に有意の差は認められず、またこの時期の養蚕拡大も一般的であるので、そうしたことは考えにくい。価格下落の渦中においても、買桑に頼ってでも規模拡大を継続しようとする意欲が強かったといえよう。

1枚当り収繭量を見ると、春蚕も1906年までは相当不安定であった。1897年

表2-5　平沢家の養蚕業（1901～15年）

年次	春収繭量（貫）	1枚当り収繭量（貫）	飼育日数（日）	夏秋収繭量（貫）	1枚当り収繭量（貫）	春繭1貫目価格（円）	年間平均繭価格（円）
1901	19.18	9.59	49	22.09	7.36	4.70	4.82
1902	25.86	11.49	47	23.19	7.73	5.25	5.04
1903	23.01	11.50	50	18.89	6.99	5.85	5.66
1904	25.79	12.90	48	15.57	7.78	4.32	4.40
1905	25.79	12.90	46	19.65	8.73	5.50	5.65
1906	34.03	13.61	44	33.19	13.28	5.80	4.29
1907	39.16	15.66	44	39.01	8.97	6.95	6.74
1908	38.72	12.91	44	45.67	8.16	4.45	4.41
1909	46.94	11.74	43	28.57	5.96	5.40	4.91
1910	48.82	10.85	43	55.64	10.12	5.00	4.41
1911	45.64	9.13	45	52.84	7.89	5.25	4.85
1912	52.56	10.50	43	62.32	9.03	5.15	4.75
1913	55.10	……	43	56.13	8.91	5.58	5.53
1914	54.88	10.98	42	74.48	11.64	6.25	4.97
1915	71.00	13.40	40	77.82	13.90	4.65	4.44

出典：信州社会科教育下伊那支部『養蚕を主体とした一農家の記録「養蚕収穫簿」』。

は「氷害之為桑大害ヲ受テ青葉ナシ」、1903年は「天候不順ニテ霖雨続キ地方一般不作」、04年は「枠製七枚四眠起五日目ヨリ死シ結果充分ナラズ」というように、天候の悪化、蚕種の不良のために不作の年がしばしばあったが、07年以降の飼育日数短縮と同時に、蚕作も安定したことがうかがえる。夏秋蚕の場合は春蚕に較べて1枚当り収繭量がはるかに少なく、1902年頃まで相当不安定であったにもかかわらず、不作の記述はない。1900年、04年には「近年無比ノ大当リ」などと豊作の年が特記されていることから見て、不作は異例ではなかった。しかし03年頃から安定し、09年の不作は「塩尻種微粒毒ノ為区内全種ハ皆一様ニテ結果不良」と、不作の年が特記されるようになる。

表2-5は、下伊那郡松尾村の平沢家の養蚕経営である。同家は小作専業養蚕農家として、平野綏氏が包括的な経営分析を行っている[33]。飼育日数は繭掻までを計算しているので前述の野村家より長く、50日弱であったのが、1910年代には42、43日にまで減少する。掃立量は06年までほぼ同水準で、夏秋蚕の掃立が春蚕を少し上回っていたが、07年以降三期とも着実に増加し、しかも1910

年以降夏秋蚕が安定することによって収繭量では夏秋が春を上回るに至った。１枚当り収繭量は春が高位安定を示しているのに対し、夏秋は03年夏、04年秋、05年秋、09年秋と「不能」や減少が頻繁に見られる。しかし、春には同一の蚕種業者から購入した蚕種をほぼ同時に掃くのに対し、秋蚕の場合には１枚ごとに購入先と掃立日を違え、蚕種・天候による壊滅的な打撃を回避する努力を行い、それによって09年を除けば比較的安定した収繭量を確保するようになった。

表2-4・表2-5に野村家と平沢家の上繭価格を示した。価格はともに1908年以降低下しているが、野村家は日露戦前の水準に戻った状態であるのに対し、平沢家は戦前と較べても安い。平沢家は単価の安い秋蚕を増産して収繭量を拡大したため、年間平均の単価がより低下したのである。それは野村家にも共通する傾向であった。通常用いられる繭価格は年間平均価格であるが、夏秋蚕拡大によって平均価格が押し下げられている点を考慮しておかねばならない。

3　蚕糸業法と蚕種統一問題

日露戦後の蚕糸業にとって、あと一つ大きな問題は蚕品種の整理・統一を課題のひとつとした蚕糸業法の施行であった。蚕糸業法は蚕種統一問題だけではないが、蚕種統一と蚕糸業法の両問題を簡単に検討しておこう[34]。

蚕種統一問題が関係者の間で大きな議論になり始めたのは、日本生糸に対する非難が高まり、輸出器械糸の糸格が明確に形成され始めた1890年代後半であった。1899年、農商務省が繭質の一定を如何に果たすかについて開いた諮問会では、まず十分な試験・研究によって良好な蚕種を選択・製造し、それを蚕種業者の原種として供給し、「漸次其統一を図る」というものであった[35]。農商務省もこの答申を受け、蚕種専売論には同調せず、「出来得る範囲内にて種類の一定を行ひ改良を加ふる」[36]と、漸進的統一の立場をとった。

糸質悪化の主因とされた蚕種の５割近くを産していた長野県蚕種業者も、こうした動向に無関心ではありえず、主産地の小県郡蚕種同業組合は1900年に蚕（かいこ）種類調査会を組織して数年に及ぶ試験の結果、小石丸以下五種の繭の基準を示し、それらを組合の標準種類と決定した[37]。また長野県蚕種同業組合連合会も1901年に蚕種類調査会を設置し、品種の調査・整理に着手した。

全国的には1903年の鳥取県立原蚕種製造所設立以来、地方的な蚕種統一が進められ、09年の調査によれば県立原蚕種製造所を持つ県は７県、郡段階も含めれば何らかの蚕種統一政策に着手しているのは11県に及んでいる[38]。農商務省はこうした各県の動向を踏まえ、すでに05年には、原々種官営を「是れは大に研究の価があると我々も考へて居る」[39]と、国による原々種製造が品種改良・統一の有力な手段であることを示し、07年には関係者の間で「国立原蚕種製造（所）の声をも耳にせる」[40]ような段階に至っていた。

とはいえ、農商務省は蚕種統一を強権的に推進しようとしたのではない。農政に大きな影響力を持っていた横井時敬は「良い糸が少しばかりあるよりも、悪い糸でも揃った糸が沢山ある方が宜い」ということを前提に、「種類の一定は難しい、余り区々になるのは避べきであるが、さればとて全然一定する訳にはいかぬ」と述べ[41]、また同省技師も統一が可能な地域は蚕業後進地だけであり、必要なのは統一ではなく試験による良種の選択であると述べている[42]。

日露戦争直後に蚕種統一を具体化した地域は多くないが、長野県のように準備に着手した地方は相当存在したであろう。農商務省も原々種製造など何らかの統一政策が必要であることを認めていた。それを具体化させたのは1908年からの上一番格生糸への非難の高まりと糸格間格差の拡大であった。長野県蚕種同業組合連合会は、従来の試験を踏まえて09年１月、県知事の諮問に対し、「種類の整理を速かにし且つ良種類を選択し一定の種類に近からしむる事」という答申と、「種類選定会を組織し其決定を待て県営原々種販売製造所を設置せられたき」[43]という陳情書を提出した。農商務省は09年春、学者・技術者を集めて統一問題を諮問するが、そこでは「法律規則デ縛ツテ一律ニヤツテ仕舞フト云フコトハ中々容易デナイ……奨励的ノ方針……組合ノ事業トシテ之ヲ進メル」[44]のが最善という結論になった。

同年６月と７月の官民実業懇話会において、今井五介と原富太郎が統一問題について「切望」したのは、農商務省と蚕糸業者のこのような動きを前提にしているのである。今井や原の要望が農商務省の政策に合致し、また懇話会という席上での発言であっただけに統一政策が加速される。

農商務省は９月末、大日本蚕糸会に統一問題と蚕病予防法の二つの問題を諮問する。この諮問に如何に対処するかについていくつかの地方で会合が催され、また10月25日から30日にかけての諮問会やその後の議会への建議など、関係者の間で大きな議論がまき起こった。諮問会に提出された種々の建議・意見書を見ると、糸質向上・繭質一定のためには多様な手段が必要であり、蚕種統一もそれらと並行的に進めるべきであるという慎重派と、10月９日に決議された長野県蚕種業同業組合連合会のように、早期かつ強制的な統一を求める案の二つがあった[45]。諮問会は同連合会長で製糸家でもある工藤善助や今井五介らの主導により、５年後から原々種官営による統一を進めるという後者の案を決定した[46]。

1910年春には府県蚕糸業担当官・技術者が招集され、統一問題が諮問された。しかし、この会議では蚕糸会の答申は否定され、前年の学識経験者による諮問会と同様、結論は「法律規則デヤルコトハドウモ早イ……試験的ニヤツテ之ヲ勧メテ、愈々宜イト云フ見込ガツケバ進ンデヤツテ貰フ」[47]と、漸進的な統一論となった。早期統一を主張する工藤や今井らの製糸家は10年１月に議会に建議し、６月の生産調査会では農商務省が提出した漸進的統一案に対し、武藤金吉・野田卯太郎らの政友会代議士を中心に巻き返しを図り、若干の修正には成功するが、結論は大日本蚕糸会の答申と大きく異なり、時期を明示せずに統一を目的とすることが示されただけであった。

以上述べてきたように、恐慌後の価格差拡大により、1909年に長野県の一部の蚕糸業者から早期統一論が主張されるが、学識経験者・府県担当官、また蚕糸業者のかなりの部分も早期・強制的な統一には反対であったため、農商務省も早期統一論を採用しなかった。その立場は、09年以前に表明されていた農商務省官僚の構想の延長線上にあった。10年12月に農務局長が「絶対に統一の出来よう筈がないといって……現在の侭に捨てゝは置かれぬ……雑駁なる蚕種を整理して其土地〳〵の風土、気候に適応した良種類の普及を図らう」[48]と述べ、また翌年３月、蚕糸課長が「其品質を何れの日か整理統一せねばならぬものであるという信念（を持ち）、調査を進行中で略ぼ其見当も就いた」[49] 時点で蚕糸会へ諮問したと述べているように、十分な試験を経た上での原々種製造・配布により、「奨励的」「地方的」「漸進的」統一を図るというのが農商務省の変わらない構想であったといえよう。

1911年３月に公布された蚕糸業法は全文52か条のうち、蚕種統一に関する規定は２か条だけで、大部分の条項は蚕病予防法の改正、蚕種・繭の売買規制、同業組合に関する規定であった。しかも、農務局長は同法案審議の際、法律で規定する必要のない桑葉改良、稚蚕共同飼育、蚕業教育、試験・研究等の奨励政策を積極的に推進していくことを明言した[50]。

従来の蚕糸業政策は、府県・郡段階で諸施設を設立し、積極的な普及・奨励を図った地方も見られたが、政府の事業としては西ヶ原・京都の蚕業講習所を除けば蚕種取締りが唯一と言ってよい状況であった。

政策当局が蚕種だけでなく蚕糸業全体を見通した政策の必要性を主張し始めるのは、1902年頃からである。和田農務局長は02年、農家副業の必要性という観点から、蚕作安定と労力節約のために稚蚕共同飼育、品質統一と利益確保のための蚕種共同購入、繭の共同販売、養蚕農民による殺蛹・乾繭の必要性を主張している[51]。酒匂農務局長も、03年、05年に桑園問題、蚕種統一問題を論じ、また養蚕農民の共同化による繭質の統一・利益確保を主張した[52]。こうした同省の方針は05年２月、超党派で決議された「国本培養建議」で部分的には実施に移されるが、体系化は生産調査会への諮問である「蚕糸業ノ発達及改善ニ関スル件」によってなされた。主要な項目は以下の通りである。

(1) 養蚕は農家副業とし、飼育戸数増加によって増産を図る。

(2) 生糸の品位改良統一のため、蚕業試験場を設立し、蚕種の漸進的統一を図る。

(3) 養蚕・製糸技術改良のため、稚蚕飼育・繭販売・揚返の共同化を図り、地方講習所・技術者増置・工女養成を奨励・推進する。

(4) 蚕病予防法を改定して蚕種製造者の資格を限定する。

(5) 講習所の製糸技術者養成部門を拡充し、夏秋蚕講習を開始する。

すでに述べたように、蚕糸業法には法律になじまない点、他の法律・規則によって可能な点、補助金を支出する事業などが省かれ、同法には前述した4項目が盛られただけであった。

しかし、農商務省が蚕糸業法に盛られた項目のみでなく、包括的な蚕糸業政策を形成し、それを府県の蚕糸業担当官会議、あるいは折を見て公に表明したことは、府県の蚕糸業行政に明確な変化を与えていく。例えば長野県では1921年度の予算案において、勧業費が前年度より6万6,000円増額され、そのうち5万8,000円は「蚕糸業奨励費」であった。内務部長は「此養蚕製糸ノ事業ヲ改良スル為ニ執ルベキ手段ハ最近ニ於テ四大綱目ト云フコトヲ殆ンド内外ノ認ムル所」であると述べ、(1) 教師派遣による工女養成を中心とした製糸改良、(2) 魯桑配布・改植補助による桑園改良、(3) 組合立原蚕種製造所への補助、養蚕教師補助などによる繭質統一、(4) 養蚕組合の奨励、を「内外ノ認ムル」四大綱目として重視した[53)]。こうした蚕糸業政策はもちろん長野県のみではない。鈴木芳行氏によれば、府県立の蚕業教育機関の設立気運が頂点に達し、養蚕技術伝習に重要な役割を果たした稚蚕共同飼育、桑園改良補助がほぼ全府県にわたって展開されたのも、この日露戦後の時期であった[54)]。

日露戦後、あるいは明治後期の養蚕業に関説する論者は、「停滞」「衰退」「危機」という言葉を枕詞の如く用いるが、最も基本的な統計を見るだけでも産繭量は激増しているのである。確かに日露戦前から戦後にかけて荒廃桑園の増加が大きな問題となり、繭価は1907年恐慌後名目価格、実質価格とも低下した。しかし、この両者を結びつけて、単価の低下を増産によって補なおうとする農民の窮迫生産と捉えることには問題があろう。単なる増産だけではなく、桑園当り・掃立枚数当り生産量は顕著に増加しているのである。養蚕農民は少ない投資によって夏秋蚕を導入し、蚕作を安定させることによって生産性の上昇を果たし、繭の生産費を低下させたのである。そして、この時期の繭価低下も春繭に比較すると相当安い夏秋蚕の激増に拠っていることは明らかであろう。桑園荒廃・繭価低下を現象的に捉えるのではなく、それらの原因となった夏秋蚕普及を軸にした栽桑を含む養蚕業の変化を考えれば、単純に「危機」と捉える訳にはいかない。夏秋蚕は製糸業に安価な繭を供給することによって、輸出価格の低下を可能にしたのである。しかし、夏秋蚕の普及は桑園の荒廃、主業化傾向、春蚕に比較して不安定な蚕作、よりいっそうの品種雑駁、糸質の悪化など、大きな問題をもたらしたのも事実であった。

1890年代後半には生糸品位を統一・向上させるためにも、春夏秋を通じた蚕作の安定・向上のためにも蚕種の改良・統一が不可欠であると認識され、専売論も声高に叫ばれた。こうした主張に対応して府県・郡当局による蚕種統一、同業組合による整理・統一への動きが進みつつあった。この過程でさまざまな議論が出てくるが、蚕種統一の必要性、漸進的統一に異を唱える人は少なかった。農商務省は地方の動向や議論を注視しており、当初から即時的・全国的統一を不可能と考え、試験と準備を積んだ上での地方的、漸進的統一論を持っていたのである。

1900年前後から日本生糸の糸質悪化、夏秋蚕による養蚕問題、蚕種の雑駁などが明確に認識されてくると、当事者は独自に対応し、また地方レベルでも関係者の求めにより対応策に着手し始めていた。農商務省はこうした動向に基づき、国本培養建議、蚕糸会への諮問、生産調査会の三つの画期を通じて包括的な蚕糸業政策を形成し、蚕糸業法に結実させた。同法に盛られた内容は多くなかったが、同省の意を受けた地方行政、講習所などの活動により、栽桑から製糸に至る各部門にわたって積極的な奨励政策が開始されたのが、この時期であったといえよう。一代交雑種や養蚕組合の普及が第一次大戦期であることからも推測されるように、直ちに成果を収めた部門は多くないが、日露戦後における夏秋蚕の安定・普及、糸質の上昇に、府県・農商務省が果たした役割は、蚕糸業者・同業組合の努力とともに無視できない意義を持っていたといえよう。

おわりに

日本生糸は相対的な低価格と良質さを挺子に、1890年代末より次第に奢侈品の域を脱して大衆化し始めたアメリカ絹織物業の原料生糸として、輸出量とシェアを着実に増大させていった。ところが1907（明治40）年恐慌を契機に、日本生糸内部での糸格による価格差が拡大し、また仏・伊生糸と日本生糸との価格差も拡大した。その原因は、対外的にはアメリカ絹織物業の動向、仏・伊の減産による優等糸の供給減があり、国内的には糸質の悪化があった。後者の原因は、蚕種雑駁、夏秋蚕普及による繭質悪化、糸量・糸歩を最優先する「上一番格製糸法」にあった。

こうした事態に対し、器械製糸の主流を占めた上一番格製糸家は、純水館・依田社を例に示したように、購繭・繰糸法などあらゆる部面において糸質上昇に努めた。しかしもちろん、彼らは優等糸生産を一義的に目標とした訳ではない。優等糸の市場は小さく、また劣悪な「関東繭」、夏秋繭に制約された大部分の製糸家には優等糸を生産する条件がなかった。彼らが目指したのは、中等糸といわれる矢島格・八王子格程度の糸格であった。また、絹織物の普及を反映して、流行・景気によって激しく変動し始めたアメリカ市場に敏感に対応する生産体制が必要となった。それには頭物でも裾物でもなく、中等糸を生産し得る生産力水準を確立し、生糸の需給・絹織物市場の動向を反映する糸格間価格差に応じて糸質重視か生産性重視かの選択を容易に行うことのできる、糸況対応型の製糸経営が有利となる。依田社や純水館は原料繭や資金力の制約にもかかわらず、すでに1907年恐慌以前に、選繭・原料処理・製糸技術の改良などによって、上一番格を脱しつつあった。

農商務省もこうした製糸業の動向に対応して、蚕糸業政策を明確化していく。外貨獲得産業としての製糸業をいっそう発展させていくには、最も需要の多い裾物の糸質を改善し、裾物から中等糸生産へ上昇しようとする製糸家のための条件を整備することが課題となった。製糸業に安価で相対的に良質な繭を大量に供給することが中等糸生産、糸況対応型経営を支えるのである。そのためには第一に蚕種の整理、一定の統一が必要であった。農商務省蚕糸課長が「エキストラ格の精良なる生糸を製造するは勿論、一般の製糸家をして製糸経済の円満を期せしむるには是非共原料の改良統一が急務」[55]と述べている如く、蚕種改良は糸質の向上とともに「製糸経済の円満」のためにも必要であった。第二に、夏秋蚕の普及・安定も不可欠であった。仏・伊のように年一度の収繭では供給量に大きな制約があり、資本・土地・労力の集約的利用によって大量の繭を安価に供給できる夏秋蚕は、生糸増産・価格低下の有力な根拠であった。日露戦争前後なお不安定で劣悪な夏秋蚕を如何に改良するかは、大きな課題であった。第三に、「上一番格製糸法」を脱するには原料処理・繰糸法の改善も不可欠であり、また女工の技術によるところも大きかったため、それらの試験研究・講習も必要と認識された。

製糸家は以上の課題を選択的に採用することによって中等糸生産を可能にしたが、それを体制的に保証するには、農務局長が蚕糸業法施行に際し、「従来は養蚕家と製糸家との関係が密接でない」[56] ことを批判し、蚕種・養蚕・製糸の「三者共歩調を一にする」[57] ことを強調しているように、栽桑から製糸まで、蚕糸業の全部門にわたる改革が必要であった。

「歩調を一にする」とは、この時期から始まる蚕種配布・特約組合化によって製糸資本に蚕種業者や養蚕農民が従属・屈服することをのみ意味するのではない。日露戦後は特約化が始まる一方、長野県では供繭による組合製糸が族生し、上州南三社も原料持寄による器械製糸を設立する時期であった。器械製糸はスケールメリットが小さく、付加価値が低いだけに養蚕・蚕種部門から製糸業に進出することも容易であった。市場条件に応じて生産する糸格を変えようとすれば、本来的には繰糸法だけでなく蚕種から養蚕方法まで変えねばならない。こうしたことが明確に認識されてきたが故に、後年の「蚕糸業一元化論」につながる、「歩調を一にする」ことが強調されたのである。

日露戦後の蚕糸業は、夏秋蚕普及による低繭価が生糸価格の低下と急激な増産を可能にし、また繭質の全体的悪化の中で、糸質への非難や価格差の拡大に対応して上一番格から中等糸へシフトする製糸家を多く生み出した。こうした蚕糸業の実態から農商務省は包括的な蚕糸業政策を形成し、この中等糸生産をより円滑化する条件を整えようとしたのである。その条件は生糸の質のみでなく生産性の上昇をも可能にするものであったが故に、糸況対応型経営を円滑にするものであった。製糸家の中等糸生産へのシフトと市況対応型経営の展開、それを円滑化する中央・地方の蚕糸業政策、これを中等糸生産体制と呼べば、その形成が日露戦後蚕糸業の発展の特徴であったといえよう。

注

1）　海野福寿「貿易」（古島敏雄ほか編『流通史Ⅱ』山川出版社、1975年）224頁。
2）　石井寛治『日本経済史』（東京大学出版会、1976年）163～165頁。
3）　海野前掲論文、258～259頁。
4）　高村直助『日本資本主義史論』（ミネルヴァ書房、1980年）198～199頁。
5）　藤野正三郎『日本の景気循環』（勁草書房、1965年）第一七章。
6）　藤野正三郎ほか編『長期経済統計　11繊維工業』（東洋経済新報社、1979年）147頁、160頁、171頁など参照。
7）　刊行主体は内務部蚕糸課、蚕業取締所、同業組合連合会などさまざまであるが、調査主体は同業組合であると推測される。また、10人未満の工場、座繰工場も含んでいる。
8）「製糸産額統計工女繰糸量比較調査」（小山正邦家文書「諸書類綴込」）。
9）　生産費は『蚕糸統計年鑑』（蚕糸業同業組合中央会、1930年版）に拠るが、1912年以降『製糸工場調』に掲載され始めた生産費調査と一致することから、同一系列の調査として相違ない。労務費は工賃・賄料・募集費・俸給を合したもの。
10）　以下、純水館の動向については年月日のみを本文に記し、註記しない。使用した小山正邦家文書は、「集会記事」第四号、第五号、「諸書類綴込」（1898～1910年）、「組合ニ関スル証書類綴」（1911年）である。これらはすべて横浜開港資料館において複写され、公開されている。
11）　等級賃金制について二つの点を指摘しておきたい。製糸業では原料繭の質、繰糸すべき生糸の細太、糸質によって繰目・糸目が大きく変化する。繭質は購繭地ごとに、また年ごとに異なり、細太も年度途中に変えられるのが稀ではなかった。こうした工業ではそもそも単純な出来高給は不可能であり、「事後」の検査に基づいて給与を決定する現実相対効程制度が最も適していたのである。
12）　下村恵一氏蔵「第二次依田社業務要覧」。
13）　丸子町郷土博物館蔵、工藤義房家文書。
14）　下村恵一氏蔵「四拾五年度原料繭仕入地」。
15）　以下の記述は1910年6月2日の「第二回本部情報」、1912年6月5日の「出張員への通知」（下村恵一氏蔵）による。

16） 『中外商業新報』1912年６月24日。

17） 石井寛治『日本蚕糸業史分析』（東京大学出版会、1972年）407〜409頁。

18） 高梨健司「明治期における養蚕業の展開と養蚕技術の改善」（『埼玉県史研究』第１号、49頁）や石井前掲書（414〜417頁）では、強引な繭価引下げが成功した例として1896、97、99年が新聞記事をもとに述べられているが、製糸家の目から見れば事情はよほど異なっていた。

諏訪の大結社開明社社員橋爪忠三郎の手記（橋爪伸由家蔵「第三号製糸業雑記」）によって少し見ておこう。1896年は糸価安であったが蚕作不良のために繭価が騰貴し、「銀行家横浜問屋間ノ唱導」によって諏訪製糸家が中心となり、６月４日から６日までの買入所休業と操業日数短縮を決定した。ところが、「内心ハ買ネバナラヌト云フ奥意アルト、金ヲ抱イテ繭出ヲ今カ〜〵ト待チ居ル有様故、敢テ少シモ直段ヲ引下ケズ、又右申合セヲ破リ五六日頃買入ルヽモノモアリ」と協定破りの製糸家の出現、不作の関西地方製糸家の侵入、「各地ニ乾燥場倉庫会社等起リ、可成多数ノ荷物ヲ預カランカ為メニ奔走シ、右倉庫入レニ対シ円滑ニ金融ヲ与ヘタリ」などのために、「買入多ク買競ヒ漸々直段騰貴ナシタリ」と、失敗した。1897年の下落は当初不作という予想で製糸家が高値買いに走ったが、実は「意外ノ数量アリ品位ノ不良」であることが明らかになり、「各社十分買入タル時」、即ち６月末に至って暴落したのである。1899年の下落は当初糸価高のために武州繭で４円70〜80銭の相場であったが、「品位可良品物潤沢ニテ日々下落……殆ント買尽ス能ハサルヤノ感アリ」という、稀に見る豊作のために盛期に下落したのである。

19） 下村亀三郎伝記刊行会『暁雲』（1980年）59〜106頁。

20） 「五郡連合生糸同業組合第三回講話会筆記」（小山正邦家文書）。

21） 中村隆英「長期統計の精度について」（『経済研究』第30巻第１号）。

22） 荘野修・森安男・田中原次「養蚕の経営構造」（『蚕糸試験場報告』第21巻第２号）427〜431頁、荘野修「桑栽培技術の史的展開と養蚕経営」（岩片磯雄退官記念論文集『農業経営発展の論理』養賢堂、1973年）、田中修「米・麦・養蚕複合経営の展開と農業生産力の構造」（『群馬県史研究』第17号、第18号）。

23） 大日本蚕糸会信濃支会『信濃蚕糸業史』上巻（1937年）491頁。

24） 長野県農会『桑園経済調査資料　壱』（1905年）49頁。

25） 「改正追加成議案」（下村恵一氏蔵）。

26） 長野県「明治四十年通常県会議事日誌」322頁。

27） 大日本蚕糸会『大日本蚕糸会報』第168号（1906年５月）69〜72頁。

28） 前掲「明治四十年通常県会議事日誌」326頁。

29） 大日本農会『大日本農会報』第275号（1904年６月）32〜34頁。

30)　『大日本蚕糸会報』第221号（1910年７月）31～34頁。

31)　長野県史刊行会撮影「桃井三輝家文書」。

32)　「大正元年通常県会議事日誌」96～97頁。

33)　平野綏「伊那地方組合製糸勃興期における小作層養蚕専業経営の成立とその意義について」(『農業史研究会会報』第８号)。ここでは信州社会科教育下伊那支部『養蚕を主体とした一農家の記録「蚕農収穫簿」』(刊行年不明）に拠った。

34)　石井寛治「一九一〇年前後における日本蚕糸業の構造」(大塚久雄ほか編『資本主義の形成と発展』東京大学出版会、1968年）において、石井氏は「蚕種統一運動」を関東派＝普通糸製糸家と関西派＝優等糸製糸家の対抗として描いたが、若干の問題が残る。(1)「発端」を官民実業懇話会とする点、(2) 上田の蚕種業者が普通糸製糸家とともに統一運動の中心になったとする点、(3) 関西派を除けば生産調査会まで政府・蚕糸業者とも強力な統一論であったとする点、(4) 反対論（尚早論）＝関西派と一括する点などは、以下本文に記す如く、正しくないか、少なくとも不正確である。

35)　『大日本蚕糸会報』第88号（1899年10月）44～46頁。

36)　同前、第135号（1903年８月）１～３頁。

37)　『小県郡蚕種同業組合蚕種類調査会第一回報告』(1904年)。

38)　「蚕糸業同業組合種類限定一覧」「各府県種繭統一ノ状況」(工藤義房家文書)。

39)　『大日本蚕糸会報』第161号（1905年10月）29頁。

40)　同前、第179号（1907年３月）56頁。

41)　同前、第157号（1905年６月）３～４頁。

42)　同前、第194号（1908年６月）８頁、第195号（1908年７月）14～16頁。

43)　「蚕糸業改良上尚急ヲ要スル諸件」(工藤義房家文書)、『信濃毎日新聞』1909年１月17日、６月29日。

44)　『生産調査会録事』第一回（1910年）74～75頁。

45)　「関西派」の主張を見ると、郡是製糸社長波多野鶴吉は「繭質ヲ統一スルニハ蚕種ヲシテ政府ノ専売トナスヲ以テ最良ノ方法」と、政府専売による地方的統一を主張する意見書を提出し、愛知県蚕糸業者大会の総代となった原名古屋製糸所の前田健次は「蚕種ヲ撰択シ桑園及育蚕法ヲ改良シ繭質ノ一定ヲ期シ生糸ノ改善ヲ図ル」という立場であった。三龍社の田口百三も三県蚕糸業者大会の決議をうけて、繭質改良・糸質向上の為には蚕種一定だけでなく、養蚕農民との連携、製糸技術の改良を促進する政策が不可欠であるとの意見書を提出している（工藤義房家文書)。また、長野県の蚕種業者は連合会長の工藤など６名が出席したが、強力な統一論を主張したのは実質的には製糸家である工藤のみで、他の５名は反対か工藤に遠慮して発言せず、11月末に開かれた小県郡の会議でも全国的統一には消極的な結論となっている（工藤義房家文書、『信濃毎日新聞』1909年10月27日、28日、11月29日）。長野県、特に小県郡蚕種業者が曖昧な態度を取ったのは、1909年初頭からの連合会内部における対立が影響していたと思われる。

46) 石井氏が指摘されたように長野県製糸家が最も強力に統一論を主張したことは疑いない。彼らは諮問会の決定も「其実行に遠き」と不満を持ち、11月5日に生糸同業組合連合会の評議員会を開き、県下蚕種統一事業を急速に進めることを決議した（『信濃毎日新聞』1909年11月6日、7日）。

47) 『生産調査会録事』第一回、75～76頁。

48) 『大日本蚕糸会報』第227号（1910年12月）33頁。

49) 同前、第230号（1911年3月）32頁。

50) 同前、第232号（1911年5月）60～61頁。

51) 同前、第120号（1902年6月）1～5頁、第121号（1902年7月）26～32頁。

52) 同前、第135号（1903年8月）1～3頁、第161号（1905年10月）27～29頁。

53) 『明治四十四年通常県会議事日誌』12～13頁。

54) 鈴木芳行「第二次大戦前府県蚕業試験場と養蚕教師」（『地方史研究』第35巻第6号）。

55) 『大日本蚕糸会報』第230号（1911年3月）32頁。

56) 同前、第227号（1910年12月）34頁。

57) 同前、第231号（1911年4月）37頁。

第3章　筒井製糸と四国の蚕糸業

はじめに

四国の蚕糸業は両大戦間期、あるいは戦後の一時期、日本の蚕糸業において相当の比重を占めるにもかかわらず、研究史上殆んど顧みられることはなかった。1910（明治43）年に創業し、1980年代まで操業していた徳島県麻植郡の筒井製糸株式会社は、戦前・戦後にかけて四国製糸業の代表的企業の一つであった。筒井製糸には法人化した1933（昭和８）年以降の営業報告書をはじめ、多くの史料が残されているが、本章ではこの筒井製糸の基礎が確立する1920年代までの経営動向を、四国の蚕糸業の展開の中で検討する。

第1節　四国の蚕糸業

四国において養蚕・製糸業がある程度普及し始めたのは、1880年代からである。各県に県立あるいは郡立の養蚕伝習所、製糸伝習所が設けられ、各地に模範桑園が設置され、群馬・長野・山梨・滋賀各県から桑樹・蚕種や座繰・足踏器、あるいは器械製糸が導入される。

1890年代初頭から愛媛・高知両県の産繭量が増加し始めるが、全国産繭量に占める四国四県合計の割合が１％を超えたのは1893（明治26）年のことであった。表3-1に示したように、1900年代末までは高知・愛媛・徳島の順に拡大して全国産繭量の３％に達した。1900年代後半からは愛媛・徳島が急速に拡大し、第一次大戦後には６％に至る。特にその中でも愛媛県は、1922（大正11）

表3-1　四国各県の収繭量（1887～1922年）

年次	徳島県	香川県	愛媛県	高知県	四国合計		全　国
	（石）	（石）	（石）	（石）	（石）	（%）	（石）
1887	1,751		1,460	2,153	5,364	(0.6)	969,318
1892	2,071	499	4,505	3,229	10,304	(0.9)	1,138,460
1897	3,319	1,177	8,985	16,311	29,792	(1.8)	1,647,831
1902	7,066	1,279	12,470	13,387	34,202	(1.7)	2,032,842
1907	23,794	2,868	28,304	30,590	85,556	(3.1)	2,789,815
1912	45,993	5,618	61,703	42,996	150,692	(4.2)	3,610,180
1917	64,478	11,910	103,994	83,216	263,598	(4.9)	5,418,669
1922	810,163貫	172,859貫	1,372,401貫	794,330貫	3,149,753貫	(6.1)	52,016,975貫

出典：各年次『農商務統計表』。

年に全府県中12位になり、西日本では最大の養蚕県となった。

こうした養蚕業の発展と軌を一にして製糸業も発展する。四国四県中最も早く養蚕業が発展した高知県では、農家副業の座繰とともに、10人以上を雇用する座繰・足踏工場が広汎に展開する。1894年に70釜の座繰工場が２つ見られ、1910年には全国の足踏工場479、釜数8,665のうち、工場数・釜数とも高知県は13%、四国四県で23%を占めていた。

一方、器械製糸工場は80年代末から設立され始め、90年代初頭には愛媛県の喜多郡・北宇和郡を中心に器械製糸の設立ブームといってもよい状況が生まれている。後年、優等糸製糸家として著名になる喜多郡大洲町の河野製糸と程野製糸が創業したのも93年であった。こうして99年には表3-2に示したように、四国の器械製糸工場は41、釜数2,278、製造高14万4,000斤となり、釜数では全国比1.8%、製造高は2.3%を占める。

四国の養蚕・製糸業は着実に発展しつつあったが、全国比２～３%前後という割合であったため、全国的に注目を惹くことはなかった。ところが第１章で明らかにしたように、1900年代を通じて器械製糸の糸格が分化し、圧倒的な割合を占めていた長野県器械糸が信州上一番として裾物化する一方、西日本のいくつかの製糸家が関西エキストラとして高く位置づけられるようになると、その一角を占める四国、特に愛媛県の蚕糸業が注目され始めた。

1907（明治40）年秋に始まる恐慌の中で、生糸価格の下落と糸格間価格差の

表3－2　四国の器械製糸（1899～1930年）

年次	工場数			釜　数			生糸製造高		
	全国	四国	徳島	全国	四国	徳島	全国	四国	徳島
							（千斤）	（千斤）	（千斤）
1899	2,072	41	0	122,166	2,278	0	6,222	144	0
1904	2,320	41	2	128,152	2,484	140	7,405	154	5
1907	2,385	59	5	153,771	2,671	371	10,576	205	24
1911	2,491	75	13	183,255	5,127	1,167	14,541	474	100
1914	2,260	93	17	197,335	6,341	1,293	18,871	629	157
1917	2,680	154	26	268,356	10,869	1,889	29,899	1,317	253
1921	2,693	198	32	291,959	15,278	2,490	36,713	1,911	441
1924	2,488	201	29	259,842	12,598	2,192	44,429	2,495	631
1927	2,937	277	47	309,612	17,728	3,251	59,059	3,789	1,013
1930	3,232	327	59	327,441	20,566	3,884	64,443	4,595	1,297

出典：各年次『全国製糸工場調査』。

拡大が同時に進むと、四国の繭と生糸はいっそう注目され、急速に生産高を増加していく。

1900年代末、愛媛県の蚕糸業を視察した生糸検査所の技師は、次のように記している。

> 一般に繭質良好にして解舒よきは伊予繭の特徴なり、今製糸場に就て其煮繭せる有様を目撃するに殆んと煮繭の工程に意を用ゐさるか如く、僅に一二分間沸騰せる煮鍋に浸し之を掻き廻はし直ちに繰鍋に入れて少時煮沸し索緒す、其間頗る軽便の作用に似たり、同地製糸家も又皆此煮繭には深く心を労せさるもの丶如し、要するに極めて解舒よき繭にあらされは焉んぞ如此取扱に出つるを得んや、加之此地産繭は品質極めて可良にして此良糸を産出する主要の源因と察せらる、想ふに県下各工場の経営振を見るに其技術的加工に於ては別に必しも著しく超越したる個所を発見せす、且工女技術其他工場上の施設等別に驚嘆すへきものあるにあらす、然るに此天下に冠たる此良糸を産するは一に産繭其もの丶佳良なるに基けるものなるは争ふべからさる事実なり[1)]

煮繭・製糸法・工女の技術・工場設備などで他地方製糸工場と比較して優れていないにもかかわらず、愛媛県が「天下に冠たる良糸」を産する最大の根拠は、解舒のよい繭にあると述べられており、その繭の良さをもたらす最大の原因は桑園と桑樹にあった。90年代中期に山梨県から多肥性の魯桑がもたらされ、この頃にはほぼ魯桑の根刈仕立に統一され、しかも「県下の土地は沃土多く左まて施肥せさるも桑葉繁茂せるを見る、想ふに此桑ありて此繭を得る」といわれるように、肥沃なため大量の肥料を投じなくても良質の桑と良質の繭を得ることができるというのである。

河野製糸をはじめ愛媛県の器械製糸は、全国でもトップクラスの糸格を生産した三重県室山の伊藤製糸場の技術を導入したため、撚り掛けは共撚式で、当初より「良糸を製せんこと」を目標としていた。こうした二緒繰の共撚式でありながら、工女１人１日当り平均80匁以上2）の繰糸量を上げたのも繭解舒の良好さに支えられていたのである。

工場設備も長野県製糸家や関西優等糸製糸家が「堂々たる建築」をなしているのに較べ、愛媛県の製糸工場は「僅に住家を広め之に継続建設したる等或は工場として築造せるも其麁略簡易なる殆んと同日の比にあらす、其他貯水蔬水乾燥器繰糸器械等何れも経費を左まて要せさるもの也」と、設備において決して優れているわけではなかった。さらに労働力として、低賃金で豊富な工女を容易に確保することが可能であった。

自然島国一圏を為し他に出稼を為すものなきを以て工女は左まて不足を感せす四隣に之を得ること容易なり、従て工女賃金等も安価にして通勤のものさへ数多なり

長野県、特に諏訪地方製糸業が急速に拡大した有力な原因は、1890年前後から組織的に展開した全国的な購繭活動にあったが、四国にまで進出するのは容易でなかった。

信州当業者の如き遙にここに来りて此良原料を購入せんとするも四面環海の遠隔地にして生繭のまま持帰るを得す、乾燥所を設置せんも原料繭の数量寡少なる為め之が設備を為し争ふて購入するの得策ならさるを知り容易に来りて競争せす、為めに此天与の良原料は土地製糸家の有に帰し敢て他の侵略を受けす

原料繭の確保、あるいは労働力確保の面において、四囲を海にかこまれた四国は地元の製糸家に有利に働いたのである。

こうした愛媛県蚕糸業の特徴は、大かれ少なかれ徳島・高知両県にもあてはまるのである。徳島県の産繭量は1900年に前年の3,000石台から一挙に6,000石台に達し、以後急速に増加するが、この1900年代の急増は、「特有物産の藍作に外藍の圧迫漸く加はり衰運に傾きたる際なれば、蚕業発達の機運愈々熟し勃興、躍進を見たのである」[3]と言われるように、藍畑が桑畑に代っていったものであった。

徳島県内では「吉野川沿岸の如きは天下有数の桑園地と称せられ、一帯到る所殆んど桑園ならざるなし、近年県南各郡の新興地帯其他山間部にも栽植著しく増加し、桑園は汎く県下一般に分布せり」[4]と、養蚕業は、麻植・阿波・美馬郡など吉野川沿岸から普及していった。時期は下るが、1929年、反当収繭量の全国平均が約16貫匁であるのに対し、徳島県平均は28貫匁という数値を示したが、それは「全く天恵に浴せる風土の賜」であった[5]。

しかし、藍に代って急増した繭は県下製糸業が未発達であったため、1900年代中頃まで産繭量の８割余が県外に移出されていた。徳島県の産繭量が増加し始めると、長野県製糸家も注目するようになっていった。長野県北佐久郡小諸町の純水館は、07年以降、上一番から糸格を上げるための努力を重ねていたが、その切札を阿波繭の購入に求め、09年３月頃から阿波郡・板野郡の養蚕業や繭問屋に関する情報を収集し、同年５月に５万円の予算で購繭員を徳島県に派遣した。その阿波繭は強弾力に富み、糸質抱合とも良好で純水館の糸格上昇に大きな役割を果たした[6]。

小県郡の中小製糸家の結社依田社も12年には、板野郡一条町の繭問屋三井貞七、美馬郡岩倉村の郷司治一郎、高知県吾川郡伊野町の町田治太郎の３か所を拠点に購繭活動を行った。依田社は伊野町の状況を次のように記している。

　此地第一先発隊ニテ五月弐十一日夜行出発、弐十三日午後四時半到着、極早場ノ事トテ片倉、小口、越知、旭、山田、大和等各社大優勢ニ買ヒ煽リ今以テ値押ノ実行ヲ見ズ、今日迄ニ約弐千貫ノ取引ヲナシ優ニ四十二掛ヲ

越ユルノ情勢ナリ[7)]

すでに1910年代には、片倉・小口・大和・依田社等の長野県製糸家と四国の製糸家が入り乱れて繭を購入していたのである。

片倉組は99年、高知県に養蚕視察員を派遣し、1905年には徳島県に購繭出張所を設けている[8)]。小口組も片倉組と前後して四国において購繭を行い、それを踏まえて08年、徳島県名東郡加茂名村に427釜の大工場を設立し、四国への本州製糸資本進出の先鞭をつけた。

第2節　筒井製糸の特色

徳島県が本州、なかでも長野県製糸家の購繭地、工場進出先となる過程は、同時に県内資本による第一次の製糸工場設立ブームというべき時期であった。1905年6月の徳島県の器械製糸場は2工場140釜であったが、100釜の1工場が休業していたため、実際は40釜の小工場が操業するだけであった。それから6年を経た11年には一挙に13工場1,167釜へと増加する。

本章で検討する筒井製糸が、麻植郡鴨島村に設立されたのもこの時期である。麻植郡は吉野川中流の右岸に開ける平野部で、古くから藍作の一中心地であった。鴨島村は藍作の衰退と養蚕の発展にともなって繭の集散地となり、07年から11年にかけて地場資本により、4工場248釜の器械製糸工場が設立される。

先代社長筒井英夫氏の談によれば、創業者筒井直太郎の先代善吉が05年に藍の投機で財を成し、それを元手に26歳の直太郎が器械製糸場を創業したとのことである。「僅少ナル資本ヲ以ッテ開業セリ」[9)]と記されている如く、藍商とはいっても、投機的な中小商人であったのであろう。1910年の創立から20年代後半にかけての時期については、断片的な帳簿を除き、経営内容を知りうる史料は残されていないが、いくつかの史料によりこの時期の基本的な動向を押さえておこう。

1920年代初頭、100釜前後の四国の小規模な製糸場を全国的に著名にしたのは、24年に出版された鴻巣久『能率増進と筒井製糸』[10)]という書物であった。本書

表3-3　釜当り生産高と筒井製糸の動向（1910〜33年）

年次	長野県	片倉		筒井製糸	筒井釜数	備　　考
		全工場	高知			
	貫	貫	貫	貫		
1910	14	32		17	44	
1911	15	31		20	51	
1912	16	32		29	51	
1913	18	33		29	71	半沈兼業
1914	16	30		32	71	横浜出荷開始
1915	17	34		33	74	エキストラに昇格
1916	18	35		35	74	煮繭分業沈繰法、中原式煮繭機、グランドエキストラ
1917	18	35		41	74	4緒繰採用
1918	19	35		48	74	
1919	21	26		65	74	
1920	15	24		67	74	千葉式乾燥機、矢島式進行煮繭機
1921	21	31		85	74	5緒繰14釜
1922	20	29	33	91	78	6緒繰64釜（筒井式集緒分業）
1923	21	31	34	99	104	
1924	25	38	42	122	104	
1925	28	40	40	92	142	
1926	29	43	45	107	142	脇町工場新設
1927	29	45	56	129	142	
1928	29	44	54	108	174	8緒繰32釜（ほかに6緒128、5緒14釜）、毛田工場新設
1929	32	46	51	111	174	
1930	29	51	57	87	242	8緒32、6緒128、5緒68釜
1931	32	55	84	67	331	多条機96台、郡是式自動索緒器付6緒32釜（筒井式8緒器廃棄）
1932	26	58	78	71	320	多条機30台増設
1933	40	68	88	83	298	多条機12台増設（6緒160釜、20緒138釜）

出典：長野県は『長野県製糸工場調』、片倉製糸は『片倉製糸紡績会社二十年史』「片倉製糸二十年史編纂資料之綴」、筒井製糸は「筒井製糸株式会社沿革」など。

の前編には著者の能率問題一般に関する考えも記されているが、後編は筒井製糸の全面的な支援を受けた企業紹介であり、当時売り出し始めた筒井式繰糸器械の宣伝も兼ねた出版物である。書名からもうかがえる通り、筒井製糸は釜当り生産高の高さで著名になり、『大日本蚕糸会報』では26年、29年の2回にわたって取り上げられている。

表3-3は、筒井製糸の釜当り年間生産高を、長野県器械製糸場・片倉製糸と比較したものである。長野県平均と較べると、16年までは約2倍で、以後3倍、4倍と急増し、24年には5倍近い水準に達している。長野県平均は零細工場や年間操業日数の少ない工場を含んでいることを割引かねばならないが、全国的に見てもトップクラスにある長野県平均をはるかに引き離している。片倉

表3-4　筒井製糸と小口・片倉の比較（1911～30年）

		1911年度	1914年度	1917年度	1921年度	1924年度	1927年度	1930年度
筒井	①釜数	40	71	74	78	142	142	331
	②釜当り生産高（貫）	20	29	41	84	90	106	62
	③１日釜当り〃（匁）	66	95	130	263	261	303	188
	④釜当り緒数	3	3	3.2	4～5	5.9	5.8	9.9
	⑤釜当り女工（人）	1.33	1.14	1.35	1.32	2.00	1.76	1.47
小口	①釜数	427	431	431	431	416	398	412
	②釜当り生産高（貫）	12	19	27	21	40	50	56
	③１日釜当り〃（匁）	39	72	99	70	124	150	172
	④釜当り緒数	3	3	3	3～4	5	5	5.5
	⑤釜当り女工（人）	1.12	1.12	1.28	1.15	1.39	1.41	1.41
片倉（佐渡）	①釜数	168	196	200	260	260	241	270
	②釜当り生産高（貫）	14	24	26	38	39	50	48
	③１日釜当り〃（匁）	48	79	98	117	112	149	177
	④釜当り緒数	3	3	3	4	5	5.7	19
	⑤釜当り女工（人）	1.06	1.28	1.35	1.37	1.26	1.37	1.33

出典：『全国製糸工場調査』、片倉の1911～17年度までは佐渡製糸所の数値。

の全工場平均と比較すると、16年までは以下か、同水準であったのが、やはり17年以降筒井が急増し、22年以降の数年間は３倍前後に達している。筒井とほぼ同じ条件にあったと思われる片倉の高知製糸所と比較しても同様である。

筒井の高能率が何に基づいているのかを明らかにするため、「全国製糸工場調査」により、小口組徳島製糸所と片倉製糸紡績鴨島製糸所に関するいくつかの指標を示したのが表３-４である。片倉の鴨島製糸所は、07年に佐渡文右衛門が設立した佐渡製糸所を22年１月に片倉が買収したものであり、参考のため、佐渡製糸所時代の数値も示した。11年、14年の筒井と小口・佐渡の間には、釜当り年間生産高、１日釜当り生産高で若干の格差が生じているが、年間操業日数や釜当り女工数を考慮すれば決定的な差は見られない。格差が生じるのは17年からで、21年、24年に至ると決定的なものになっている。17年から両者に先んじて四緒繰、21年には五緒繰、24年には六緒繰を導入し、繰糸器の緒数増加による釜当り生産高の増加をもたらした。また、煮繭分業を片倉が採用し始めるのは20年なのに対して筒井は16年、索緒分業は片倉が試験段階のまま実施に至らないのに対して筒井は22年に採用した[11]。このように筒井は繰糸工程から煮繭・索緒工程を早期に分離独立させ、24年の釜当り女工数2人に見られるように、釜当り女工数は小口・片倉を大幅に上回ったが、分業による生産性の増加は顕著である。

筒井のこうした高い生産力水準は他県から進出した工場だけでなく、地元資本による中小製糸場の中でも隔絶したものであった。しかし、24年になると日之出製糸のように筒井に追随する製糸経営もあらわれてくる。四国・九州は気象条件に恵まれて年間操業日数が多く（24年の全国平均269日に対して徳島県は295日）、そのために釜当り年間生産高も多くなるが、徳島県はその四国の中でも突出している。

この傾向は27年にいっそう進む。釜当り年間生産高を8梱（72貫匁）以上挙げる工場は全国に13工場存在し、そのうち徳島県は筒井の2工場を含んで6工場を数える。

筒井製糸が高い生産力水準を達成した理由として、前・現社長は創業者直太郎の進取の気象、技術者的センスを挙げている。事実直太郎は明治末期に沈繰の唱導者である山形県技師小松嘉蔵を訪ねて山形まで赴き、12年には沈繰の長所を部分的に採り入れ、15年2月に蚕業試験場で開始された煮繭分業沈繰講習会には技師長宮城長栄を派遣し、翌年から中原式煮繭機を導入して沈繰を採用した。山形県を除けば初期であることは疑いない。煮繭能率を格段に向上させた矢島式・長工式の進行式煮繭機が特許を得たのは両者とも19年10月で、翌年には採用している。千葉式自動乾燥機とは21年3月に開発された、従来の旋風羽根による汽熱伝導式から繭棚移転による螺廻式・進行式に転換した最も初期の乾燥機である。

原料処理に最新の機械を採用すると同時に、繰糸器本体には独自の考案を加えた。数十釜の小工場でありながら創業当初から養成釜を設け、いつの頃からか試験釜も設置した。この試験釜によって着実に緒数の増加を図り、22年に筒井式索緒分業繰糸器を完成する。筒井式繰糸器は二つの特徴を持っていた。一つは、繰鍋の一部分が索緒鍋となり、6釜に1人の索緒工を置いて分業化するとともに、鍋の下部にコックを付けて蛹を流出させるという考案である。第二は6個の小枠を3個ずつ停止できるようにし、糸条が切断した場合の能率減退を少なくした点である。

この筒井式六条繰索緒分業繰糸器は、この時期にかなり普及したと思われる。24年の「全国製糸工場調査」を見ると、静岡・岐阜以西の製糸家の中に索緒分業を採用するものが出現し、合計40工場が索緒分業と記されている。その形式についてはほとんど記されていないが、岐阜県では6工場が採用し、鐘ヶ淵の岐阜工場を含む5工場が筒井式と明記され、形式が記されていないのは片倉の岐阜田中製糸場のみである。郡是製糸は京都・兵庫県の4工場で索緒分業を採用しているが、舞鶴工場のみが筒井式と記され、他の3工場は形式の記述がない。こうした点から推測して、この時期に採用され始めた索緒分業は郡是や鐘ヶ淵を含めて、筒井式かあるいはそれを模倣したものであったと思われる。

筒井製糸の24年の工場配置によれば、104釜のうち繰糸工場は六緒木鉄混製64釜、養成工場は五緒木鉄混製14釜、試験工場は六緒鉄製26釜となっている。試験工場の任務の一つは上述した繰糸機の改良、繰糸法の改善にあり、他の一つは次のように、原料繭に応じて繰糸法の基準を作ることにあった。

> 原料繭の代る三、四日前ニ各教師と試験工女とを実繰させ、解舒糸長及全糸長単繊度等を調査し、之に対する付合及廻転率を確立[12)]

また、試験釜の多さからも推測されるように、日常的には本工場と同じ繰糸に従事していたことは疑いない。

筒井製糸はもちろん原料処理・繰糸工程だけでなく、工女の採用・管理、原料繭確保にも十分な考慮を払っていた。

筒井製糸は、「優良ナル製品ハ善良ナル工女ニヨリテ生産サレルモノデアルコトヲ悟リ、当社ハ職工ヲ愛シ事業ヲ重ンズル精神ヨリ創設当初ノ方針ニ基キ常ニ考慮ヲ払」ってきたという[13)]。場長の直太郎は『大日本蚕糸会報』のなかで、工女の採用・管理について次のように述べている。まず採用方針は学業の中等以上のものの中から「第一に体の健康のものを採」り、「彼等の待遇には極力意を用ひ、工賃は他工場に比して約二割方高く、又相当に彼等の自由と権利を認めて居る。例へば寄宿舎等についても其の設備は成る丈よくし、場所は二畳に一人の割合、寝具は一人一組、は既に十二、三年前から実行して居る。又食事は職工中から食事委員を選挙させ、之れに一切まかして居り、衛生に関する事も又同様に致して居る」と、賃金を高くし、工女の人権を認め、できるだけ快適な宿舎と食事を提供し、「先づ専心仕事に興味をもち、熱心に喜んで仕事をするというような気分精神状態を職工にもたさしむる」という、女工の主体性・自発性を引き出し、発揮させることを重視した[14)]。

採用した工女には、3期からなるおよそ6か月の養成期間を設けている。賃金は「工場の経営費全部と其中の繰糸工女に支払ふべき賃金との割合」をまず決定し、それと「周囲の経済状況に鑑みて」工場主が決定する平均賃金を基準に、各工女の賞罰点によって上下する相対効程制度に基づく等級賃金制であった。しかし、成績の劣悪な工女には「素行点を査定し、安定賃銀内規に依って職工に失意のない様」にする方法もとられ、事実23年の賃金を見ると、繰糸工は1日最低80銭から最高2円30銭、平均1円という範囲であった。

筒井製糸はこのように工女の自主性を尊重し、賃金や寄宿舎設備、工場内の労働条件にもかなり留意したことがうかがえる。しかしこれだけの高能率を挙げるには、こうした配慮だけではもちろん不可能であった。工女には、「一つは常に善良な仕事をなさんと心掛けて居る職工と二は然らざるもの」の二種類あるとし、後者には「自己の行動が如何にして自己に不利益な結果が来るのであるかを信ぜしむる為に反覆倦まず理解」させる。工女の勤続年数を長野県平均と比較すると必ずしも長くない。おそらく「善良ならざる者」は排除されたのであろう。また年間操業日数のうち、例年40日間の個人・団体競技会を開催し、「最大の技倆を発揮」せしめ、それを応用普及させていたのである[15)]。

前にも述べたが、四国という地理的環境に恵まれ、豊富な質の良い労働力が存在し、彼らの自主性を尊重しつつ効率的に能力を発揮しうる管理組織を作り上げたと考えられる。

原料繭の購入については1924年、次のように記されている。

　創立以来優等品をのみ買入れする習慣があって中等品以下のものには絶対に手をつけない、此習慣否方針がある為めに仲買人と商談の必要を見ないので勢地方々々の養蚕家と直接取引さるゝに至るのである、即ち優良な繭を要求する為めに一面養蚕家に向っては優良蚕種の撰定を奨め、又は模範的優良組合に向っては教師或は其補助等をして品質の向上を計るのである、近来養蚕組合の進歩に伴って特買又は信用取引の申込を漸次其数を加へ来った為めに、此方法による契約も年々確定的になった計りでなく、蚕種桑園の施肥等凡て双方協議の上に行ひ得て真面目な取引が実行せらるゝに至ったのである[16]

即ち、筒井は創立当初より優良な繭の確保に努めながら、必ずしも積極的に特約組合設立には動かなかったが、この時期に養蚕組合の普及に伴い、筒井から蚕種指定、育蚕方法の指導、教師などの運営費補助を行い、特約化を進めつつある状況がうかがえる。

第3節　個人経営時代の筒井製糸

遺されたいくつかの帳簿から、個人経営時代の原料繭購入、生糸販売、財務状況の3点について見ておこう。

1　原料繭購入

表3-5は「原料繭買入簿」に記された1924～26年分の主要出張所の購入量をまとめたものである。出張所の所在地が不明なものもあるが、香川県（追分）、高知県（池田出張所扱分）の四国県外、および和歌山・朝鮮・九州を除き、すべて麻植郡内、あるいは美馬・名東・名西等の近隣郡である。本店購入分が全体の22～30％を占め、続いて山崎・脇町・山ノ上・蔵本などの、それぞれ10％前後を占める郡内・近隣郡の主要出張所が位置する。

和歌山県から繭を購入し始めた時期は不明だが、紀州繭は筒井の中で独自の意味を持っていた。徳島の春繭はほぼすべて黄繭で二十一中を生産したが、紀州繭は白繭であったので多額の雑費や運送費を要しても購入し続けたのである。25年から登場する朝鮮の白繭、26年秋からの九州繭はどちらも単独ではなく、

表3－5　筒井製糸の原料繭購入（1924～26年）

（単位：貫）

購繭出張所		1924年		1925年		1926年	
		春	秋	春	秋	春	秋
本店	徳島県麻植郡	14,727	12,527	29,483	17,817	35,802	6,811
山崎	〃　〃	11,232	5,094	10,909	4,380	9,560	2,286
蔵本	〃　名東郡	6,887	5,868	8,718	9,365	7,198	7,814
羅漢	〃　板野郡	4,272	4,289	7,547	3,172	4,244	
山ノ上	〃　阿波郡	7,177	2,168	11,724	4,972	7,717	1,501
広野	〃　名西郡	2,283	2,580	3,409	1,269	3,780	1,422
上山	〃　〃	3,153	1,842	3,563	981		1,698
神領	〃　〃		1,118			6,187	1,157
脇町	〃　美馬郡	10,491	4,224	8,044	248		
池田	〃　三好郡	3,554	520	1,206		1,118	
芝原	〃　名東郡		1,432	3,783		2,492	552
紀州		5,514	2,660	12,789	3,432	16,020	1,679
朝鮮				495		9,863	
九州							3,280
その他		9,210	2,078	5,384	2,040	11,834	5,934
黄繭		70,456		94,038		92,427	
白繭		8,055	46,384	13,019	48,068	23,317	30,860

出典：「原料繭買入簿」（2－1）。

いく人かの製糸家と共同計算で購繭に赴いている。26年の朝鮮繭、同年秋の九州繭の購入単価は貫当り1円～50銭低いが、雑費を含めると地元繭とそう変わらない。こうした購繭地の拡大は、より安い繭を求めたというのではなく、第一に地元繭とは異なる繭の必要、第二に地元における繭需給の逼迫、第三に購繭地を多様化することによる繭価格の平準化、などを意図したものであろう。

繭の購入方法は本店と出張所では大きく異なっていた。本店では地域ごとに筒井製糸へ販売する養蚕農民の組合組織が進みつつあった。24年春から組合名が散見され、26年の本店扱分はほとんどが養蚕組合名で記され、同年春の購入量のうち33％が正量取引となった。ほかに奨励金支出によって養蚕組合の組織化が確認できるのは麻植郡山瀬町の山崎出張所であるが、この間、本店以外で組合の組織化が顕著に進んだ様子はうかがえない。

この時期、筒井は5釜に対して1人の割合、即ち20数名の臨時購繭員を要したとされ、彼らが繭出廻期の数日前に購繭地に派遣され、その地の繭糸商に出張所を開設する。筒井は各地の予定数量に応じて資金を繭糸商に送付し、購繭員はその資金を引き出しながら近村を廻って買付け、あるいは出張所に持ち込まれてくる繭を購入する。

例えば、24年春の山崎出張所では、山瀬町の繭糸商河村惣助商店に8万8,200円が送られ、購繭員が1万1,232貫匁、8万4,294円を購入し、それに繭糸商の口銭175円と運賃584円を差引いた3,322円が河村商店から筒井へ返金されている。近隣諸郡の出張所からは生繭で送られるが、三好郡池田町、香川県追分、和歌山県田辺、九州、朝鮮の繭は出張所で部分乾燥の後、筒井へ送られた。和歌山は遠隔地のためか、24年に1人の購繭員を派遣し、問屋への口銭を代金の1％支払い、それ以外にほぼ同額の仲買口銭を支払った。翌25年には3人の購繭員を派遣し、仲買口銭は1人に67円支出するだけとなっている。このように遠隔地の購繭地を新規開拓する場合には、購繭員と地元の繭糸商以外に、仲買人を使わざるを得なかったが、仲買人は排除していく方向であった。

数年を経た1930年頃になると、筒井の原料確保の方法は大きく変化する。30年にはすでに蚕事部が設けられ、原蚕種を製造するとともに、海部・三好・名西の各郡に分場が設置されている。しかし製造額はとうてい需要を満たしえず、他の蚕種製造業者より大量に購入しなければならなかった。蚕種製造と同時に特約組合の組織化も急速に進んだ様子がうかがえる。31年度の春繭は鴨島町を除いて計13か所から購入する予定が立てられたが、そのうち予定量8,000貫以上の5購繭地はすべて教師の費用が記され、口銭は計上されていない。その反対に2,000～8,000貫の6か所は10貫匁当り60銭の口銭が記されている。和歌山県は口銭が記されるとともに、かなりの範囲で特約組合も結成されている。特約組合を結成し、大量の繭を購入するところを中心に、購繭場が設置された。購繭場には乾燥機も設備され、そこから鴨島工場へ自動車でピストン輸送される。中小の6購繭地は従来と同様に繭問屋を拠点にしたと思われるが、口銭の支払基準が価額ではなく10貫匁に付60銭と決められ、繭輸送も筒井負担による自動車輸送となり、繭問屋の役割は大きく低下していった[17]。

2　生糸販売

1918年度から33年度までの生糸および副製品の販売を記した「製品販売記入帳」により、筒井製糸の特色の一端を明らかにしよう。

この帳簿は生糸と副製品に分かれ、生糸は輸出・国用・抜糸をすべて販売日ごとに、委託先・売却先・取引斤量・原価・売価を記し、荷口ごとに損益を出し、年度末に部分的に合計を出している。まず、取引先を見よう。

輸出・国用糸の区分が明らかなのは、18～20年度の３年間だけである。国用糸は横浜市場を経由するのではなく、数個単位で機業地の金沢や大聖寺の商人に販売したが、総販売量の数％で比重は低い。横浜の売込問屋へは18年度に星野商店に16％出荷しているが、残りは中沢商店で、19年度から関東大震災まではすべて中沢へ出荷している。中沢商店は甲州出身の中沢五三郎が1900年に開業した後発の売込問屋で、18年度の売込高は約8,400梱、26売込商中第16位の中小規模の問屋であった。中小売込問屋は地方的な地盤を有しており、中沢は四国地方の製糸家を得意としていたのである。

輸出糸の販売先は18年度が三井（35％）、19年度も三井（82％）、20年度は江商（61％）、23年度も江商（63％）と首位の販売先への特化が著しいが、固定してはいない。また第２位以下は茂木輸出部や鈴木商店などの内商と外商へ1,000斤ずつ、それぞれ１～３回販売し、集中度は低い。

関東大震災は、関東地方の製糸家と異なる意味で筒井製糸に大きな影響を与えた。筒井は震災後の10月12日まで横浜の中沢商店へ出荷していた。神戸港からの生糸輸出が具体化すると、中沢商店は四国地方の地盤を維持するため、10月13日に店員の佐藤梁一を派遣して神戸出張所を開設し、同時に、筒井も神戸港出荷へ転換した。ところが、神戸港からの生糸輸出に反対する横浜蚕糸商の圧力のために中沢商店の名儀で営業を続けられなくなり、同年12月初旬、有力荷主の筒井が前面に出て直太郎が店主となり、筒井商店と名儀を変えたのである。27年には資本金30万円の株式会社となり、直太郎が社長、取締役に中沢五三郎・佐藤梁一が就任し、実質的には佐藤が業務を総括した[18)]。本書第８章に

表3－6　筒井製糸の生糸販売（1918～30年）

年度	販売量（斤）	価額（円）	生糸損益（円）	副製品損益（円）	合計損益（円）	輸出糸100斤当り原価（円）			100斤当り販売価格（円）	横浜標準格糸価（円）
						春黄	春白	秋　白		
1918	20,821	349,204	△19,062	881	△18,181	1,647	1,740	1,910	1,677	1,536
1919	30,427	885,365	220,381	6,183	226,564	2,015	2,080	2,400	2,910	2,643
1920	28,386	420,636	5,693	△1,579	4,114	1,400	1,560	1,510	1,482	1,426
1921	41,445	713,072	99,547	12,074	111,621	1,400	1,560	1,690	1,721	1,655
1922	42,433	909,299	35,852	15,361	51,213	2,120	2,130	1,800	2,143	2,106
1923	67,079	1,390,555	4,453	8,569	13,022	2,100	2,136	2,270～1,630	2,073	1,983
1924	79,550	1,540,154	314,796	25,484	340,280	1,380	1,410	1,930～1,800	1,936	1,848
1925	96,500	1,850,461	△59,245	16,580	△42,665	2,000	1,910	2,020～1,580	1,918	1,864
1926	97,457	1,450,300	△89,374			1,580	1,610	1,560～1,515	1,488	1,491
1927	114,097	1,548,881	△16,321			1,450		1,200	1,358	1,338
1928	116,881	1,583,644	△43,075			1,400		1,445～1,160	1,355	1,339
1929	131,609	1,588,949	△289,674			1,460		1,300～1,400	1,207	1,221
1930	129,142	918,851	△34,232			815		546	712	655

出典：「製品販売記入帳」（1－1）。

注：脇町・毛田工場は含んでいない。横浜標準格糸価は暦年の数値を年度に変えたもの。平野正裕「1920年代の組合製糸」（『地方史研究』第212号）による。

述べるように、売込問屋筒井商店は、横浜の生糸問屋松文商店の系譜を引く神戸最大の生糸輸出商旭シルクと提携し、神戸港の有力問屋に成長する。24年以降、筒井製糸は出荷先をすべて神戸の筒井商店とし、売却先も24年から26年度まではすべて旭シルクとなる。27年度以降出荷先の記載がなくなるが、旭シルクが多かったであろう。

表3－6は「製品販売記入帳」の各項目を記したものである。販売量はこの間における本工場の積極的な拡張を反映して6倍になり、販売価額も25年度までは販売量の増加、価格の高値安定に支えられて順調に増加するが、26年度以降の価格低迷のために増加しない。生糸損益は18年度を除き24年度まで順調に利益を挙げている。特に19年度、24年度は小規模製糸としては莫大な利益といえよう。ところが25年度は前年とあまり販売単価が変わらないにもかかわらず、大きな損失を蒙り、以後30年度まで連続して損失を記録した。

こうした損益は、この帳簿に記された荷口単位の原価と売価の差額の累積である。売価は実績であり、帳簿にも100斤当り価格が記されている。100斤当り原価は、荷口ごとに記された原価を100斤に計算したものであるが、表記した種類ごとに全荷口が同一価格の年度もあれば、同一種類でも荷口ごとに少し異なっている年度、あるいはかなり異なっている年度もある。販売の段階では原料価格はすでに確定しており、また遅くとも20年代後半には、筒井製糸は当年度後半の実績と予想に基づいて精密な翌年度予算を作成していることから考えて、記された原価は現実の原価に近いものと思われる。

以下年度ごとに、どのようにして損益が生じたかを簡単に見ていこう。

〔18年度〕11月末まで春黄が1,700円台、春白が1,800円前後で販売され、各荷口とも数百円の原価との差、即ち利益を生み、12月末までに約6,500円の利益を挙げた。ところが原価が1,910円の秋白の販売期に入った1月以降、売価が1,600円台、1,500円台に低下して損失を生じた。

〔19年度〕糸況は19年4月頃から回復し、新糸を出荷し始める7月に黄・白とも2,500円前後に暴騰して1荷口数千円の利益を生み、年末に3,000円の大台、2月3日には4,330円という価格を記録し、1荷口で2万円近い利益を挙げた。

〔20年度〕春黄は1,300円から1,600円、春白は1,500円から1,600円台、秋白は1,500円から1,600円と、三種類とも採算限界点を上下し、かろうじて利益を生む。

〔21年度〕春黄は限界点を少し上回る1,500円から2,000円台に上昇して大きな利益を挙げ、春白は1,600円台、秋白も1,700～1,800円台で若干の利益を生んだ。

〔22年度〕春黄は2,000円台で限界点を下回っていたが、10月から回復して少し上回り、春白は限界点を上下した。この年の利益の源は2,100～3,000円台で販売した秋白であった。

〔23年度〕春黄は震災まで限界点を若干下回る価格であったが、9月以降上昇して利益を生み、春白は震災後も下回っている。秋白は当初原価が2,274円で売価が200円前後下回っていたが、原価が1,630円まで下ったため利益を生じるようになった。

〔24年度〕春黄は原価に対し200円から800円、春白は700円高く莫大な利益と

なる。秋白は高い原価にもかかわらず当初利益を出したが、価格低下のために採算割れとなる。

〔25年度〕春黄は12月まで100円前後高く安定的な利益を挙げたが、１月からの下落のため春黄・白とも若干下回るようになり、秋白は1,500円にまで低下して大きな損失となる。

〔26年度〕春黄は10月頃まで少しの損失にとどまっていたが、以後春黄・春白、秋白とも1,400円にまで下落し、大損失となった。

〔27年度〕春黄は限界点よりも100円前後低く大きな損失を生むが、秋白は原価が低かったことにより、売価は同水準ながら損失をかなり回復した。

〔28年度〕春黄・秋白とも売価が原価に比し100円から数十円低く、多額の損失が見込まれたが、秋白原料の低下と糸価の若干の回復によって損失を押えた。

〔29年度〕当初より100～200円、３月には300円、５月には500円も低くなり、輸出の全荷口が損失となる。

〔30年度〕10月初旬まで売価が900円台という価格にもかかわらず、原価の低下のために利益を挙げていたが、以後600円台にまで売価が下ったことにより損失となった。

原価を構成する繭価格と生産費の実質や割合が不明な状態で断定はできないが、損益の分かれ目についての見通しは得られる。一つは価格の大幅な騰落による莫大な損益の出現、例えば19、24年度の利益と26年度秋蚕と29年度の損失、これは製糸業の宿命のようなものであり、経営的努力の範囲外である。こうした大幅な騰落はもちろん、年度間においてもまた同一年度内においても価格の小幅な上下は頻繁に発生する。その価格の変動は年度内においても年度間においても原料価格に影響を与え、繭価格を採算限界点に近づける作用を及ぼしていると推測される。年度ごとではなく年度内の糸価変動と原価の関係、原価を構成する繭価と生産費の関係を明らかにすれば、損益が発生するメカニズムの一端が明らかになると思われるが、ここではこれ以上の分析は断念せざるを得ない。

表３－６によれば25年度以降毎年数万円、29年度に至っては29万円の損失と記されているが、実態はその金額を大幅に下回ったと思われる。29年度についてのみ損益計算書が残されており、それを整理すると表３－７のようになる。「製品販売記入帳」による29年度の損失は鴨島工場だけで29万円にも及ぶが、決算では２万3,000円の損失に抑え、30年度も３万4,000円の損失が予測されたが、後掲表３－８に見られるように、毛田工場を含めても9,198円の損失を計上しただけであった。損失を押えることができた理由の一つは、数万円に及ぶ副製品の利益、二つには損失が予測されるに至ってから大幅に抑制されたであろう生産費・営業費等の支出であろう。30年度はこの二つの理由によって説明可能だが、29年度は十分に説明しえない。

表３－７　鴨島工場の損益（1929年）

（単位：円）

	1929年度
〈利益〉	
生糸売却代	1,555,437
副製品売却代	73,354
原料繭売却代	347,991
配当・雑収入	10,556
後期繰越品	133,096
当期損失金	23,059
〈損失〉	
前期繰越品代	66,757
原料繭代	1,723,548
営業費	78,173
生産費	191,075
購繭費	48,859
利息	17,036
家事費	18,046

出典：「決算報告書」。

３　財　　務

表３－８、表３－９は1929、30年度の貸借対照表と、27年２月末、32年３月末の試算表を整理したものである。前述の29年度損益計算表は本所経費などを含んだ鴨島工場の分だけであるが、貸借対照表は部分的に脇町・毛田両工場と関連会社の鴨島倉庫株式会社を含んでいる。しかし毛田工場と脇町・鴨島倉庫の扱いは異なり、毛田工場の敷地・建物は固定資産の中に含まれているが、脇町と倉庫は含まれずに分工場勘定ですべて処理され、損失も毛田工場分は合算されて対照表に掲載されている。ただ、生産費繰越品などの現業に関する部分は毛田工場を含んでいない。試算表はストックとフローが混在しているために、借方と貸方が一致しない。精細な内訳書の残されている29、30年度を中心に見てみよう。

借方では資本金が両年度とも97％を占め、負債は極めて少ない。負債のうち

表３－８　筒井製糸の負債・資本（1927～32年）

（単位：円）

	1927. 2 .28	1930. 5 .31	1931. 5 .31	1932. 3 .31
〈負債〉				
仮入金	11,949	13,516	8,947	2,020
未払金	1,837	5,191	8,484	4,191
預り金	4,849	18,253	18,690	18,322
借入金	220,000			90,000
賞与積立金	11,011	8,031	7,449	6,783
〈資本〉				
資本金	1,203,418	1,500,711	1,366,461	1,311,116
別途資本金	3,325	3,325	3,000	3,000
当期利益金				38,024
合計	(1,456,389)	1,549,029	1,413,032	(1,473,456)

出典：「試算表」「決算報告書」。
　注：円未満四捨五入のため合計は一致しない。

表３－９　筒井製糸の資産（1927～32年）

（単位：円）

	1927. 2 .28	1930. 5 .31	1931. 5 .31	1932. 3 .31
〈固定資産〉				
営業用不動産	373,297	344,965	212,888	366,065
営業外不動産			134,935	
機械器具	124,340	97,890	100,380	100,380
〈当座資産〉				
現・預金	13,225	231,025	199,390	22,495
仮払金	15,013	86,188	98,669	49,311
人名勘定	112,949	32,516	98,278	104,508
前貸金	526	304	424	322
有価証券	119,742	216,360	217,110	243,422
分工場勘定	199,101	256,068	270,350	341,664
〈棚卸資産〉				
生産費繰越品		6,262	2,222	
原料繭	406,948	76,250	35,839	151,105
製品	31,600	56,848	36,274	53,343
〈当期損失金〉	17,203	144,351	9,198	

出典：前表に同じ。

仮入金は売込問屋筒井商店からと、養蚕組合からの教師負担金や蚕種代などである。預り金は技師長宮城長栄や、筒井甚吉・国太郎・セイなどの一族からである。

固定資産は営業用と営業外があるが、営業用は鴨島・毛田両工場の土地・建物・機械器具と、市場・芝原購繭所の土地・建物、海部購繭所の土地、山崎・北島・紀州購繭所の建物である。営業外不動産は鴨島町内に2町歩の畑、鴨島・徳島・高松に若干の宅地・貸家、高知県に178町歩の山林などを有している。

分工場勘定は財産目録に記された金額で、毛田工場は固定投費を除いたもの、脇町工場は固定投資を含み、倉庫は取替金（株主への貸金）である。

現・預金は阿波商業銀行を中心とし、四国銀行や三菱銀行三宮支店への定期性預金である通知預金が主となっている。

人名勘定は借方と貸方の双方にあり、その借方超過分が借方に記されている。貸方の項目の預り金と人名勘定の貸方の区別は定かでないが、人名勘定の貸方は経営者直太郎の約3万円など、両年度とも人数は少ない。人名勘定の借方は筒井源伍・国太郎などの一族、養蚕組合、佐渡文右衛門・日之出製糸など近隣の製糸家、千葉商会・帝国乾燥機など製糸機械製造会社、それに数十名の個人名が記されている。これらは一族あるいは近縁者への個人的な貸金、近隣製糸家へのものは原料繭に係るもの、製糸機械製造会社関係は手付金的なものであろう。

仮出金はすべて特約組合に関係するものである。両年とも翌年度の蚕種代、翌々年度の蚕種予約金が最も多く、次いで春繭代の手付金と思われる春繭口座があり、その他無煙炭や毛羽取機などの蚕具・消耗品、あるいは牛の購入費も支出されている。

有価証券は神戸の旭シルク・筒井商店の両社で11万円（時価）、日之出製糸7万円、鴨島倉庫2万円などが多く、ほかに三菱銀行の1万円を除けば地元の銀行や汽船会社への少額の出資である。

前項で記したように、損益計算書によれば鴨島工揚の29年度の損失は2万

3,059円であったが、対照表では14万4,351円と約６倍にふくらんでいる。その理由は鴨島工場の営業損失に毛田工場の営業損失5,576円、不動産・機械器具・有価証券の評価切下金11万5,714円を加えたものである。不況下における資産の水ぶくれ傾向を、評価損の計上によって未然に防ぐ会計処理を行ったものとおもわれる。

２年間だけではあるが、貸借対照表を見る限り、極めて健全な経営であったことがうかがえる。20年代中期までに蓄積した膨大な利益を、本業である製糸業、具体的には鴨島工場の拡大、脇町工場設置（26年）、毛田工場設置（28年）、購繭場用の不動産・設備の購入に充てた。こうした拡張・設備投資は年度末借入金が皆無であることから、すべて自己資金によって賄われたと思われる。また膨大な利益は旭シルク・筒井商店など流通部門にも投じられ、製品の有利な販売にも役立ったことであろう。定期性預金が中心である現・預金、有価証券の額が多く、手元流動性は高かった。しかし、27、32年の「試算表」に見える如く、借入金がないわけではなかった。30年６月末の「試算表」には77万円の手形が記され、月を追うごとに減少しているが、31年４月末に至っても45万円の残額がある。この手形は繭資金であることは疑いない。

おわりに――能率重視から糸質重視へ――

筒井製糸は1913年に半沈繰を採用して15年にエキストラ格に上昇し、翌16年には煮繭分業沈繰法を採用すると同時に、最上格のグランドエキストラ格に昇格した。操業間もない筒井が、急速に糸格を上昇させたのは、すでに述べた通り創業者直太郎や技術者の努力とともに、阿波繭の優秀さにも多くをよっていたのである。

ところが筒井は表３−３に見た如く、20年前後から釜当り生産高を急増させ、「能率の筒井」として知られるようになる。その背景には20年代初頭より強まった糸格間格差の縮小があった[19]。筒井は優等糸生産が相対的に不利になる中で、糸質よりも糸量を上げる方針を選択し、筒井式繰糸器を開発するのである。

表3-10　愛媛・徳島県の糸格別・釜当り生産高別工場数
（1927年）

糸格	愛媛県	徳島県	釜当り生産量	愛媛県	徳島県
200円高以上	5	0	7梱以上	0	8
150～190円高	18	0	5～7梱	9	15
100～140円高	28	1	3～5梱	93	20
50～90円高	22	6	3梱未満	72	4
10～40円高	5	16			
最優	19	20			
不明	77	3			

出典：『第十一次全国製糸工場調査表』。

この繰糸器の開発について、筒井の関係者は34年に次のように述べている。

時代ノ思潮ト世ノ進運ハ従来ノ如ク品位ノミニケイ注スルス赦サス、挙ツテ能率ノ増進ニ留意スル処トナリ、茲ニ於テ筒井式索緒分業繰糸鍋ハ最モ時代ノ要求ニ合致シタル出現トナリタリ[20]

筒井は従来の糸質重視方針を転換し、能率重視の方針を採用して膨大な利潤の蓄積を達成し、それによって規模の拡大を実現した。表3-6から明らかな通り、20年頃から筒井の販売価格と横浜糸価の差は縮小し、26年には下回ってさえいる。27年の「全国製糸工場調査」によれば、鴨島工場は目的糸格二十一中20円高、脇町工場は二十一中50円高、毛田工場に至っては二十一中最優格となっている。

四国の製糸業は最も早く器械製糸を発展させた愛媛県の後を追うように発展してきたが、この頃には愛媛型と徳島型とでもいうべき両種に分かれた。表3-10に示したように、徳島県はほぼすべての工場が最優格と最優10～50円高に分布しているのに対し、愛媛県は100円高、150円高以上の工場を多数生んでいる。他方、釜当り生産高を見ると、愛媛は3梱、5梱未満が大多数であるのに対し、徳島は5梱以上が多く、愛媛には見られない7梱以上の工場も存在した。徳島県のこうした動向の牽引者の役割を果たしたのが筒井製糸所であった。

筒井が八緒釜を開発し、毛田工場を設立するなど、ますます能率を追求していた20年代後半、アメリカの生糸需要に構造的転換が生じ、糸格間格差が急激に拡大した。横浜市場標準格生糸＝裾物と同一水準になっていた筒井は、こうした格差拡大のなかで30年頃より再び方針の転換を図った。釜当り生産量を減少させ、31年には筒井式八緒器を廃棄して郡是式六緒器32釜と多条機96台を導入し、以後毎年のように普通機を多条機に転換した。

多条機の導入は釜当り生産高を減少させたが、糸格の上昇は顕著であった。多条機126台、普通機194釜であった32年６月～33年５月の鴨島工場の糸格別販売数量は２Ａ格以上が14％、Ａ格23％、Ｂ格23％、Ｃ格21％、Ｄ～Ｆ格19％と[21)]、最高級糸から裾物までまんべんなく生産するようになった。

筒井は29、30年度には大きな損失を負い、市場構造の変貌に対応するため多条機の導入、優良蚕種の供給と特約組合化を推進していった。こうした努力がほぼ一段落した34年度には次のように述べている。

> 原料ノ改良、多条機械ノ据換、従業員ノ努力等ニヨリテ作業成績ハ逐年向上ヲ来シ、本年度ニ於テハ従来ノ座繰式二十一中生糸ハ一釜対五百匁以上ノ生産量ヲ揚ゲ、多条式十四中ニ於テハ特別三Ａヲ引続キ製造スルニ至レリ[22)]

筒井は多条機による最高級糸生産と普通機による能率重視を併用して蚕糸恐慌を乗り切ったのである。

注

1） 以下、本節の愛媛県に関する記述は「蚕糸業視察録　四」（横浜農林規格検査所蔵、年次不明）による。
2） 1910年代前半、三～四緒繰であった長野県製糸工場の平均は約70匁であった（『長野県製糸工場調』による）。
3） 徳島県蚕業取締所『徳島県の蚕糸業』（1929年）22頁。
4） 徳島県『徳島県農業案内』（1931年）66頁。
5） 同前、67頁。
6） 本書第２章参照。
7） 「明治四十五年六月五日　出張員宛通知」（下村恵一氏蔵）。
8） 「片倉製糸二十年誌編纂資料之綴　二冊之内其一」（片倉工業株式会社蔵）。
9） 「筒井製糸株式会社沿革及現状」（筒井製糸史料、整理番号21-３）。

10）　鴻巣久『能率増進と筒井製糸』（1924年）。
11）　片倉製糸紡績株式会社『片倉製糸紡績会社二十年史』（1941年）289〜290頁。
12）「昭和六年度作業計画」（32-10）。
13）　前掲「筒井製糸株式会社沿革及現状」。
14）　筒井直太郎「製糸業の能率増進の本義」（『大日本蚕糸会報』第407号、1926年１月、64〜66頁）。
15）　前掲『能率増進と筒井製糸』90〜111頁。
16）　同前、144〜145頁。
17）「予算書綴」（32-１）。
18）『蚕糸経済』第２巻10号（1930年７月）27頁。
19）　本書第６章「両大戦間期における組合製糸」227頁参照。
20）　前掲「筒井製糸株式会社沿革及現状」。
21）「庶務綴」（16-20）。
22）「第三回営業報告書」３頁。

第4章　両大戦間期の生糸市場と郡是製糸

はじめに

両大戦間期の蚕糸業については、多様な視点からのアプローチがなされてきた。そのなかでも中心的な論点は、かつて柳川昇氏が「特殊精巧品的生糸生産、即ちコストの相対的引下による独占利潤の獲得」とし、また、石井寛治氏が、最高級格生糸市場における片倉・郡是・鐘紡の三大製糸による独占的地位の形成、それによる独占利潤の確保を「展望」して以来、小野征一郎氏によって本格的に論じられた製糸業における独占の問題であろう[1)]。

こうした問題意識に触発されて、最高級糸生産の基盤になった、特約養蚕組合、多条繰糸機、蚕品種、プレミアムの問題が論じられてきた。そのなかでも、松村敏氏は片倉製糸の恐慌期における特約組合の展開を論じ[2)]、花井俊介氏は1920年代における郡是の特約組合の変容を具体的に明らかにした[3)]。また、高梨健司氏は郡是・片倉両社が靴下用最高級格糸の市場を独占して、いかに多額のプレミアムをえたかを明らかにした[4)]。

本章では、こうした議論を参考にしながら、郡是製糸の販売政策を明らかにする。開港以降、生糸輸出は「売込商体制」という言葉が示すように、売込商が中心的な役割を果たしてきた。ところが、第一次世界大戦の頃から売込商の役割が低下する一方、輸出商の比重の高まり、製糸家の直輸出への進出が顕著になる。郡是は第一次大戦後には売込商神栄との関係を断ち、成行約定による輸出商との直接取引を行い、20年代後期には直輸出、30年代前期には横浜・ニューヨークに商社を設立する。成行約定については加藤幸三郎氏の先駆的な研究[5]があるので、ここでは成行約定以後の直輸出、清算取引の問題を主に採り上げる。

しかし、販売政策とは販売のみにとどまるものではなく、市場の変動に対応していかなる生糸を製造し、どのような企業イメージを打ち出していくかということと密接に関連し、当該期における郡是製糸の在りようを不可避的に問題とせざるをえない。

そうした点から改めて考慮すべきなのは、高梨健司氏の論稿である。氏は第一に、1930年以降の郡是・片倉の生産糸格、プレミアムの濃密な分析により、若干の弱点があるとはいえ、1930年代後半には、郡是が「スペシャル３Ａ格中心主義」、片倉が「３Ａ-２Ａ格高級糸『経済』繰糸」主義をとったとまとめられた。本章では郡是が市場条件に対応して、どのようにして最高級糸を造ろうとしたのか、またそれが成功したのかを改めて検討したい。それによって高梨氏の結論とは少し異なった面が浮かび上がるであろう。第二には、郡是が数年間にわたって膨大な額のプレミアム収入をえたことを明らかにされているが、そのプレミアム収入と損益とが必ずしも一致していない。プレミアム収入が独占利潤と結び付くなら、両者の関係について論じなければならないであろう。

さて、以下1924（大正13）年以降の生糸市場の変動に対して、郡是製糸がいかなる市場政策を採り、どのような生産力水準を形成していったのかをまず検討しておこう。

第１節　震災以後の郡是製糸

周知の如く、郡是製糸は両大戦間期において、日本の製糸家のなかで基本的には最高級糸を生産し続けた。しかし、その最高級糸製糸家としての道は決して平坦なものではなかった。1939（昭和14）年、郡是の生糸品質を回顧した文書には以下の如き記述がある。

高格糸恐慌時ニ対処センガタメニ（値鞘ニヨル利益確保ノ至難化ニ）生産費ニ徹底的低減問題ガ、十一年度経営ノ根本方針トシテ採ラレテ来、工程

ノ増進、糸歩ノ増収等ニ極力努力ガ払ハレタ[6)]

過去ニ於ケル当社糸品位ノ徹底的改良ハ、常ニ販売上ノ行詰リ……昭和三年度カラ五年度ニカケテノ普通繰ニヨル高級糸ノ品位ノ不良ニヨル多条繰器械ヘノ転換、昭和七年カラ八年ニカケテノ繊度偏差ノ不良ニヨル販売ノ行詰リト、コレガ改革、十二年カラ十三年ニカケテノ此度ノ事態モ亦同一範疇[7)]

問題にされているのは、一つは郡是が最高級糸を造ることができず、評価を落とした時期があったこと、二つには糸質ではなく「糸歩」の増収、「工程」の増進を主要な課題とした時期があったということである。郡是は、「世界一ノ最高級ハ郡是ノ糸トスルコトガ肝要デアル」[8)]と、一貫して最高級糸を生産することを社是としてきた。しかし、そうした方針にもかかわらず、最高級糸の生産が必ずしもスムーズに進まなかった時期、あるいは最高級糸生産方針とは対立する、工程や糸歩重視方針を採った時期があったことを示している。経営方針のこうした変動は、アメリカ生糸市場の動向、国内の他の製糸業者の動向といった客観的条件、そしてまた郡是自体の技術水準、原料繭の水準、販売政策などの主体的条件などによって選択されたものであろう。

郡是の経営方針の変動をいくつかの表に基づいて検討しよう。

表４-１は郡是の糸格別販売高である。1931年までは種々の格付を参考に郡是独自に作成したもの、32年以降は、生糸検査所による格付である。格付の基準は、31年まではイーブンネス（糸条斑）平均点を基準にし、握手は90点以上、Ａ格は85～89点、Ｂ格は83～84点、Ｃ格は80～82点、Ｄ格は75～79点であった。ところが、セリプレーン検査によって糸条斑が極端に重視されるようになった28年に、格付を改正し、従来のＡ格から88～89点物を独立させて握手Ｂ格とし、90点以上を握手Ａ格とした。検査所の格付と郡是の格付は、糸条斑を基準にすれば、１点ほどの格差のある格もあるが、SP３Ａが握手Ａ、３Ａが握手Ｂ、２ＡがＡ、ＡがＢと考えてよい[9)]。

こうした点を前提にして表４-１を見ると、25年において、輸出糸の９％であった白十四中が32年に５割を超え、35年以降は80％台を占めるまで急増して

表4－1　郡是製糸の糸格別販売割合（1925～39年）

年度	輸出糸合計（俵）	白14中割合（%）	握手		A	B	C以下
			金塊・握手A	握手B			
1925	21,069	8.7			68.9	27.0	4.1
26	24,928	11.5	0.4		75.8	17.0	6.8
27	26,899	16.8	1.2		78.9	11.8	8.0
28	26,967	28.2	13.1		55.5	10.8	6.0
29	30,885	42.2	5.8		50.5	22.0	10.9
30	36,468	47.5	2.4		63.0	18.8	12.6
31	42,783		S.P.3A	3A	2A	A	B以下
1932	51,759	54.0	4.1	4.3	34.9	37.5	19.2
33	55,524	62.8	10.7	10.4	29.5	28.7	20.7
34	36,060	84.7	32.9	16.9	31.5	14.1	5.4
35	43,899	82.9	33.5	17.7	26.0	12.4	4.1
36	46,500	81.3	21.5	24.5	34.5	14.5	4.9
37	46,940	84.1	30.6	27.4	37.3	10.8	
38	41,515	87.7	32.3	34.7	24.7	6.5	
39	46,819	84.5	23.4	39.6	31.0	5.9	

出典：各年度「販売史」。
注：1925～30、35年度は社内販売統計、それ以外は生糸検査所受検俵数。

いる点、糸格別割合では、当初から高かったA格の割合が昭和初期にも順調に高まり、28年には握手A、B格が27%と激増している点が注目される。前述したように、握手Bは前年までのA格をカサ上げしたものであるため、割り引かねばならないが、それにしても握手A、Bの増加は注目される。ところが、29年以降握手A、B格が顕著な減少を示している。31年の数値は得られないが、前年までと同様な推移を辿ったことは間違いない。

32年以降は、二つの特色が看取される。一つは32年頃からSP３Aが増加し始め、34、35年に最大生産糸格となり、36年以降割合が停滞すること、第二には32、33年に圧倒的な割合を占めていた２A、Aが減少していくが、36年以降２Aが割合を回復し、最大生産糸格になっていくことである。

こうした特色は、郡是のみの傾向ではなかった。表4－2は輸出生糸検査法に基づく、第三者格付が施行された32年以降の全国の輸出生糸の糸格別割合である。SP３Aは35年まで急増した後、36年以降減少・停滞し、その一方２A

表4－2　全国輸出糸の糸格別割合（1932～39年）

（単位：％）

	1932年度	1933年度	1934年度	1935年度	1936年度	1937年度	1938年度	1939年度
14中SP. 3A	0.6	1.9	3.6	4.8	2.6	3.7	3.8	3.9
3A	1.7	2.5	3.9	5.9	5.0	7.4	9.6	11.0
2A	4.6	5.6	7.0	8.8	9.0	11.1	11.9	12.8
A	5.4	6.2	6.1	7.0	7.8	7.6	7.5	9.4
B	7.0	8.4	6.6	5.4	5.7	5.4	4.5	5.2
C	7.2	9.1	6.6	6.4	6.7	6.5	5.0	5.6
D	9.0	10.3	7.9	8.3	7.9	8.0	6.4	6.4
E～G	8.0	6.1	6.4	7.4	7.1	5.2	5.2	5.9
14中総計（俵）	(43) 230,800	(50) 263,895	(48) 248,482	(54) 296,321	(52) 258,929	(56) 289,740	(54) 263,710	(60) 247,366
総受検数（俵）	526,388	522,304	513,262	545,200	496,351	510,955	485,131	407,404

出典：各年度『生糸検査所事業成績報告』。
注：14中総計のカッコ内数字は％。

格が着実に割合を高め、35年以降最大輸出糸格になっている。

郡是、あるいは全国の生産糸格、輸出糸格の動向は、アメリカ絹業の需要動向に基づく糸格間の値鞘、プレミアムによって形成された。表4－3は郡是が実際に獲得した、白十四中最優（D格）に対するプレミアムの額である。27年から29、30年にかけてプレミアムが激増した後、33年まで減少し、34年に激増する。そうして再び35年に減少し、以後比較的安定した推移を辿るのである。

続いて、郡是の生産力水準に関する若干の指標を表4－4、表4－5によって検討しておこう。デフレートした100斤当り生産費は25年から28年まで漸増した後、翌29年から33年まで急減し、34年から再び増加していく。生産費の中心は「給料」である。生産費全体の減少にもかかわらず、恐慌の中でも「給料」は減額せず、むしろ割合は増加していたが、31年以降急減し、40％前後を占めていたものが32％へと低下していった。工程・糸歩については、郡是全体と本社工場・長井工場の数値を示した。工程・職工1人当り生産高とも28年に激減した後、29、30年に回復し、31年から上昇していく点が共通している。33年は職工1人当り生産高が変化していないにもかかわらず工程は急増し、34、35年は停滞し、36年以降両者とも急増していく。糸歩は、本社工場では29年、36年の増加、長井工場では34年以降の増加が注目される。

表4－3　郡是の獲得値ざや（1926～37年）

（単位：円、100斤当り）

年度	成行平均値	売上平均値	値　鞘
1926	1,508	1,556	47
27	1,329	1,454	125
28	1,343	1,511	168
29	1,232	1,417	184
30	654	829	175
31	586	696	109
32	795	803	8
33	707	764	56
34	545	714	168
35			126
36			71
37			172

出典：各年度「販売史」。
注：成行平均値は値決日の単純平均、売上平均値は郡是の平均販売価格。

表4－4　郡是の生産費・工程（1921～35年）

年度	100斤当り生産費合計（円）	内給料（円）	工程（匁）
1921	270	99	138
22	302	104	147
23	276	96	149
24	298	101	160
25	248	99	165
26	276	103	184
27	318	117	183
28	320	126	165
29	275	117	181
30	260	114	192
31	234	96	229
32	218	76	231
33	144	56	261
34	221	74	232
35	235	77	237

出典：「社内累年統計表」。
注：工程は1日1釜当り生産高。生産費・給料は1934～36年を100とする工業製品物価指数でデフレートしたもの。

以上の諸指標に基づいて、郡是製糸の経営動向を時期区分すれば、おおよそ次の三期に分けられよう。

第Ⅰ期　1925～28年　フルファッション絹靴下原料用生糸の需要増大に対応して、全生産生糸の10％未満であった白十四中の生産を拡大していくとともに、急増するイーブンネスによるプレミアムの獲得を目指して90点以上の握手格、88点以上の握手B格、92点以上の金塊を創出し、28年まで最高級糸の割合を急増させる。こうした最高級糸生産の重視は、20年代前半、着実に上昇していた工程、職工1人当り生産高の停滞と100斤当り生産費の増加をもたらしたのである。

第Ⅱ期　1929～33年　表4－3では明確でないが、プレミアムの低下傾向、その他種々の理由によって握手B格以上の生産高が減少する。一方、生産費は

表4-5　本社工場・長井工場の動向（1926～40年）

年度	本社工場			長井工場		
	職工1人当り年間生産高（貫）	工程（14中換算）（匁）	糸歩（春白）（匁）	職工1人当り年間生産高	工程（14中換算）	糸歩（春白）
1926	37	162	12.04	34	161	11.69
27	43	170	10.93	39	163	11.38
28	39	154	11.97	34	137	11.05
29	42	162	12.42	40	160	12.41
30	38	162	12.56	43	179	12.00
31	52	193	12.81	53	209	11.91
32	55	206	12.22	56	228	11.69
33	56	221	12.70	55	255	11.59
34	52	213	12.44	49	201	12.42
35	48	214	12.86	46	225	12.27
36	56	235	13.56	55	218	12.78
37	58	246	13.89	59	235	13.84
38	56	237	13.97	63	245	13.98
39	58	224	14.16	64	232	14.35
40	51	266	14.89	64	267	14.86

出典：「諸統計一覧表」。

29年から、工程は30年から、１人当り生産高は31年から顕著に変化しはじめる。しかし、こうした高格糸生産方針の変更と思われる事態にもかかわらず、32、33年からSP３Ａ、３Ａの生産高が増加しはじめていることも注目される。

第Ⅲ期　1934～39年　34年のプレミアム拡大の結果、34、35年にSP３Ａの生産を増加させ、SP３Ａが郡是の輸出生糸の最大格になり、同時に生産費は増加し、工程・１人当り生産高も減少した。ところが、35年以降のプレミアム縮小のなかで、最大生産糸格は２Ａ・３Ａとなり、工程・１人当り生産高も増加していく。

以上、郡是製糸に関して確認できる諸指標によって、おおまかなイメージが形成されたであろう。次には、捨象した細かな問題も含めて各時期の特色を、より明確にしていく。

第2節　1925～39年の郡是製糸の特色

1　第I期　1925～28年

日本生糸の頭物と裾物との価格差は、1921年秋以降縮小していたが、26年新糸頃から一挙に拡大する。その理由は、

> 最優格ノ低下益々甚シキヲ加ヘシコト、並ニ最近米国ニ於ケル絹靴下ノ流行ニ因リテ優等糸ノ需要激増シ、且ツ製品ノ採算上品位優良ナル生糸ニ対シテハ、値鞘ノ多少ヲ問ハザルニ至リシコト[10)]

とある如く、標準格である最優格の糸質低下、優等糸を使う絹靴下生産の拡大、原料生糸が優良であればあるほど靴下業の採算にとって有利であったこと、などが指摘されている。

後述するように、郡是は25年頃まで値鞘を年度当初に決定し、ほぼ全量を成行約定で三井物産・日本綿花・日本生糸の三社に販売していた。それが値鞘拡大当初、郡是のプレミアム取得を困難にしたのである。表4－6に見える通り、26年の新糸約定に際し、前年と同じプレミアムとなったが、7月以降急速に値鞘が拡大し、90円高の郡是女神票（A格）と同一クラスの依田社ゴルフ票が120円高で取り引きされるという状況になった[11)]。

郡是はこうした成行約定の弊害・行き詰まりを打破するために、振売の増加、旭シルク・江商への振売割当てなどの種々の手段を講じた。旭や江商は三社よりも常に割高で購入したが、その理由は「当社ト取引関係ヲ結ビ……一定ノ約定数量ノ割当ヲ受ケントスルニアリシ」[12)] の如く、優等糸生産会社として名高い郡是の優等糸を取り扱うことにあった。

1926年末にはアメリカ出張中の波多野常務からの報告、日本生糸からの要請により、アメリカ市場の最高級糸であるイブンネス平均90点以上のトリプル・エキストラ（3X）、握手の生産に乗り出していく。白十四中の3Xは二本撚、三本撚で極薄地靴下用生糸として、300円高以上のプレミアム取得が可能であった。

表４－６　郡是製糸白十四中値ざや（1925～38年）

（単位：円）

年度	握手Ａ格	握手Ｂ格	Ａ格	Ｂ格	Ｃ格
1925			90	70	50
26			90～210	70～190	50～170
27			250～200	230～170	210～140
28	350～460	250～360	200～260	170～180	150～110
29	460	360	260		
30	370	300	250	190	130
31	274	194	154	114	74
	SP. ３Ａ	３Ａ	２Ａ	Ａ	Ｂ
1934	320	157	111	79	40
35	470～80	200～65	130～30	90～20	
36	138	80	49	30	
37	284	157	107	87	
38	167	88	50	46	

出典：各年度「販売史」。

注：各時期の標準格に対する平均値鞘。

続いて、28年新糸からは黄二十一中にも握手を設けることを決定した。

紐育ニ於テハ三井、日綿、日生、ゲーリー等ノ何ヲ問ハズ、当社黄糸女神格中ヨリトリプル格ヲ作リ、原標又ハ私標ニ代ヘテ売却シツツアリ[13)]

これは郡是の紐育出張員からの報告である。郡是は、黄二十一中の３Ｘは生産していなかったが、アメリカ市場では郡是の原票、あるいは輸出商の私票で郡是糸の３Ｘ格が出回っていたのである。郡是が十四中で握手格を作る以前にも同様なことが行われていたと考えて相違ないであろう。

プレミアムの拡大に対応して握手格を創出し、また女神・ダンス・日の丸Ａ・傘Ａなどの85点以上のＡ格品を増産し、先売約定を展開していった。ところが、この高格糸の増産政策は26～28年の夏秋蚕の不良、技術的隘路のために困難となった。

近来節ガ多イタメ非常ニ御苦心ヲ願ッテイル……ヨホド良イモノヲ作ラネバナラヌ必要ニ迫ラレテキタ、……近来何故カ不良トナッタ、むらノナイ節ノナイ糸ヲ作ルコトニ努メネバナラヌ[14)]

繭質ノ改良及ビ製糸技術ノ向上等根本問題ニ努力シ、格落品ヲ可及的ニ少ナカラシムル[15)]

糸質不良のために、格落ち品を代用として荷渡したり、先売り協定よりもプレミアムが拡大した際には高格糸を振売に向けたために、27年度末には「約定品ヨリモ代用品ノ方多キ奇現象ヲ呈スルニ至レリ」という状況となった[16)]。

このように、高格糸の約定量増加、糸質の低下に対して糸質の改良が重要な課題となっていた。しかし、セリプレーン検査が決定的に重要になってきたとはいえ、まだ統一的な基準がなかった。「輸出商同士ノ間ニハ何ノ連絡モナク統一モナイ」[17]。こうした状況では、抜本的な改善方法を打ち出すことができず、「季節ニヨリ煮繭法、繰糸法ヲ加減スレバサウ悪クハナラヌト思フ、注意ヲ乞フ」[18] というように、従来の技術水準を前提にし、原料処理や女工の繰糸技術の改善などに限られたものであった。

高級絹靴下の安価生産のために、イブンネス90点以上のトリプル格の高格生糸に多額のプレミアムを出すようになったアメリカ市場の要請に応じ、郡是製糸は従来の技術水準を前提にして対応していった。セリプレーン検査は始まったが、その基準は輸出商によって異なり、統一的格付体系も確立されていない状況では、革新的機械の開発や技術体系の全面的革新への要請は小さかったのであろう。

もちろん、これは郡是の体質にも因っているのであろう。この時期、片倉や原合名が多条繰糸機、自動繰糸機の開発に力を注いでいたのに対し、「郡是ハ人ノ心配ヲシテ居ルガ、斯ル器械ノ発明ガアッテモ之ヲ用フルコトガ遅イ」[19] といわれる体質も無縁ではなかった。繊度偏差が重視されていた時代には、細くなれば次に二粒、三粒付けをして平均繊度を確保していたが、糸条斑が重視されてくるとできるだけ定粒付けに近付くことが求められ、添緒の際などに発生する節の減少などが要請された。こうしたセリプレーン点数上昇のために要求される技術的課題は厳しいものではあったが、すでに特約組合によって繭の統一と繭質の改善を果たし、訓練度の高い女工を擁している郡是にとっては、必ずしも不可能なことではなかったのであろう。生産費の上昇、工程の低下によって糸条斑重視の市場環境に対応しえたのであった。むしろ、郡是がこの時期最も力を注いだのは、高絡糸に付せられたプレミアムを如何に確保するかという販売問題であった。大手輸出商に対する全輸出量の成行約定という販売方法がプレミアム獲得には不適切となり、大きな変化を迫られたのであった。

2　第Ⅱ期　1929～33年

(1) 生糸市場の変貌

表4-3、表4-6に示した郡是のプレミアムによれば、29、30年はかなり多額である。しかし、そこには郡是独自の要因があり、一般的にはすでに28年度末からプレミアム縮小の気配が見られた。

紐育ヨリノ情報ニヨレバ、靴下方面ニ於テハ、製品ノ競争増加ト、且ツ安値一般品ニ押サレテ、特優高価品ノ売行減退ニ加フルニ、昨年来ハ靴下原料トシテ、品サヘヨケレバ可成ノ値鞘ヲ払ヒ得ルモノト考ヘタコトニヨリ、加速度的ニ其ノ拡大ヲ見タ為メ、ソノ行過ギノ反動ヲ受ケツツアルトノコトデアル[20)]

特優糸値鞘ガ紐育市場ニ於テ、最早既ニ天井ヲ示セルモノナルコトヲ知リ得ル[21)]

アメリカ市場において高級絹靴下の需要は年間1,500俵、全絹靴下用生糸の0.8%ほどに過ぎず、しかも売れ行きが減少したこと、日本において高格糸の生産が増加したことによって、プレミアムは天井に達していた。

1929年度の新糸約定期になって、「白一四中特優糸ハ一時ノ値鞘行過ノ反動ヨリ行支ヘノ形トナリ」と、プレミアムは縮小していた。依田社・熊本製糸などのA格に相当する生糸が200円高の水準で約定されている時、郡是は260円高という前年の値鞘維持を図ったが、それは「当社ノミ独リ骨董的高値」であり、「遠カラズ値鞘低下ノ運命」にあるものと自認せざるをえない価格であった[22)]。

8月に入るとその傾向はいっそう明瞭になった。

特優糸ノ受難時代ニ入レル感アリ、之ガ為ニ優等糸生産工場ノ惨状実ニ甚シキモノアル一方、多大ノ犠牲ヲ払イテ一〇〇円高ノ糸ヲ作ルヨリモ、生産容易ナル八十二、三点物ヲ作リテ六十円高ニ売却スル方遙カニ有利ナリトノ理由ヨリ、羽前地方ヲ始メ各地ニ中辺物繰糸ニ転ズルモノヲ見ルニ至レリ、之レ今春来米国靴下業者ガ、原料生糸ノ割高ナル優等品生産ヲ止メ、需要旺盛ニシテ採算良キ中流品ノ製造ニ力ヲ注グニ至リタルト好一対ナリ[23)]

このように、高格糸の需要が減退し、プレミアムは小さいが、生産が容易で売れ筋の良い「中辺物」「中流品」に転換する工場が続出しつつあった。

高格糸の需要が減少していたことに加え、次のように郡是の弱点も明白であった。

当社握手格ハ極優良ナル薄地靴下ニ使用ノ成績面白カラザルコト、並ニ片倉御法川糸ノ安値ニ押サレテ売行不良ノ為、日生、日綿、林商店等孰レモ多量ノ滞貨ヲ有シ[24)]

郡是高格糸の品質が不良で、片倉の御法川ローシルクに品質・価格で太刀打ちできなかったのである。特に、89点以上の握手格の売れ行きが悪く、その有力な購入者であった旭シルクや林商店は約定を拒絶し、日綿を通じて購入していたスキナー商会は高格糸の購入先を郡是から片倉に変えていった。

プレミアムを下げて売込みを図るが、輸出商は約定せず、結局外国商館へ振売で販売せざるをえなかったのである。恐慌によって糸価が崩落するなかで迎えた30年度も、「握手格ハ需要ノ減退以外、片倉御法川糸ノ進出ニ妨ゲラル、所モ尠カラズ」[25)] と、前年同様、握手格は需要減退、片倉の進出によってプレミアムの縮小が続き、販売量は大幅に減少した。

糸価の崩落、糸価維持策によって相場が立たなくなると、「安値ニ甘ンジテ一日早ク売応ズレバ、必ズ夫レ丈有利」[26)] となる事態となり、郡是は成行約定方針を放棄して、値極約定を採用し、握手A300円高、同B220～230円高、A170～180円高見当という低プレミアムで積極的に売り応じていった。「早クヨリ大胆ニ売リ進ミタルコトガ、偶々糸価ノ大暴落ニ会シテ非常ナル幸トナリシモノ」[27)] の如く、これが結果的には成功を収め、恐慌の中で糸価が一層低下するとプレミアムが増加することとなり、相応の利益を挙げたのである。

恐慌の中での市況以上のプレミアム確保は、他の要因によっても発生した。

紐育ニ於テ高値ノ先約品ヲ有スル輸出商ガ、其荷渡ヲ円滑ナラシメンガ為、約定品ヨリモ一格位上格品ヲ積出サントスル傾向顕著トナリ、一斉ニ白一四中高点物ニ対シテ買進ムニ至リシ[28)]

輸出商が値極先売約定していた生糸の価格が低落すると、破談を避けるために、約定品よりも高格糸を市場から購入し、アメリカの得意先に納品しようとし、相場以上のプレミアムが形成されるのである。

29年、30年は一般的にはプレミアムが減少するなかで、郡是は種々の要因によって高いプレミアムを確保していたが、31年以降は表4－3、表4－6に示したように急速に低下していった。高格糸の需要減少と生産過剰、郡是高格糸の限界が32、33年と継続していたのである。

この間に生糸市場ではいくつかの大きな変化が生じていた。

業界の長年の懸案であった正量取引が27年7月、生糸検査所による第三者格付が32年1月から実施され、また28年から横浜生糸取引所が生糸検査所の格付案を採用した取引を開始し、28年9月に業務を始めたニューヨーク生糸取引所も日本案に近い格付表に基づく取引を開始した[29)]。

生糸の規格化が進んでくると、取引方法も大きく変化してくる。輸出商にとって、正量取引は従来の込斤、抜糸などの「旨味」が無くなり、また第三者格付はプライベートチョップによる購入生糸の格上げが困難になるなどの不利益をもたらし、強硬に反対した。売込問屋にとっては看貫や格付などの繁雑な手数が簡略化されたが、それはまた売込問屋業を容易にし、小資本による多くの新規参入をもたらし、競争を激甚にするものであった[30)]。

製糸家はさまざまな妥協を強いられたとはいえ、横浜市場において圧倒的な資本力を持つ輸出商、長い伝統を持ち前貸しによって製糸家に種々の制約を課している売込問屋などによる不公正な取引慣行を改善し、対等な取引関係に近付ける大きな進歩であった。しかし、郡是にとっては有利な面ばかりでもなかった。30年頃までの郡是は問屋・輸出商・アメリカ輸入業者による再検査を認めず、郡是自身の検査による販売を原則として来た。ところが、アメリカでも、日本でも検査制度が発達してくると、「郡是ガ郡是自身ノ検査ニテ間違ヒナシトシタ時代ハ過去ノコトデアル」[31)]といわれるようになり、「従来郡是糸ナルガ故ニ、振売ニ際シテモ其相当格ヨリ大体十円高ヲ買ワレ」[32)]た状況が変化してくるのである。

31年になると以下のように、長年かけて培ってきた郡是の名声が効力を失ってきた。

実際ニ於テ総テノ売買ガ検査所ノ検査成績ニヨリテ行ハレテ居リ、従前ニ比シ本社検査ノ意義ガ極メテ薄弱トナッテ来タ……第三者検査ノ施行ニヨリテ、従来本社糸ノ有セル声価ニ対スルプレミアムガ消失シ、一般他製糸ト水平化セラルルニ至リ[33)]

俵装が一定になり、客観的な格付が付されるようになると、特定荷口についての売買両当事者を特定しない取引所の地位がクローズアップされ、清算取引が盛んになってきた。従来の清算取引は、輸出商と極く一部の製糸家、それに地場の投機家による小規模の市場であったが、この頃から製糸家・問屋・輸出商が生糸の清算取引を積極化し、先物価格が糸価をリードするようになってくるのである。

(2) 郡是の対応

恐慌による糸価の低下、プレミアムの縮小傾向に対し、郡是は30年頃から繰糸方針を変化させ始めた。

他ノ同業者ト比較スルト当社ハマダ割高トナッテ居ル、之レハ優良品ヲ生産スル関係上致方ナイトシテ済スコトハ出来ヌ、本年度ハ百斤二百円ノ目標デ進ンデ来タガ将来ハ百斤百五十円ヲ以テ進マネバナラヌ[34)]

近来各工場ノ状態ヲ見ルト、品位ノ改善ニ重キヲ置ク結果、糸目ノ上ニ幾分軽視セラレテ居リハセヌカ、中ニハ十分注意シテ糸目ヲ多ク取リ屑物モ少ナイ工場モアルガ、……糸歩ヲ犠牲ニスルヤウニ傾イテ居リハセヌカト思ハレル……更ニ御心配ヲ願ヒタイコトハ生産費低減ノ問題デアリマス、昨年来百五十円ニセネバナラヌト叫ンダガ本年ハ是非共之ヲ実現シタイ[35)]

30年から31年にかけて100斤200円の生産費を150円に引き下げることを強く主張しているのである。生産費150円実現のためには、約３割の削減が必要であるとし、その半額は物価の低落で可能であり、残り半額を「積極的」な手段、即ち工程を前年の10～12％増し、215匁に引き上げる目標を立てる[36)]。釜当り人員の削減計画も作成したが、これは実現しなかったようである。恐慌の中で賃金が低下し、多条繰糸機も導入されていない段階では人員削減の必要性が低く、また不可能でもあったのであろう。

こうした方針の転換により、すでに見たように31年以降、生産費の低下、工程の上昇は顕著に進んだ。ところが、それが高格糸の生産者としてアメリカ市場で得ていた郡是の名声を大きく傷つけることになった。

ニューヨーク生糸取引所の理事長で最有力の輸入商・仲買商であるジャーリー商会がらみの紛争が連続する。そのうちの2件だけを紹介しておこう。

一つは30年に表面化したものである。28年から29年にかけて、郡是が成行約定によって日綿に売却した握手A・B格700俵の内、日綿は450俵を有力撚糸業者オスカーハイネマン社に販売した。ところが、恐慌に際会してハイネマンは需要家を見付けることができず、旭シルクの仲介でジャーリーに転売した。ジャーリーはカイザーその他の靴下業者にニューヨーク市場の最高級格であるスペシャルグランド格として売却しようとするが、品質不良のため破談が続出して処分できなかったというのである。ジャーリーはハイネマンを相手に苦情仲裁委員会に問題を持ち出し、郡是の生糸を検査したところ所要の糸質に達していないと判定され、ハイネマンが敗訴した。これは時日も経過し、直接的な販売先でもなかったため、郡是の責任は問われなかった[37)]。

他の一つは、31年後半、旭シルクを通じてジャーリーに販売した約3,000俵に及ぶ日の丸A、B格の問題である。ジャーリーはその生糸をニューヨーク生糸取引所の清算荷渡しに使用したところ、1,900俵がイブンネス・繊度不良のために一格落ち、350俵が二〜三格落ち、80俵が不合格という成績となった。郡是は「当社生糸ノ品位不良ノ為ニジャーリーガ非常ナル迷惑ヲ蒙リタルコトハ事実」と、責任を認めねばならず、6万ドル余の賠償要求額を3万円余に値切って解決した[38)]。

31年から32年にかけて、郡是の危機意識は一挙に強まった。32年の場長会において専務が近年の動向を総括し、次のように述べている。

> 第一ニハ生産費ノ低減ノ為ニ工程ヲ進メタノデアルガ……幾分悪クナッタコトハ争ヘヌ

第二ニハ……特別優良糸ニ対スル需要ガ減ジタト同時ニ多条繰ガ出来タ故ニ当社トシテハ大体日ノ丸Ａニ集中シタ

第三ニハ繭ノ解舒ガ良クテ回転ヲ早クシタ為ニ株付ヤ重ナリニヨル短イ太斑ガデキタ……

第四ニハ……値鞘ニ対スル関係カラ、糸歩モ工程モ非常ニ犠牲ニシテ造ッタ糸ニ比シ、品質上相当ノ差ガアッタコトハ事実デアッタ[39)]

糸価低下、プレミアムの縮小に対して行った工程の増進、糸歩の向上、ここには記していないが第三者検査に対応した郡是内部の検査基準の緩和が著しい品質の低下をもたらした。他方、多条繰糸機の出現は郡是から最高級糸の市場を奪っていった。こうして、「優良生糸ト云ヘバ郡是ノ糸ト云フヤウニ通用シテ居タ信用ヲ一朝ニシテ失ッタ」[40)] と、大きな危機意識を持つに至ったのである。

片倉は、1921年から御法川式多条繰糸機の研究に着手し、震災後にはアメリカ市場から高い評価を得て、28年から御法川ローシルクを本格的に市場に投入していた。すでに述べたように、郡是は30年頃には御法川ローシルクの評価を、自社のニューヨーク出張員、関係ある輸出商から頻繁に得ていた。遅蒔ながら、郡是も31年から多条繰糸機の研究を開始し、32年から鳥取工場を手初に多条機を投入していく。数か月の実働を経た12月には、「本当ニ良イ原料デヤルナラバ案外工程モ進ミ」と、「今後普通繰ハ競争出来ヌノデハナイカ」[41)] との判断を下すに至った。

ところが郡是式多条機の供給は間に合わず、後藤式多条機を設置したが、なお多数を占める普通繰糸器の糸質の改善が急務となった。普通繰糸器最大の欠陥であったリング斑・株付の除去のために、32年新糸期から「機敏運動」を開始する。これらの欠陥は、添緒・接緒の際に生じるが、多条機であれば緩速度回転のためにかなり除去し得たのである。普通繰糸器で「品位ノ絶対確保ト安価生産」という対立する課題を実現するため、工女養成所でもある誠修学院の教婦科で研究の結果、「機敏ナル動作ト正確ナル動作」で作業すれば、それらの欠陥がかなり除去されるという結論が出た。

旭日ノ昇ルガ如キ正シク勇マシイ気分ヲ以テ機敏ニ作業ニ当ルト云フ精神状態ヲ以テ仕事ヲスル[42]

多条機の導入遅延に対し、「機敏運動」という、工女に対しいっそうの緊張を強いる労働強化、精神運動によって対処しようとした。

33年度末には、多条機は3,882台、全釜数の3分の1に達し、機敏運動も本格的に展開したが、なお十分ではなかった。

近頃頻々トシテ紐育カラモット糸格ニ応ズルモノヲ造ラレタイト訴ヘテ来ツツアル、コレ程実情ヲ申上ゲルノニ何故本社ハ改良セヌノカト血ヲ吐ク如キ通信ガ参ッテ居ル[43]

こうした事態に対し、郡是は33年3月、アメリカへ神戸営業所長らを派遣する。彼らはアメリカ東北部二十数カ所の撚糸会社、靴下会社、織物会社を訪問して絹業の動向、郡是糸の需要動向を調査した。

郡是の女神格（3Ａ）は4本合わせで一等品が50～60％にしか達せず、ナゲットは「三本撚り靴下にはどうしても使用不可能なるを以て、大部分四本撚り靴下に使用」という状態であった。他方、片倉の五Ｋは「二、三本撚りに使用して居るが、何処の糸よりも製品結果が最も良好」と、評価が高かった。また、「八十七、九十％は三井のライジングサン、ピーアレスを買って居る。ヴァン社より当社握手糸を買入れて居たが、品質不良なりし為め、最近は三井のピーアレスのみ使用」という会社もあった。勿論三井物産が高級糸を生産していたわけではない。中小製糸や組合製糸の高級糸から独自の商標を作成して市場に投入していたのである。

種々の細かい点を除けば、糸質に関する結論は、「当社糸、殊に多条繰糸は片倉糸のそれに比して名実共に遙かに劣り居り、遺憾至極。此点の改良、当社糸の名声、信用の回復維持が来るべき新糸以降に於ける最大問題」であった。かといって全面的な高級糸生産に向かうにはなお問題があった。生糸総消費量の内、靴下需要は約35％、靴下用生糸の90％がＡ格以下、残り10％が2Ａ、3Ａ格で最高級格のスペシャルを含めた3Ａは6,000俵と推測され、その需要量自体は大きく変化しないであろうといわれていた[44]。

多条繰優良糸ノ需要ハ大体六千俵以内ト聞クガ、当社ノ総釜数デ行ケバ此ノ六千俵ニ余ル、片倉モ非常ニ優良糸ヲ造ラレル、他ニモマダ優良糸ヲ造ルト聞ク、コレ等ニ依テ明カニ供給過多トナリ、売行頗ル困難デアル、米国ノ店ニモ頼ンデ居ルガ苦心シテ居ルケレ共何等ノ商売ガナイ、高級品ノ前途ハ心細イ感ガスル[45]

３Ａ格以上を挽くことのできる多条繰糸機増設により、郡是だけでも需要量以上の設備が有り、郡是以上の設備を持つ片倉、他製糸の設備を考えれば「AA格程度ノモノヲ経済的ニ生産出来ルヤウニ」[46] することが現実的な課題となってきていた。

ところで、生糸品位の改善、工程の増進には原料繭の改善が不可欠であったが、郡是は最も早くから特約組合を組織して優良な原料を獲得し、それが優等糸生産の有力な基盤であった。この時期にも「良イ糸ヲ造ルノニハ原料ガ七、八割迄ヲ支配スル」[47]「揃ッタ優良ナ糸ヲ造ルタメニハ繭質ト共ニ繭形ノ統一ガ大切デアル、大小不動ガアッテハ駄目デアル」[48] と、いっそう原料繭改善に力を注いだ。

蚕作の安定、上族の改良による解舒の向上、品種改善による糸歩の上昇、単繊維改善による3.45デニール四粒定粒繰りの完成などは、郡是の養蚕技術力を如実に示すものであった。

ところが、優良繭の生産には桑樹の栽培から掃立・収繭に至るまでより多くの作業と注意を必要とした。郡是は「伝統的ニ優良繭トシテ高率ニ仕払」ってきたが、恐慌下では「絶対ニ他製糸以上トナラヌヤウ」[49] と、繭価格を押えたため、養蚕農民は「郡是ハ要求ガ多ク費用モ少ナクナイ、而モソノ代償タル繭代ハ他ト大シテ差ガナイ」[50] といった非難を強めるのである。

また、女工についても若干の問題が生じていた。周知のように、郡是は河合信水のキリスト数的人道主義によって、女工を遇することが厚く、定着率の高いことで知られていたが、この時期結婚や不適性によるものではない退社が増加した。退職者は紡績・人絹工業などの他工業、女中・女給などのサービス業に転職したといわれ、その理由は「作業努力ハ益々要求サレルガ、賃金ハ年々低減スルニ依ルモノ」といわれている[51]。

以上詳述してきたように、郡是はこの時期、工程・糸歩を重視したことからくる生糸品位の低下、養蚕農民との関係、女工の定着率などにおいて種々の問題が発生した。繭価格の低落からくる養蚕農民の不満、女工の離職率の増加などの問題は、一資本の対応能力の限界を超えたものであったが、生糸品位や原料問題に対しては、多条機の導入、機敏運動、蚕種の改善、組合を通じた飼育指導によって問題点の克服を図っていった。

恐慌の深化の中で、蚕糸業自体の存続に疑問が持たれる事態になってくると、片倉などが多角化を進めるのを横目に、蚕糸業を使命としていた郡是も、33年頃から関連事業への進出を考慮しはじめる。撚糸、靴下製造業の直接的関連分野への進出は直ちに開始し、人絹工業の研究も始めたのである。

3　第Ⅲ期　1934〜39年

郡是は33年度の決算において、692万円という多額の損失を計上した。同年は新繭期の高糸価のために繭高であったが、その後アメリカの景気後退のために糸価が崩落し、多くの製糸家が大打撃を受けた年であった。そのなかでも特に郡是は手痛い打撃を受けた。他の製糸家が繭高、原料薄のなかで手持原料が少なかったのに対し、郡是は高値の原料繭を大量に有していたのである。「空前ノ窮境」のなかで、34年度を迎えた[52]。

生糸価格は2月の600円台から急速に値を下げて7月には450円にまでなった。繭出廻り期の糸価低下は、繭価格の激落をもたらし、製糸家にとっては採算可能な状況となった。また、生糸価格が低下すると、アメリカの絹業者は高格糸に割安感を持ち、高格糸需要の増加、プレミアムの拡大が進んでくる。表4-3・表4-6のように、D格成行平均値に対し、郡是の売上げ平均値は168円高、SP3Aで320円高という高いプレミアムを獲得した。

郡是はプレミアムが拡大するなかで、「握手格以上ハ郡是ノ看板糸トシテドコノ糸ト競争シテモ絶対ニ信頼ノ置ケル糸ヲ造ラレタイ」[53]と、高格糸の生産に全力をあげることを指示し、「当社製品ノ声価ヲ相当回復シ、米国需要家ニモ満足サレルノ域ニ向ッタ」[54] のように、それを実現したのである。

遠藤社長が述べているように、それは「蚕品種ノ革命的改良」「機械ノ改善」「職工ノ訓練、技術ノ訓練」の三つに基づくものであった[55]。後の二者は前項で述べたように、32年以降に進めた多条機化、普通繰機の機敏運動によるものである。蚕品種は、前年に黄繭から白繭への大幅な転換を行った際、不良蚕種のために不作を生じたが、それを克服したことを指しているのであろう。

この期からの大きな変化の一つは、国用向販売の増加である。郡是は以前から特約組合の養蚕農民に原料を供給して足踏糸を製造させ、国用・輸出両用に販売していたが、31年頃から生糸価格の低下、34年初頭からそれに加えて国内絹織物業の好況によって内需が増加し、33年度以降、器械糸の国内販売は十数%に達した。そして、養父工場を国用糸専門工場とし、「販路ノ維持拡張上必要欠ク可カラザル」[56] と、国内絹織物業への原料供給を同社の戦略的課題の一つとしたのである。

ところが、34年後半からまたもや新たな問題が持ち上がってきた。それは編機にスリーキャリアーシステムが導入されはじめてきたことである。従来のシングルキャリアーに比べて、スリーキャリアーは３本の糸で編むため、１本ずつの糸条斑が目立たなくなる一方、糸状の持つ繋節（ニートネス・クリーンネス）の欠陥が表面化するようになってきた[57]。

プレミアム拡大による高格糸の増加（表４-２参照)、スリーキャリアーの普及による高格糸需要の減少が35年から予測された。郡是はこうした動向を紐育郡是シルクからの報告で早期に知っていた。35年初頭には、「高級糸供給過多ノ危険性」、３Ａ、２Ａの要求多く、SP３Ａへの需要減少、値鞘縮小と予測し、SP３Ａの早期成行約定、「多条繰器械ニヨル AAA、AA 等ノ経済的生産ニツイテ速カニ一段ノ努力」を方針としたのである[58]。

35年４月、５月は前年来の値鞘拡大を受けて、ナゲットクラスは400円高台という高値も出現するが、新糸の出廻り期になると、アメリカにおけるスリーキャリアーの普及、値鞘拡大による下級品での代用が進み需要が減少したこと、国内では各製糸家が「改正検査法ニ備ヘテ原料及繰糸機械ノ多条化ヲ図ッタ為…… SP・AAA～A格は夥シク増産……著シク生産過剰」[59] となった。こうして10月頃には、SP 3 Aが100円高台、2月以降には100円高を切るに至ったのである。

ところが35年には、前年とは事情が一変し、以下のようにSP 3 Aの需要がなくなり、2 A格の銀女神が中心になるという状況が見られた。

今後需用家ノ要求ハ AA、AAA ニ集中シテ来ツツアル、女神格ノ優勝者ガ優勝スルノデアル、現ニ某社ハ多条機デ郡是ノ女神格ヲ繰クコトノ方針ヲ樹立シ安価提供ヲ計画シテイルノデアル[60]

当社銀女神格ノモノガ中心トナルコト及ダンス格以上ノモノカ売レヌト言フコトハ当社トシテ経営上ノ大革命デアル[61]

36年の新糸約定は「値鞘獲得ヲ固執スル傾向ニアリ……採算ヲ二次化シタ嫌ガナイデモナイ」[62] と、採算がとれるなら少しの値鞘にも売り応じていくという方針を明確にした。プレミアムは若干回復して、SP 3 Aで90～160円高台となったが、この値鞘に対応するには再び大きな経営の転換が必要であった。

従来ハ高級糸ヲ繰ル為ニハ生産費ノコトモ余リ苦ニナラズ来タ傾向ガアルガ、愈々他ト競争スルコトトナレバ普通ノ経営デハ最早競争ニハナラヌ、当社ハ経営ノ根本カラ改革セネバナラヌ非常ニ危険ナ所ニ立至ッテ居ル[63]

こうして生産費削減のために、糸歩の増収と工程の進捗が強調されることになる。36年度繰糸に際し、生産費80円（対10貫当り）、工程280匁の目標をたてた。生産費と1日1釜当り繰糸量である工程は密接な関係にある。前述したように、この頃多条機化が急速に進み、全釜数の8割を超えるまでになっていたが、その多条機が問題であった。

普通工場ハ損失少ク多条機工場ハ通ジテ劣ッテイルト云ヒ得ル……値鞘ノ激減ハ多条機ノ特質ノ大半ヲ奪ヒ去ッテ居ル、生産費ヲ普通機並ニ低下スルニ非レバ対抗シテ行ケヌ[64]

多条繰の繰糸技術の改善がこの時期の重点課題の一つとなった。多条繰は歴史が浅く、機械の研究改善に追われたため、工場による技術格差があり、「統一シタ技術形式ガ出来テ居ナ」かった。そこで、工務課が中心になって多条機の統一作業規範を作成し、指導員２名ずつを各工場に派遣し、多条機の工程増進、生産費低下を進めていった[65]。

生産費についてはその33％、賄費も含めると42％を占める人件費の削減が第一の課題とされ、この時期に職員も含めた対１釜当り人員の削減が本格的に取り上げられた。工場長会議では、生産費の低い工場の工場長が指名され、索緒工女の全廃、雑給の削減、事務方への女性の登用などによる人件費の低下、電力・燃料費の削減などの詳細な報告がなされ[66]、先進的な工場を参考にして生産費を削減していくことが求められていった。

36年以降については、それ以前と同一系列の数値が得られないので郡是全体に関しては表出を省いた。表４－５に示した本社・長井工場をみると、職工人員は36年に両工場とも約15％という大幅な削減が行われたことがうかがえる。それに伴って職工１人当り生産量も大幅に上昇している。工程も本社では36年から、長井では37年から顕著な上昇を示している。生産費の低下は36、37年以降のインフレ、糸価の上昇傾向から考えればそう顕著に進んだとは思えないが、人員の削減、工程の上昇の影響は見られたであろう。

34、35年度にほぼ３分の１に達していたSP３Ａの生産割合は、35年度からの値鞘縮小により、36年度には21％に減少し、その代わりに２Ａ格が35％に達するという変化を示した。

ところが、37年度からアメリカの生糸消費が靴下に一層集中し始めたことなどのために、再びプレミアムが拡大しはじめ、「本年度は幸にして優良糸のプレミアムが多く……品位の改良に力を注ぎ高級糸生産を経営方針として進まねばならぬ」[67] と、スペシャル級の生産に力を注ぎ、SP３Ａは３割に達した。

多条機の導入、機敏運動、繰糸技術規範化などによって、高格糸生産の技術的基礎を確立していたかに見えた郡是の技術体系に、なお大きな問題があったことが明らかになる。

それはすでに30年代前半に指摘されていた原料繭の問題であった。35、36年頃から輸出商検査係の間で、四粒繰りと五粒繰りの違いが認識されはじめ、五粒繰りの優越性が明らかになってきた。37年になると、高格糸を出荷する製糸家の多くは五粒繰りに転換し、輸出商は次のように郡是の四粒繰りに対する批判を強めていた。

原商店――片倉、昭栄、亀山、西川、吉川等ノ白十四中AA格以上ノ約定物ハ全部五粒デ四粒ハ郡是ノミデアル、郡是ハ全然見当外レノ方向ニ歩イテイル

三菱――郡是ハ原料ガ悪イカラ繰糸ニ技巧ヲ弄シ無理ヲスル傾ガアル、五粒物ガ是非欲シイ[68]

37年の末以降、紐育郡是シルクから「ナゲット苦情続出ス、次ノ三点至急改善ヲ乞フ」[69] といった電報が頻繁に寄せられ、カイザー、バークシャイヤー、オークブルックなどの靴下製造業者から荷渡し拒絶を受けはじめた。

一時に各方面より苦情の殺到を見、而も其の苦情の性質全く同様なる故、本社に於ける繰糸法又は原料選択等の上に何等かの変化を生じたるに非ざるか、或ひは横浜に於ける格付法に手加減を加へたるに非ざるか等臆測したり……顧客に対し郡是糸が第一優良品たることを主張して見ても、当市場にては通り不申候[70]

ナゲットや握手など、SP 3 Aの上格物に関しては、最大の競争相手である片倉が輸出商に販売しないこと、また郡是もそれらについては「原料ヲ精選シ」、「充分ナル注意」を払って繰糸したため、あまり欠陥は顕在化しなかった。しかし、生産費の低下を求められる3 A、2 Aに特に欠陥が多発したのである。

郡是四粒物の欠陥は、急変性の添緒斑、密集性の大輪節・裂節によるクリーンネス、ニートネスの悪化といわれている。これらの欠陥を除去するために、郡是は38年3月に3週間にわたって「ニートネス、クリーンネス改善運動」を展開する。飛込節防止デー、ズル節防止デー、大中繋節絶無デー等の日別改善目標を立て、工場における品位改善運動に取り組んでいった[71]。その一方、すでに開発していたR五、P五などの五粒ものの改善・拡充に取り組んでいった。

こうして38年度に至ると、「SP級は今日では殆ど当社独占の状態であるが、将来のことも考慮し真に『SPは郡是』と言う信用を勝ち得る様に致し度い」[72] というような成果を上げるに至ったのである。ところが、「今年度は値鞘が極

度に縮小したため、高級品必ずしも有利でない場合があるので、品位に対する関心が多少希薄になった」[73] と、品位、生産費の双方を考慮した工場経営を行っている様子がうかがえる。

この頃には、養蚕農民の原料処理難と、他方「一流会社」では特約組合による原料の全量供給を目指す囲い込みという対立する動きが見られる。すでに特約による全量供給を果たしていた郡是は、過剰問題・品質問題が大きく、それを解決するため、組合の整理、再編を進めていった。また、官民挙げて叫ばれた「蚕糸業の一元的経営」問題に対応して、郡是も34年から「相互取引方法」、すなわち養蚕家への利益分配だけでなく、「損失ノ行ッタ場合ハ繭代金ノ一割程度ヲ負担シテ貰ヒ」[74] という方法を採用した。しかし、これは繭取引に対する行政の介入が格段に強化されるなかで普及しなかった。

第3節　郡是製糸の販売政策

1　成行約定の改革

郡是は1923年、関東大震災の頃までに、その特徴的な販売方法である成行約定を完成させた。輸出生糸の全量を売込問屋を介することなく、三井物産（1925年輸出量第1位)、日本生糸（同第2位)、日本綿花（同第4位）の大手輸出商3社に、値極日の標準格を基準に値鞘だけを決め、輸出予約する方法である。製糸家にとっては、(1) 投機性を排除して年間の平均値を確保できる、(2) 滞貨による金利負担、売込手数料などの間接経費が軽減できるといった利点があり、輸出商は繊度のオプションを持っていたので、市況に応じた優等な生糸を確保することができるという利点があった。

第一次大戦以降、輸出商の力が強まり、また優等糸に対する需要が高まってくると、輸出商と他の有力製糸家の間でも成行約定が締結され、郡是の独自性が薄れてくる。

成行約定が普及してくると、値極日前日から当日にかけて、輸出商が成行値

表4－7　販売方法・販売先別割合（1925～37年）

（単位：％）

年度	販売方法別数量			販売店別数量				
	成行	振売	値極	三井	日本綿花	日本生糸	旭シルク	林商店
1925	95.9	4.1		59.0	19.4	18.7	1.6	
26	89.1	10.9		44.1	19.7	21.2	7.5	
27	88.5	11.5		32.8	27.3	23.0	13.3	0.3
28	93.3	6.7		17.3	29.5	6.2	37.5	7.2
29	85.6	11.4	2.9	16.3	21.8	10.8	37.0	7.5
30	21.1	14.3	64.6	35.8	17.8	10.1	28.5	6.0
31				24.1	15.1	9.8	41.5	4.5
32	24.8	49.1	25.9	40.6	11.4	17.2	15.5	3.9
33	69.1	30.9		35.5	13.6	8.8	21.2	7.2
34	88.9	9.7	1.6	26.5	4.5	7.5	25.8	23.1
35	68.2	15.0	4.7	18.0	7.1	6.7	12.7	27.7
36				15.4	7.8	2.6	28.2	23.7
37	96.0		4.0	17.7	11.7	5.7	25.1	30.8

出典：各年度「販売史」。

段を低くするために現物相場を押えにかかり、成行価格が現物価格より割安になるという問題が発生した。また郡是独自の問題としては、約定相手を３社に固定したため真実の評価を知りえない、約定期間が長過ぎる、繊度決定権が輸出商にあるため繰糸上不利益、などの点が指摘され、25年から改善が図られていった[75]。

その第一は振売の開始である。23年から神戸市場育成の目的で月30～40俵を奥村、共同荷受所（神戸生糸）に出荷していたが、24年秋以降「成行矯正」の目的で100俵に拡大し、27年からは神戸市場が「敏活ヲ欠ク」という理由から横浜での振売も開始した。また「一般製糸家及ビ市場ノ状態ニ精通スル」ために売込問屋を通じた振売を増加した[76]。こうして20年代後半には表４－７に示した如く、振売は全輸出量の10％台を占めた。ただ、32、33年度の例外的な年度を除いて、振売は大きな割合には至らない。それは郡是が種々の弊害があるとはいえ、高格物に有利な成行約定を基本としており、振売を成行約定に対する「政策的意味」として位置付けていたからである。高格物の供給量が少なく、値鞘が拡大している時期には現物市場で有利に販売することが可能であり、

「郡是」の商標を付すだけで他の製糸家よりも多額のプレミアムが得られたのであった。ところが、高格物が増産され、プレミアムも行き支えになり、第三者格付が開始されるようになると、振売は成行に対する牽制、政策的意義を失い、「専ラ格下品及ビ余剰数量処分」[77]という意義を持つに過ぎなくなっていったのである。

第二の改善策は約定先の増加である。その最初は、横浜の国用糸仲次商松文商店が大震災後神戸に開設した輸出商旭シルクである。当初は「信用ニ対シ警戒スル所」があったため、売込問屋を介した振売だけであったが、旭がアメリカの大生糸商ジャーリーの買付け代理を始めて急速に扱い高を拡大し、また25年に関西地方の蚕糸業者の出資によって資本金を増加したことから信認を得るに至った。27年1月から成行約定を開始すると、旭が3社約定値鞘よりも常に20〜30円高く購入したことや同社が神戸に本拠を置いていることもあって、表4-7に示した如く、三井を凌駕するほどの販売先になった[78]。

その後旭以外の江商・甲九十番・神栄・林大作商店などの中小輸出商との成行を開始する。彼らは3社よりも高目の値鞘を付けるが、その理由は「予メ当社ト取引関係ヲ結ヒ、ヤガテ……一定ノ約定数量ノ割当ヲ受ケントスル」[79]と、郡是との安定的な取り引き関係を確保しようとしたものである。しかし、これらの中小輸出商は、後に郡是の販売機関になる林商店を除き、取り引きを拡大することはできなかった。

振売の増加、約定先の開放などの牽制を進めつつ、対3社との約定方法の変更を図っていたが、28年度新糸から全面的な変更に乗り出していく。約定期間を2か月に短縮し、繊度・数量・値鞘の交渉を各社ごとに行い、取引先の開放を進め、「従来ノ固定的販売方針ノ長ヲ採リ短ヲ除キテ、機敏ニ応処変化スルノ新方針」を立て、3社と約定交渉を開始する[80]。スキナー商会という郡是の有力な得意先を持ち、「優等糸ノ得意ヲ最モ多ク有シ」ている日綿は別扱いで数量・値鞘・約定方法など、比較的スムースに進んだ。ところが、三井と日本生糸（三菱系）との間では「感情的問題等カラシテ容易ニ交渉ハカドラズ、両社ノ関係ハ一時極メテ険悪ナル事情ニ立チ至」[81]ったという。正量取引や第三者格付によって輸出商の持っていた「旨味」が次第になくなり、輸出商の新規開店が続いて競争が激しくなるなかでの郡是の新方針は、郡是糸を独占していた三井・三菱という、大手2社にとっては、容易に呑めなかったのであろう。

大手商社にとって、生糸はますます増大しつつあるアメリカからの輸入の支払い手段を確保する最大商品であり、郡是もなお大手輸出商を無視することはできなかった。

2　直輸出の開始

郡是がニューヨーク市場と直接の関係を持とうとしたのは、震災後のことのようである。最高級糸を製造していくためには、「内地輸出商及ビ問屋等ノ報道ニ満足セズ」、「彼等ノ希望乃至要求ヲ知悉スル」「当社ノ製造事情ヲ彼等ニ了解セシムル」[82] ことが必要と判断され、ニューヨーク駐在員の人選もなされていた。その後の不況で延期されていたが、28年1月に2名の駐在員が派遣されることになった。

その間郡是は、種々の手段を用いてニューヨーク市場との直接の連絡を持つ努力を行っていた。24年2月に専務片山金太郎が絹業視察のために渡米した際、生糸50俵を別送して直接売込みを図った。27年8月には蚕糸中央会ニューヨーク駐在員を介して、生糸商ジャーリー、米国最大の編物会社バークシャイヤーから高級糸の注文を得て、「特別優等糸ノ値鞘ハ直接取引ニヨリテ尚相当ノ余地アル」[83] ことを知り得るという成果を得た。特にジャーリーは28年3月、値鞘決定方法、為替、積み出し方法等に関して、ほぼ郡是の要求を満たす方法で年間5,000俵という大量の直接成行約定を提案してきた。ジャーリーと旭シルクの特殊な関係のために、郡是とジャーリーの取引はすべて旭を通すことになって直輸出には至らなかったが、直輸出に近い形での有力な販路を獲得することに成功した[84]。

また28年、来日していたマッカラム靴下会社社長の要求により、イブンネス平均97点の生糸を製造してプレミアム1,000円という破格の値段で売却し、以後95点以上の生糸を合計30俵出荷した。この生糸にはナゲット（金塊）という商標を付し、「同社トノ交渉ニヨリテ当社ガ其品質向上ニ於テ稗益セラルルコト尠ナカラザリシ」[85]と評価しているように、ナゲットはその後長く郡是の最高級糸の商標となるのである。

郡是が林大作商店に初めて生糸を販売したのも28年であった。林商店は鈴木商店紐育支店長であった林大作が、鈴木が破綻した後、取引先であったフィラデルフィアの生糸仲買商で靴下用生糸の撚糸工場を経営する、ヴァンストラーテン社の生糸買付け機関として27年11月に設立したものである[86]。林商会は「八十五点内外を目標に朝から晩まで糸斑のことばかり気にして……『セリプレーン』の成績さへよくば他に比して割高に買ふ」[87]と言われているように、もっぱら靴下用原料生糸の購入にあたっており、社長、副社長の来日を契機に恒常的な取引を開始するようになった。同社は握手格を特に求めており、「特殊的優良糸」=「所謂林商店向ノ糸」とされ、その取引によって、郡是は「品質ト値鞘トノ関係ヲ推察シ得テ、本年度ニ於ケル黄白十四中ノ著シキ値鞘ノ向上ヲ見セルニ至ッタ重要ナル導機」[88]と言われるように、28年以降、一般的相場の値鞘が縮小していくなかで、郡是が高いプレミアムを獲得できた有力な原因となったのである。

28年当初にニューヨーク駐在員を派遣し、こうした直輸出、あるいはそれに極めて近い販売を行いながら、遠藤社長が28年3月「(直輸) ハ一時的ノ試ミニシテ当社作業上ノ研究参考ニ資スル目的ニ有之、引続キ輸出致候様ノ意志ニハ無之」[89]と述べているように、必ずしも直輸出の拡大に向かって進んでいる訳ではなかった。考えられる理由の一つは、紐育郡是シルク設立の際に見られるように、販売のために莫大な投資を行うことに対する懸念、即ちコストの問題である。第二は、20年代中期に郡是の第1位～第3位の株主となり、約定相手であった三井物産・三菱商事・日綿に対する配慮である。初代ニューヨーク駐在員原谷の「郡是は直輸がしにくい事情がある」[90]というのは、こうした大商社であり、大株主の反応を顧慮したと考える以外にない。

しかし、「握手A格ノ処分ガ其値鞘関係上或ハ来年度ニ於テ困難ヲ生ズルヤモ知レザル危惧」が生じつつあった28年度後半に至ると、郡是は「生糸直輸方法案」「直輸実行方法」を作成して駐在員に指示し、積極化していった[91]。その内容は、(1) 握手A、B格に限定すること、(2) 格付およびその基準になる検査は郡是の基準に依ること、(3) 成行約定の方法に準拠することなどであり、郡是が日本で輸出商社に販売している方法をそのままニューヨークに適用して高級糸を販売しようとするものであった。

郡是は29年度から直輸出を積極化していこうとするが、そこには二つの問題があった。第一は輸出商の問題である。駐在員の奔走により、シカゴの有力撚糸業者で郡是糸を使用していたオスカー・ハイネマン社から、握手A格600俵の注文を成行約定準拠で受け、「当社ノ直輸方針ヨリ見ルモ、実ニ理想的ノ取引先」として直ちに契約が成立した。ところがこれに対し、日綿がハイネマンとの約定を全額日綿に譲渡するか、さもなければ日綿と郡是との約定のうちハイネマン振り当て分を取り消すかという選択を迫り、翌年以降直接約定をしないように求めてきたのである。ハイネマン社は日綿にとって郡是糸を販売する顧客の一つであったのである。両社が交渉を進めるなかで、日綿の意図はハイネマン問題にあるのではなく、「当社直輸ノ漸次発展シテ、同社ノ顧客タルスキンナーニ迄及バンコトヲ虞レ、之ヲ牽制」することに真意があったことが分かり、解決した[92]。

同様な問題はジャーリーとの間にも発生した。郡是は「将来ノ直輸取引ノ進展ヲ期スル上ニ於テ、ヂャーリートノ直接約定ノ必要ナルヲ痛感シ」、その交渉が旭シルクに知れた場合、旭の「感情ヲ害スルコト」を承知の上、郡是から進め、1,900俵の約定が成立したが、やはり「旭シルクノ泣付ニヨリ、ヂャーリーカラ今後郡是糸ノ取引ハ、従来通リ旭経由」という通知を受けたのである[93]。

郡是の株主であろうとなかろうと、アメリカの需要者と親密な関係を結んでいる輸出商を排除するのは容易ではなかった。

第二の問題は輸出条件である。前述したように、郡是は直輸出するに際しても国内で輸出業者に販売するのと同様な方法を取ろうとした。例えば、郡是が満足したハイネマン社との契約は、最初に値鞘だけを決め、「信用状付一覧後

六十日払　神戸沖渡　円成行　船積費用買手負担」である。ところが郡是がこれに固執したためにその後の商談は進捗しなかった。ハイネマン社との契約が更新できなかったのは「撚糸製品ノ売買ガ全テ先約ナル関係上、成行ニテハ原価ノ予定ツカズ、中間業者ノ立場トシテ困ルモ、若シ他ノ輸出商ノ如ク紐育タームニ依ルコトガ出来レバ、取引数量モ相当増加シ得ベシ」[94] というところにあった。31年まで直輸出に努力しながらも拡大しないのは、高級糸の需要が減少していたことと同時に、郡是がこの紐育タームを受け入れないことに大きな原因があった。その条件は「紐育着値一ポンド何ドル何セント　信用状付60～90日払」という、いわゆる cif. N. Y. 価格である。

両者の違いは、(1) 成行か値極かという問題と、(2) 為替変動のリスクをどちらが負うかという問題がある。成行は郡是の社是ともいうべきものであったが、アメリカの絹業者にとっては価格変動のリスクを負わねばならないことを意味した。円貨での輸出は積み出し日に最も近い日の為替相場で仕切られ、郡是はリスクを負わないが、ドル建ての値極では契約日から積み出し日までの変動、またドル建て輸出手形取り組みに伴うリスクも負わねばならなかったのである。

こうした理由によって31年まで直輸出は増加しなかったが、29年頃から国内で値極約定が急増してきたこと、第三者検定のために郡是の独自検査の意義がなくなってきたことによって、紐育タームに対する抵抗が薄れ、32年に直輸出が増加するのである。

3　ニューヨーク・グンゼシルクの設立

ただ、この間直輸出は増加しないが、林商店の果たした役割は検討しておかねばならない。前述したように、林商店はアメリカの生糸商ヴァン社の生糸買付け機関であった。林商店は28年から33年まで毎年約6,000俵の生糸を輸出し、そのうち2,000俵は郡是生糸で、しかもその買付け方法は値極・振売が急拡大した30年以降も成行約定が大部分である。こうした点を考えれば、郡是と林との間には「特別関係」が形成されつつあり、林商店への販売は実質的に直輸出と考えてよい。林商店との約定は握手・日の丸Aの高級糸が中心であったが、29年秋以降、高級糸の売れ行きが悪化してくると、ヴァン社は林を通じて荷渡しの延期、売れ行きの良い「中辺物」への変更、値鞘の変更を次ぎ次ぎに求めてくる。こうした要求に対し、郡是は以下のように種々の便宜を図り、危機に陥りつつあったヴァン社が頽勢を挽回するのに大きな援助を与えたのであった。

無理ニ約定ノ履行ヲ迫ルコトハ……再ビ立ツ能ハザラシメ、延イテ将来ノ有利ナル一得意先ヲ失フノ結果トナルヲ以テ、此ノ際一時先方ノ急場ヲ援助スル[95)]

郡是は数年間にわたるヴァン社との密接な取引を通じて、高級糸の安定的需要先を確保すること、また年々変化するアメリカ市場の高級糸に対する要求内容を知ることが必要であると強く感じはじめていた。また、恐慌の中でも郡是の生産高は急速に増加していった。こうして32年頃から、一つは販売方法を多様化して増加する製品のスムースな売却、二つには高級糸の安定的需要先、三つにはアメリカ市場とのより密接な連携、を目指して「完全ナル直輸機関」設立の方策を探しはじめた[96)]。その結果は、最もリスクの少ないと思われる、ヴァン社との提携であった。33年3月、白波瀬神戸営業所所長がアメリカに派遣され、ヴァン社との交渉が開始される。

郡是は「直接消費者ニ取引スルノガ第一用件」であるという考えから、「撚糸業ヲ営ムヲ以テ第一条件」とする、撚糸製造・生糸販売会社をアメリカに設立する計画を立て、実質的にはヴァン社が経営している事業を郡是・ヴァン社の折半出資による共同事業にしようとするものであった。

ヴァン社は、(1) 共同事業としても、「現在ト同様売買値段ノ問題デ円滑ヲ欠キ引イテハ新会社ノ繁栄ハ考ヘラレヌ」、(2) 順調に経営している事業を、「少額ノ資本」を持つにすぎない新会社に統合する必要性を感じない、「バン社トシテハ失フトコロ多」いと一蹴し、郡是の株式交付という形によって同社の全事業を郡是が買収してはどうかということを提案してきた[97)]。

こうした事前折衝を経て、妥協が可能であると見た両社は、副社長ヘィブィが渡日交渉することになった。郡是はヴァン社の提案に対し、投資ならば重役会の決議によって実行可能だが、増資は「株主総会ノ承認ヲ要」するので承認されるかどうか疑問で、実現可能性が薄いとして反対する。またヴァン社は、(1) 撚糸業についてはアメリカ撚糸業者の反発、両国の人件費の相違を考えれば日本で撚糸業を経営すれば郡是の意図は満たされ、帳簿価格30万ドルに及ぶ工場設備の買収は不要になり、投資額は削減されるであろう、(2) 郡是の直輸出生糸を一手に扱う、郡是の「エゼント」、「郡是糸ヲ大イニ宣伝シテ其ノ販路ヲ拡張スル」ことを目的にする新会社の設立を提案し、ヴァン社として新会社の資本金50万円の10～50％を出資する用意があることを示してきた[98]。

基本的にはヴァン社の提案に沿い、手数料・危険負担など種々の折衝を経て、33年7月に日米両国において新会社が発足した。ニューヨークには両社の折半出資により資本金50万円のグンゼシルク・コーポレーションを設置し、「郡是ノ生糸ノ販売ヲ推進拡張スルニ在リテ、此目的ハ総テノ時ニ於テ第一ニ考慮セラルベキモノ」ということを目的とした。日本会社は両者の折半出資により、林大作商店（34年に郡是シルク・コーポレーションと改称）の資本金を50万円に増額し、郡是の「製造スル生糸ノ売買」を主な業務とし、郡是以外の生糸・綿糸・人絹糸・絹織物の売買、撚糸の製造を営業目的に掲げた[99]。

4　ニューヨーク・グンゼシルクの活動

郡是製糸がニューヨーク・グンゼシルク（以下、紐育グンゼ）・横浜グンゼの両社に期待したのは、第一には「極力販売ヲ高級格ニ集中スルト共ニ其ノ販路ノ拡大、固定ヲ図ル」こと、第二にはアメリカの消費者に密着し、需要動向を早期に正確に把握し、「当社製品改良ノ指針……品位改善ノ資料」を得ることであった[100]。第二の課題は設立当初から郡是本社にとって充分満足のいくものであった。第一の課題もSP 3 Aの5割前後を輸出し、本社の意向に答えたかの感がある。しかし37年に大幅に落ち、数字ほど順調であったわけではない。

プレミアムの大きかった34年は、以下のように好調であった。

高級糸ノ端物ハ従来ハ内地ニ非常ニ割安ニテ処分シタモノデアッタガ、本年度ハコレヲ……紐育郡是シルクニ送リ比較的有利ニ処分シタ、設立所期

ノ目的ニ向ッテ着々ト歩一歩ヲ進メ得タコトハ喜ビニ堪ヘナイ[101)]

ところがプレミアムが縮小し始めた35年になると、状況は一変する。35年新糸の約定に際して、紐育グンゼは「新進ノ意気ニ燃へ」、高級糸に対する「激烈ナ量的要求」を行い、郡是は他輸出商に対する約定を削減して振り向けた。ところが、値鞘の縮小、需要不振が明らかになってくると、約定生糸の格下げ、値鞘の縮小、成行約定の委託出荷への変更等を頻繁に求めてきた。紐育グンゼは、高級品の販売という郡是製糸から課せられた課題のために「非常ノ損失」を蒙ったのである[102)]。

紐育グンゼは、郡是から割当てられた生糸を、アメリカ市場の動向に基づいて、横浜グンゼに対してプレミアムを指示し、横浜グンゼが郡是と成行約定を行うというのが通常の取引形態であった。横浜グンゼは、紐育グンゼの勘定によって郡是と成行約定、場合によっては値極、郡是の委託輸出を行い、また同様に紐育勘定によって他社生糸を購入し、それらを清算市場でヘッジした。横浜勘定での売買は、少量のカナダ・オーストラリア向け生糸・絹紡糸だけであった。社史に記された横浜グンゼの営業成績は、創立以来５～12万円の安定的な利益を挙げているが、その理由は横浜グンゼが自社の勘定ではほとんど売買しなかったからである。横浜は原価に船積み諸費と営業費を加えた価格で出荷し、原価と積出価格の差額を「商品買入積出差金」として計上する。安定的な利益は「利益構成上ノ主位ヲ占ムルモノハ屑糸代ナリ、屑糸トハ検査料糸ニシテ」[103)] と言われるように、生糸検査所の検査で、抜き取られた生糸が還付される検査料糸であった。

生糸貿易のリスクは全面的に紐育グンゼが負担する形態になっていた。表４－８、表４－９に同社の貸借対照表と損益計算表を示した。紐育グンゼは50万ドルの資本金とチェース・ナショナル銀行の信用状付商業引受手形によって、営業を行っている。固定資産は少額で、大部分は商品在荷と販売済生糸の手形からなる流動負債である。損益計算を見ると、売上高から原価を差し引いた差金が36年12月期は20万ドル、37年６月期は３万ドルと大きな格差を示し、また在荷の評価（商品減価）も大きな額が計上されている。これは36年５月からの

表４－８　紐育グンゼ貸借対照表（1937～38年）

（単位：ドル）

	1937年６月	1937年12月
資産		
流動資産	1,205,643	1,388,260
預・現金	195,091	226,903
商業引受手形	284,611	173,908
受取勘定	73,043	31,610
商品在庫	640,070	689,135
郡是製糸勘定	10,527	266,702
固定資産	6,910	11,537
繰越損失	107,249	105,484
当期損金		59,081
負債		
流動負債	810,538	1,056,863
未払金	13,533	7,729
信用状未払金	745,564	873,524
貸倒準備金	51,421	51,421
横浜郡是勘定		122,187
資本金	507,500	507,500
当期純益金	1,765	
資産＝負債	1,319,803	1,564,363

出典：「決算報告書」。

低糸価、秋から37年春にかけての高騰、それ以降の低落という糸価の変動によってもたらされた。また、清算取引の損益も収入に大きな影響を及ぼしている。

支出は販売費と営業費とからなる。販売費は紐育グンゼが抱えている数人のセールスマン、社外の仲介業者への手数料が主である。営業費は重役・社員の給料、検査・保険・事務所経費などである。

社史に記されている紐育グンゼの損益によれば、33～41年度のうち、利益を挙げたのは、34、36、40の３年度だけで毎年数万ドルの損失が計上されている[104]。また、紐育グンゼの純資産は表４－10に示したように、50万7,500ドルの資本金に対し、38年度末には35万6,500ドルに減少していた[105]。表４－８～表４－10に示した損益と社史の損益は必ずしも整合的でない。その理由は増資の際に剰余金を振り替えたこと、32年初頭に12万ドルの剰余金を横浜グンゼに預けたことなどの会計処理の問題であろう。こうした点を考慮しても、紐育グンゼの営業状態は相当悪く、出資金を次第に喰いつぶしていかねばならない状態であった。

紐育グンゼのニューヨークにおける活動を若干示しておこう。生糸輸入商の顧客は、絹織物業者・撚糸業者・コンバーター・仲介業者などさまざまである。28年に清算取引市場が設立され、三井物産・ジャーリーなどの大手の活動によって清算価格、そこでの荷渡しが市場に影響を与える場面も見られるようになったが、売買の中心は実物取引であった。実物にはスポット売買と先物売買があり、後者が圧倒的な割合であった。実物の先物はニューヨーク・タームで行われ、60日払いの参着価格である。価格形成の様子を紐育グンゼの36年「販売日誌」から、典型的と思われる例を示しておこう。

表４－９　紐育グンゼ損益計算表（1936～37年）

（単位：ドル）

	1936年12月	1937年６月	1937年12月
商品販売差益	189,869	32,444	49,024
商品売上高	2,725,193	2,397,252	2,745,268
販売商品原価	2,535,324	2,364,808	2,696,244
清算・手数料等	30,810	9,150	△17,829
収入合計	220,679	41,594	31,195
販売費	11,546	12,292	9,622
営業費	56,442	73,021	41,454
支出合計	67,988	85,314	51,076
差引損益	152,691	△43,720	△19,881
商品減価等	△56,948	△36,683	△59,383
貸倒準備金等	△50,257	△46,516	20,183
再差引純損益	45,486	△126,918	△59,081

出典：前表と同じ。

表４－10　紐育グンゼの損益・資産の推移（1933～38年）

（単位：ドル）

年　度	資本金	損　益	貸倒準備金	正味資産
1933年12月	132,500	△37,798		94,701
34年６月	〃	5,664		100,365
35年６月	507,500	45,498	14,263	460,863
36年６月	〃	△60,612	3,382	400,250
37年６月	〃	1,765	33,774	402,015
38年６月	〃	△43,510		356,505

出典：「創業以来の損益と内外コーポレーションの資産」（1938年２月）。

三月十日　Oakbrookにては当社と他輸入商との引合値を対照せるに、紐育清算期近値段を基礎とせる各格プレミアムは次の如くにて、他輸入商のプレミアムは著しく安いから、郡是から買ふのは誠に苦しいと言って居た

三月十二日　バークシャイヤー白十四中ダンス格三、四月渡一〇〇俵に買気を示したが、ヂャリー其他が同点物一・八〇仙即ち当社より一〇安見当にてオファーして居たため約定締結に至らず[106]

生糸の需要者は、仲介業者や自社の買付け係を通じて輸入業者に買気を示し、また輸入業者は自社のセールスマン・仲介業者を通じて価格をオファーして取引が成立する。ここでの問題は日本での購入が成行約定であるのに対し、ニューヨークでの売却が値極先売りであるところにある。日本での約定取引が長期で、ニューヨークの先売りは比較的短期ではあるが、糸価変動のリスクは紐

育グンゼが負うことになっている。郡是は紐育グンゼとの取引に際しても成行約定を固執し、紐育がしばしば求めたコンサインメント、即ち郡是のリスク負担による委託輸出は原則的に拒絶したのである。

紐育グンゼの第二の問題は、郡是から課せられた高級糸の売込みにあった。高級糸の供給が少なく、プレミアムが大きい頃には有利な売込みが可能であったが、30年代中期以降は状況が異なっていた。プレミアムの拡大した34、37年度は郡是の高級糸を大量に有している紐育グンゼは有利な営業を展開し、多額の利益を挙げたが、それ以外の年次は高級糸の販売という課題が足枷となり、前述したように多額の損失を計上するのである。

> （高級糸）需要量ガ少イ上、各使用者個々ニ於テモ少量ナル故ニ顧客ノ多量ニ欲スルA格程度ノ低格物ヲサービス的ニ供給シテヤラナイ事ニハ高級品ノ売行ガ円滑ニ行カナイ
>
> 顧客ヲ保持スル上ニ於テA格程度ノモノヲ継続的ニ売ル事ガ必要ト思フ、片倉モ此ノ格ヲ引続キ供給シテイル、何ト云ツテモ此ノ格ハ靴下業ニトツテハ未ダ最大ノモノデアリ、特ニ撚糸業ニトツテハ絶対ニ必要ナモノデアル[107]

高級糸の需要が少ないことを嘆くとともに、最大の需要量を持つA格程度の生糸を安定的に供給することが、高級糸の需要者を確保する道であると述べている。事実、「生糸日誌」には、同じ業者に多様な糸格を同時に売却している様子が記されている。ジャーリーのような大手輸入・仲介業者が多様な糸格を求めるのは当然であるが、Holeproof 靴下会社のような無名の会社も73～93点の多様な生糸を先物買している。紐育グンゼは郡是本社にA格物の供給増加を求めるが、本社は「低格物ヲ目標トシテ繰糸スル事ハ方針トシテ不可」[108]と拒絶し、紐育グンゼは需要者の要求に応えるため、横浜・ニューヨークにおいて他社生糸を大量に買付けるのである。38年には紐育グンゼで商標差し替え問題も発生する。郡是本社からの「金銀女神格ノ積遅レ甚ダシク実ニ三ヵ月モ遅延」という状況になり、荷渡しができなくなった紐育では、銀女神（2A格）格の他社生糸をニューヨークで購入し、それに郡是の商標を添付して荷渡しを

して大きな問題になった[109]。

日本で日米の大手商社を相手にするだけでなく、ニューヨークにおいて大手業者、中小の需要家を相手に営業を展開するためには、特定の糸格だけに特化するのは不利であった。ところが郡是本社は高級格以外を供給する意志はなく、横浜・ニューヨークの市場で確保せねばならなかった。製糸家の輸出商社は生糸市場では異端視せられ、「足許ヲ見テ法外ノ値段ヲ要求」[110] される傾向があり、純粋の商社と対等に営業するのは困難であった。

郡是本社は生糸市場が靴下用生糸に集中するなかで、比較的安定的な需要が確保され、プレミアムも高い高級糸の生産に特化し、販売方法も従来と同様に、いくつかの商社を競わせてプレミアムを釣り上げ、郡是本社にとって糸価変動のリスクを回避できる成行約定を継続した。

こうした郡是製糸の販売方針が、紐育・横浜グンゼの足を引っ張ったと思われる。36年末、パートナーでニューヨークにおける販売活動に大きな役割を果たしていたヴァン社が、提携解消を提案してきた。社史によれば、同社社長ヴァン・ストラーテン自身が事業に意欲を喪失していたとされているが、紐育グンゼの営業成績の不振も大きかったと思われる。郡是はその提案を受け入れ、37年3月、ヴァン社の出資分を30万ドルで買収し、以後紐育・横浜グンゼは郡是の全額出資の子会社となった。しかし前述したように、郡是と販売会社の関係は基本的には変わらなかった。

5　清算取引の展開

生糸は綿糸と異なって実物市場が圧倒的な比重を占め、清算取引は限定的な範囲であった。その理由は、生糸が「主観性の商品」であったことによる。絹製品は流行に左右されることが極めて多く、絹製品の種類によって適した生糸の種類が異なり、「見る人により見る時により品位判定の標準が変化」するのである。こうした性質のため、生糸は思惑の対象としては不適当であった[111]。

ところが、20年代の中期から靴下需要が増加し、その原料生糸の糸質判定にセリプレーン検査が導入されてくると事情が変化してきた。28年から横浜生糸取引所がセリ点数基準の格付による標準格D格を受渡し品として採用し、それ以降急速に取引所の取引高が拡大し、プライスメーカーとしての役割を果たし、ヘッジ機能を持ちはじめたのである。

郡是は前述したように、31年から清算取引を開始するが、建玉数は数千俵で大きくはなかった。拡大する契機になったのは33年の糸価の大変動であった。4月以降価格が上昇してくると、700円台で売りはじめたが、その後も騰貴したため900円台で買い戻し、多額の損失を負い、それをカバーするため、買玉を建てたがそれも損失となった。多額の損失を負ったため中止していたが、アメリカ市場の動向が悪化すると見て、毎月数百俵を売り繋ぎ、かなりの利益を挙げた。

この経験により、市場動向を的確に掌握していけば清算取引が有利であると認識し、34年度は「新繭原料保険ノ意味ト、新糸値鞘確保ノ意味ニ於テ、極力清算利用ヲ計ラントシタ」のである。同年には約1万5,000俵の売り玉を建て、また相場が割安になった際には買建を行った[112]。

35年には「原料ノ保険値鞘ノ確保」のために、総生産高の3分の1以上をヘッジする計画を立てた。採算点ぎりぎりのところで消極的に売っていたが、8月以降糸価は急速に騰勢を強め、清算価格が1,000円相場になり大幅な損失が見込まれた。郡是が注文を出していた丸ヤ商店も売り方であったため「丸ヤ商店破産懸念ノ巷説流サレ」といった状態になり、追証を求められた。損失を最小限に押えるために手仕舞いし、35年度は181万円という多額の損失を喫したのであった[113]。

36年度もほぼ前年来の方針に基づき、成行約定に対する売りヘッジを1万6,000俵、値極約定に対する買ヘッジの買い玉3,000俵というように積極的に清算市場を利用した。

清算市場が大きくなり、その相場が繭価格にも影響を及ぼすようになると、大製糸家は春繭出廻り期の清算市場に介入し始めてきた。36、38年に2度にわたり、片倉・郡是・鐘紡・昭栄・若林の6社が繭高を牽制するため、協定を結んで清算市場に積極的に売り浴びせ、清算価格の低下、ひいては繭価格の低下を図ったのである。しかし36年は１万8,000俵の「六社玉」を建てたが、春繭の減産、海外市況の好調によって「結局予期ノ好効果ヲ見ラレズシテ切ル」こととなり[114]、38年は六社で１万俵を695円以上で売り浴びせることにしたが、郡是は必ずしも同調せず、しかも相場が低下していくと値極約定の買ヘッジをかけはじめたため、成功したとはいいがたい状況になった[115]。

郡是にとって清算市場の利用は、36年頃から安定的な段階に入ったと思われる。最も包括的に清算取引に対する方針を記述している38年度を例にとって見ていこう。

製糸家は「目先ノ騰落」に惑わされるのではなく、アメリカの景気、供給力、内地消費、他繊維の動向に国内外の政治動向を加味し、「一ケ年ノ見透シ」を掴むことが最大の課題である。長期動向の把握は難しいことではなく、それに基づいてヘッジをかけていけば「清算利用ニヨル失敗ハ殆ンド無キニ至ラン」というのが基本的態度であった。38年度の糸価予測は、日支事変による国内の軍需景気、欧州における軍拡熱、アメリカ大統領選挙のためのインフレ政策などの要因によって、糸価は「年度初ヨリ年度末ニカケ好転スベシ」とした。そして清算方針は「春繭ハ飽ク迄採算第一トシテ繋ギ値段ヲ決定スルモ、秋繭ハ必ズシモ之ニ依ラズ」と、春繭は採算点でのヘッジによる堅実な方針、秋以降は糸価の見通しによって積極的に清算で利益を挙げていくという方針を立てた。

売りヘッジの具体的な目標は次のようにたてた。年間利益300万円を確保するためには、春蚕糸で170万円、１俵当り55円の利益を挙げねばならない。郡是の１俵当り生産原価は780円で、それに１俵当り利益目標55円と清算手数料５円の合計60円を加えた840円の確保が目標とされる。しかしその価格には１俵当り100円の「仮定値鞘」が含まれており、生糸取引所の清算建値740円で「全部ヲ繋ゲバ所期ノ目的ヲ達成スル」という計画であった。この清算建値の採算点より糸価が上昇すれば清算取引では損失となるが、現物（成行約定）でそれをカバーして所期の利益を挙げ、また糸価が下落すれば清算が利益を挙げて現物の損失をカバーするというものであった[116]。

郡是は成行約定だけでなく、輸出商・需要者の要求に応えて値極先売をせねばならなかったが、糸価が上昇すると見た時には低価格での買ヘッジも建てた。

こうした方針は夏秋繭の出廻り期、決算対策、大きな糸価の変動などに応じて年に二度、三度と変更されるが、基本的には同じような構想であった。

清算取引の成果が決算にどのように反映されているかは明らかにできないが、38年4月の工場長会における発言にみられるように、この時期には安定的な利益を挙げるために清算取引が大きな比重を持つようになっていたと考えて相違ない。

> この二四八万円余の利益中神戸の清算益が尠なからず含まっているのであります、もしこれがなかったら配当などは困難だったろうと思うのであります[117)]

おわりに

以上、20年代中期以降の郡是の生糸生産、販売問題について検討してきた。

郡是は日本・世界で最高の生糸を生産しようとする志向が強烈であった。人絹の進出によって生糸市場が縮小し、靴下用原料に次第に特化し、また恐慌によって生糸の需要が減少、価格低下が激しくなるなかでの製糸経営の一つの選択であった。最高級生糸は生産費は高くつくが、それを上回るプレミアムが期待でき、拡大しつつある靴下用原料として安定的需要を見込むことができ、最後まで生糸生産者として生き残ることが可能であると判断していたのである。

郡是のこの見通しは基本的には正しく、かつほぼそれを達成したといえる。輸出検査において郡是の占める割合は、SP３Ａでは５～６割、３Ａでは３割台を占めるという圧倒的な割合を保った。しかし、最高級糸の生産を無条件に拡大するにはいくつかの問題があった。その一つは、最高級糸の需要が限定されていたことである。２本、３本の生糸で編まれる最高級靴下の消費量は少なく、またスリーキャリアーの導入などによって糸質をカバーする手段も開発された。第二には、アメリカ市場の動向、日本の供給側の事情によって最高級糸のプレミアムが相当大きく変動したことである。郡是は世界で最高の生糸を造るという方針を持ちながらも、プレミアムが低下した際には糸歩の増収、工程の進捗、生産費の低下を主目標に掲げ、糸格を低下させた。郡是はSP３A中心主義を採ったとまとめられたが、表４-１に示したように、SP３Aが最大糸格であったのは34、35年だけで、36、37年は２A、38、39年は３Aが最大糸格になるのである。

またこうした客観的条件だけでなく、郡是自体も最高級生糸の生産に大きな障害となる問題を抱えていた。「事業は人である」という社是は、技術革新の緩やかな時代にはそれなりの意義を果たしたが、多条繰糸機の導入に遅れを取ることになり、四粒繰から五粒繰への転換にも遅れを取った。この二つは、セリプレーン検査重視の時代にあっては最も重要な技術革新であり、そこで片倉をはじめ、いくつかの製糸家に先を越されたことは、郡是の最高級糸生産に大きな障害となった。

生糸市場が拡大し、日本製糸業の中での郡是の比重が大きくない時代には、恒常的に優等糸を生産する製糸家として内外市場に知られていた。郡是はその評価を梃子に、有力輸出商との成行約定によって糸価変動をカバーし、平均的な売買価格とプレミアムを取得し、比較的安定的な経営を続けることができたのである。20年代中期以降の市場条件の変貌のなかで、高格糸製糸家が増加し、成行先約定が普及して利点が薄れてくると、その欠陥を除去し、より多くのプレミアムを確保するために種々の手段を講じた。振売の増加、値極約定の開始、取引輸出商の増加などである。また、アメリカ絹業者の動向を察知して糸質を改善し、有利に販売するには直輸出が不可欠であり、33年にヴァン社との提携によってグンゼシルクを横浜・ニューヨークに設立し、本格的に直輸出に乗り出していった。しかし、大手輸出商は郡是の大株主であったため、彼らを無視することができず、直輸出は３割程度であった。郡是本社は横浜・紐育グンゼを別会社にし、最高級糸の販売を使命として課した。紐育グンゼの強い要請にもかかわらず、委託輸出を認めず、糸価変動、為替相場変動のリスクを紐育グンゼに負わせる成行先約定を固執した。一方、生糸の規格化が進み、輸出統制が強化され、清算市場が意味を持ちはじめてくると、郡是は清算取引を積極的に利用しはじめた。当初は損失を出す場合もあったが、ヘッジ機能とともに、安定的な利益が期待されるまでになっていった。

「はじめに」で述べた、郡是の収益構造にまで論及することはできなかったが、この時期の安定的な利益は最高級糸によるプレミアム収入とともに、上述した販売政策が大きな比重を有していたことは明らかになったであろう。

注

1） 本書第１章「はじめに」を参照。
2） 松村敏「昭和恐慌下の養蚕農民」（椎名重明編『ファミリーファームの比較史的研究』御茶の水書房、1987年）。
3） 花井俊介「繭特約取引の形成と展開」（『土地制度史学』第118号、1988年１月）。
4） 高梨健司「一九三〇年代の片倉・郡是製糸の高級糸市場における地位」（『土地制度史学』第123号、1989年４月）。
5） 加藤幸三郎「大正末期・郡是製糸における『成行約定』の歴史的性格」（『専修史学』第２号、1970年２月）。
6） 「昭和十一年度品位史」18頁。本章で使用する郡是の資料は、京都府綾部市のグンゼシルク所蔵史料である。
7） 「昭和十二年度品位史」120頁。
8） 「場長会録事　昭和十年四月」10丁。
9） この対応関係は高梨氏の整理とは若干異なっている。第三者格付が開始されたのは1932年からで、35年に改正されるが、氏は改正後の点数を基準に、それ以前の郡是の銘柄を分類されている。
10） 「自大正十四年度至昭和二年度　販売史」９丁、30丁、140丁、85丁。
11） 同前。
12） 同前。
13） 同前。
14） 「場長会録事　昭和二年十二月」５丁。
15） 「自大正十四年度至昭和二年度　販売史」72丁。
16） 同前。
17） 「場長会録事　昭和二年八月」３丁。
18） 「場長会録事　昭和二年十月」11丁。
19） 「場長会録事　昭和十年五月」丁なし。
20） 「昭和三年度　販売史」74丁、101丁。

21）同前。
22）「昭和四年度　販売史」31頁、53～54頁、62～63頁。
23）同前。
24）同前。
25）「昭和五年度　販売史」72頁、19～20頁、73頁、175頁。
26）同前。
27）同前。
28）同前。
29）『シルク』第120号（1928年9月）を参照。
30）『シルク』第151号（1931年3月）、第156号（1931年8月）を参照。
31）「昭和五年度　販売史」288頁、174頁。
32）同前。
33）「昭和六年度　販売史」14～15頁。
34）「場長会録事　昭和五年十月」3丁。
35）「場長会録事　昭和六年一月」2丁、9丁。
36）同前。
37）「昭和五年度　販売史」254～264頁。
38）「昭和七年度　販売史」11～16丁。
39）「場長会録事　昭和七年九月」2丁。
40）同前。
41）「場長会録事　昭和七年十二月」7丁。
42）「場長会録事　昭和七年五月」3丁。
43）「場長会録事　昭和八年五月」2丁。
44）郡是製糸神戸営業所『最近米国絹業事情ニ就テ』（1933年6月）17頁、29頁、30頁、41頁。
45）「場長会録事　昭和八年九月」13丁。
46）同前。
47）「場長会録事　昭和六年五月」14頁。
48）「場長会録事　昭和五年九月」17丁。
49）「場長会録事　昭和九年六月」6丁。
50）「場長会録事　昭和七年十月」19丁。
51）「場長会録事　昭和八年九月」15丁。
52）「場長会録事　昭和八年十一月」4丁。
53）「場長会録事　昭和九年九月」10丁。

54）「場長会録事　昭和十年一月」１丁。
55）「場長会録事　昭和九年九月」１丁。
56）「昭和九年度　販売史」28頁、10頁、43頁。
57）同前。
58）同前。
59）「昭和十年度　販売史」９～10頁。
60）「場長会録事　昭和十年九月」16丁。
61）「場長会録事　昭和十年十二月」８丁。
62）「昭和十年度　販売史」53頁。
63）「場長会録事　昭和十一年四月」４～５丁。
64）「場長会録事　昭和十一年七月」３～４丁。
65）「場長会録事　昭和十一年四月」７～８丁。
66）「場長会録事　昭和十一年五月」９丁。
67）「場長会録事　昭和十二年四月」14丁。
68）「昭和十二年度　品位史」37～39頁、87頁、93頁、94～108頁。
69）同前。
70）同前。
71）同前。
72）「場長会録事　昭和十三年九月」頁なし。
73）「場長会録事　昭和十三年十一月」頁なし。
74）「場長会録事　昭和九年四月」３丁。
75）「自大正十四年度至昭和二年度　販売史」８～11丁、99～100丁。
76）同前。
77）「昭和四年度　販売史」111頁。
78）「自大正十四年度至昭和二年度　販売史」133～135丁、140丁。
79）同前。
80）「昭和三年度　販売史」30丁、36丁。
81）同前。
82）「自大正十四年度至昭和二年度　販売史」163丁、145丁。
83）同前。
84）「昭和三年度　販売史」14～16頁、58頁。
85）同前。
86）『シルク』第119号（1928年７月）９～11頁。
87）『シルク』第121号（1928年９月）９頁。

88）「昭和三年度　販売史」12丁。
89）『グンゼ産業株式会社五十年史』（1981年）42頁、41頁。
90）同前。
91）「昭和二年度　販売史」69～72丁。
92）「昭和四年度　販売史」172～235頁。
93）「昭和六年度　販売史」７～８丁。
94）「昭和四年度　販売史」137頁、170頁。
95）同前。
96）「昭和七年度　販売史」16～17丁。
97）1933年４月３日付　片山専務宛白波瀬書簡。
98）「第一回会見要領」（1933年５月９日）。
99）「覚書」（1933年５月30日）。
100）「昭和十三年度　販売史」44頁。
101）「昭和九年度　販売史」16頁。
102）「昭和十年度　販売史」56～60頁。
103）「横浜グンゼ試算表科目研究」（1937年１月）
104）『グンゼ産業株式会社五十年史』76頁。
105）「創業以来ノ損益ト内外コーポレーションノ資産」（1938年12月）。
106）「（紐育グンゼシルク）販売日誌」（1936年１月～３月）。
107）「昭和十三年度　販売史」52頁。
108）同前。
109）1938年１月５日付「商標差換ヘノ件」。
110）同前。
111）日本生糸株式会社『米国に於ける生糸取引の実情・内地に於ける生糸輸出商の実務』（1934年）24頁。
112）「昭和九年度　販売史」33～38頁。
113）「昭和十年度　販売史」44～52頁。
114）「昭和十一年度　販売史」48頁。
115）「昭和十三年度　販売史」145頁。
116）「昭和十三年度　販売史」142～55頁。
117）「場長会録事　昭和十三年四月」頁なし。

第５章　養蚕主業村と大規模養蚕農家の動向
――下伊那郡上郷村原家三代の経営――

はじめに

近代農村については種々の側面から多くの研究が行われてきた。地主・小作関係の特質と変質といった農村構造、地方改良運動、経済更生運動など豪農や地方名望家の社会的活動、地主経営の分析等々、枚挙にいとまがない。

さらにまた長野県、特に伊那地方は史料の残存状況が良好な点に加えて、養蚕業が典型的に発展し、社会運動・産業組合運動も盛んであり、昭和恐慌以降、経済更生運動からファシズムに推転していく過程を検証するための恰好の素材を提供してきた。

ここでは、原家の幕末開港から太平洋戦争頃までの史料をもとにして、上郷村と原家がどのような推転を遂げていったかを明らかにすることを課題とする[1)]。

上郷村は1889（明治22）年、上・下黒田、別府、飯沼、南條の５か村が合併し、戸数約750戸、人口4,000人の村として誕生した。天龍川の右岸に位置して飯田市にほぼ接し、1993年に至って飯田市に合併した。旧５か村の一つ別府村は戸数188、86年の資産調査によれば、原同族が１位～３位を占め、ここで対象とする原六右衛門家は2,624円で第２位である。六右衛門の先代は下伊那地方への蚕種製造業導入の先覚者として知られ、六右衛門（天保八年生）は養蚕、桑園改良などの功により、1891（明治24）年緑授褒章を与えられ、1909（明治42）年の全国篤農家懇談会にも県から推薦されて出席した。その子六太郎（安政６年生）、孫六雄（1888年生）も六右衛門の遺髪を守って篤農家の地位を保った[2]。1925（大正14）年の「全国大養蚕家調」によれば、原家は年産690貫の繭を産し、長野県では第３位、全国でもトップクラスの大養蚕家であった。

第１節　諸営業の展開

１　別府、上郷村の諸営業

明治初期の上郷地域の営業税、雑種税の賦課台帳によれば、小売商・職人など当時の農村に一般的にみられる営業に加え、水車・漁業など天龍川に関係する営業、城下町飯田に近接するという特色のゆえか、俳優・遊芸・相撲・料理屋といった特殊なものもみられる。さらに蚕種製造業、生糸・屑糸商の存在も注目される。

別府村では1873（明治６）年の蚕種菜者は20名、75年の生糸・蚕糸業者は21名を数え、そのうち半数は蚕種と生糸商を兼ねている。こうした蚕糸関係者が村内のどのような階層であるかを表５-１によって確認しておこう。蚕種業者、生糸商とも全階層にわたって存在するが、地価1,000円（約２町歩）以上の層に多く存在し、300円未満層にもかなりの業者がみられる。傾向的には下層の業者は生糸・蚕種・蛹商を兼営したり、旅籠・古着古道具屋を兼ねているものが多く、脱農的な商人化を図っていたと推測される。他方、上層の業者は本章で検討する原家のように、自作地・貸付地を持ちつつ、蚕種・生糸商として積極的な事業展開を図っている豪農と考えられる[3]。

全階層にわたる積極的な蚕糸関係営業を支えたのは、開港以降の養蚕業の発展であった。文久３（1863）年には南條村の高持百姓43名のうち８割が少額ながら養蚕に携わっていた。1876年の上郷地域５か村の物産合計は約３万2,000円、そのうち米が61％、繭が18％である。価額では米麦がなお70％を占めているが、蚕糸関係も25％に達している。別府村では80年代中期、養蚕農家が148戸を数え、全戸数の９割近くにも達していた[4]。

開港から明治前半期というのは、多くの人々に事業チャンスが与えられたが、それはまた一方没落の機会ともなった。76年から1900年頃までに、上郷村第2位（地価5,100円）、第5位（4,500円）、第6位（4,400円）の地主が没落した。没落の原因は詳らかでないが、積極的な諸営業の展開は没落と背中合わせであったことは相違なかろう。

表5-1　別府村土地所有と蚕糸業者

	戸数	蚕糸戸数
2,000円～	7	3
1,000円～	12	5
500円～	18	2
300円～	15	2
100円以上	29	5
100円未満	25	3
合計	96	20

出典：「組々段別代価地租書抜」「生糸御鑑札願書連名簿」。

明治初期の別府村、上郷地域は、伝統的な農村の様相を色濃く残しながら、天龍川の沿岸、飯田に隣接するという地理的な特色を持ち、さらに江戸後期以来展開してきた蚕糸業が、開港を契機に急速に発展しつつある地域とまとめられよう。

2　原家の経営

幕末から明治前期、激動するこの時代の多くの豪農と同様、原六右衛門も諸々の事業に手を染めた。江戸時代後期から行っていた蚕種業に加え、開港後は蚕種・生糸の輸出、製糸業・織物業・染色業への進出、桑苗の育成販売、天龍川原の開拓などである。

六右衛門、六太郎は、「当用向覚帳」「養蚕輯要摘写録」などいくつかの覚書き、帳簿を残しているが、自身の方針、感慨を記してはいない。ただ、明治初年、例外的に彼が諸々の事業に取り組む理由というべきものを記している。

一　人モ等級ヲ以テ官員ノ月給高低ヲ定ム、農商タリ共等級アリ、ソノ人ニ応シ業ヲナスベシ

一　御布告折々替リ候通リ農事モ変化アルヘシ、ソノ利分ノアルニヨッテ作スベシ、第一コヤシノ価ヲ調テ求ムベシ

一　農業ノ物品人工諸入費等スヘテ表ニシテ引競勘考アルヘシ5)

彼は、旧来の伝統、あるいは家業といったものに拘泥することなく、器量・資産に応じて事業を行い、農業も肥料・賃金・諸入費を明らかにし、時流の推移に応じて利益が見込まれるものを選択して行うべきであると考えていた。こ

うした考えは、下伊那郡の資産と能力のある人々にとって異例ではなかった。これらの人々の活動に先導され、村民の多くも開港以降の世界、日本の動きに対応していくのである。

六右衛門（幼名銀次郎）は開港の前年（1858年）、近村の同族から先代の娘の婿として養子に入り、二代六右衛門を襲名する。開港直後、六右衛門父子は近村の仲間とともに、蚕種の販売を通じて交流のあった京都、近江、あるいは近村から生糸を集荷し、横浜に出荷した。しかし、出荷した生糸は希望した価格では売れず、洋銀の切り換えも思うように進まなかった。横浜に出かけていた父は、郷里にいる銀次郎に対し、次のように書き送っている。

> 余程損毛に可罷成、今更歎候而も致方も無御座候次第とあきらめ申候……毛賀村ニ而壱人村内喜左衛門殿并銀次郎茂仲間ニ而京都より糸買入候由承り申候、若買入候ハヽ仲間衆中江宜敷様断申、決而御無用ニ被成候方宜敷被存候[6)]

相当の損失を蒙ったのか早々に撤退し、再び生糸輸出に携わった形跡は見られない。

幕末から明治初年にかけて、蚕種の輸出も行った。蚕種製造は先代六右衛門が天保期に小県郡から導入したといわれ、幕末には近村に加え、丹波、但馬にも販売した。1868（慶応４）年には、近村の仲間とともに、蚕種を持って横浜に出かけ、311枚の種を４つの商館に販売し、711ドルを得た[7)]。蚕種の輸出のために何回か横浜に出かけたが、70年以降は買い集めにくる商人に地元で販売するようになった。

70年まで、原家は大規模な養蚕を営まず、種繭を近隣から購入していた。70年の桑収穫高は38駄、購入高４駄、その大部分を４人に各210～250貫渡し、14人から48貫の種繭を190両で購入する。おおよそ繭１貫目を生産するには桑１駄が必要なので、４人の種繭生産者は蚕種１枚と必要な桑を六右衛門から供給され、種繭を生産したのである[8)]。

後掲表5－5から推測されるように、養蚕を翌71年から拡大し、種繭購入は減少する。後掲表5－3に蚕種販売金額を記した。72年頃までは製造蚕種の大部分を輸出向けに販売したが、73年頃から輸出価格が低下するにともない、国内販売へ復帰しはじめる。蚕種輸出が最後の高揚を示した76年は、総販売高の内250円を飛騨・京都・丹波へ販売し、残りの大部分を輸出に向けた。78年以降の販売高は100円未満となり、またその直後には遠隔地販売からも撤退し、村内・近村および岐阜・愛知両県に100枚程度を販売するにすぎなくなり、92年には蚕種業から撤退した[9)]。

六右衛門はこの地域への蚕種業導入者であり、最大の生産者であった。73年の調査によると、近村7か村で34人、製造枚数は1,650枚（内別府村のみで17人、1,075枚）を数えるが、六右衛門のみが550枚を製造し、圧倒的な割合を占めている。他の大部分は10〜100枚の小規模な生産者であった。これらの生産者は71、72年に参入しており、六右衛門の指導を得て開始したと思われる。蚕種の輸出価格は71年以降暴落するが、生糸と違って主に自家で生産したものを販売し、また地元での販売に転換したため、輸出によって大きな損失は受けなかったと思われる[10)]。しかし、国内市場への復帰は容易でなかった。蚕種の国内価格はその後長く1枚1円台で低迷することから推測されるように、蚕種輸出の最盛期に生産が各地に広まり、また小県郡や福島、群馬県などの伝統的な蚕種生産地域の国内市場掌握力が強く、競争が激烈であった。原家は撤退するが、この地域には蚕種業が根付き、大正期の組合製糸の地域蚕種業育成方針もあって、第二次大戦以降まで存続する。

蚕種業が縮小するなかで力を入れはじめたのは製糸業である。江戸時代末期、この地方の養蚕農家の多くは製糸も兼業し、原家の明治初年の大福帳にも少量の生糸・玉糸の販売が記されている。原家は80年に本格的に糸挽きを開始した。自家生産繭に加え、夏繭・玉繭約40貫を購入し、7月末から9月にかけて製糸を行い、411円の糸代金を得た。「糸挽賃」「玉挽賃」を支払ったのは合計15人に及び、「馬場町倉内糸トリチンスム」「糸工女」といった記述から、出釜と同時に作業所でも製糸をしていたことが窺える。しかし、翌年以降は繭の販売が多くなり、製糸を本格的に行ったのは2年間だけであった[11)]。

次節で見るように、82年以降、六右衛門家は蚕種の掃立量をほぼ半減させた。

蚕種業、製糸業が順調に進まないなかで、同家が力を注ごうとしたのは天龍河原の開拓である。上郷地域の天龍川沿岸は、江戸時代から川除普請による河原の部分的な開墾は進んだが、68年の大洪水によって再び河原地となり70年代末、天龍川の堤防建設が課題になった。共有地となっていた別府の河原荒地は17町歩であったが、堤防建設のための民費負担ができず、六右衛門が荒地すべてを300円で買い取り、堤防建設の負担金も支出することになった[12)]。

後掲表5-3に見るように、原家は明治初年より相当多額の借入金をしており、81年頃からその額は一層増加する。同年9月には飯田の百十七銀行から500円を借り、それ以降もしばしば同行、あるいは飯田の資産家と思われる人物から借入している。当初、河原地は名義上も実質上も六右衛門の個人所有であったが、その後、実態は異なっていった。90年代末から、原梅次郎、原平四郎らと共同で200～300円単位の借入を行い、実質的に共同出資で開墾を進めた。96年には「右荒地ノ儀ハ協議之上原六右衛門一己名儀ニ致居候処、原平四郎持分合計四分一」[13)]という証文を入れており、1906年には大部分を六右衛門・梅次郎・平四郎の村内同族が所有し、ほかに7人の少額の所有者も見られる[14)]。

原家には大量の開墾関係の文書が残されているが、その経過を明らかにする余裕はない。登記上、河原面積は村内で40町歩、別府で17町歩とされたが、実質はその倍はあったということである。90年代から徐々に開田が進み、大正、昭和期にも行われた。明治末期に約7町歩、1921年に約10町歩の開墾が行われた。それから挙がる小作料などはすべて新田会計とされ、原家の家計と切り離され、原家にどのような負担となったか、あるいはいかなる果実があったかを明らかにすることはできない。しかし、蚕種・生糸の輸出と製造の失敗、織物業の失敗によって厳しい事態を迎えた明治期の同家の経営を下支えする、有力な基盤になったと思われる。

93年には織物業にも進出する。上郷・松尾・龍丘などの地域では江戸時代から織物業が行われ、明治初年の町村誌でも「女、専ら縫織、養蚕を業とす」と記され、80年代末には小規模な工場が出現する。93年1月、松尾村の後藤（織機14)、長江（同8)、松沢（同4)、龍丘村の今村（同4）と5人で共同出荷

表５-２　原家の土地所有（1875～1901年）

（単位：畝）

年次	総地価（円）	総反別	水田反別	内手作	畑反別	内手作	林	荒地	宅地
1875年		765	424		189		87	34	19
1876年	3,901	750	429	81	193		97		21
1892年	2,530	646	284		240		86	8	28
1901年	2,076		146	40	231	186			

出典：「大福帳」「所得申告綴」。

組織松川合資合社を設立した。六右衛門自身は織物業を営まず、資本金１万円のうち最高の3,500円を出資する予定であった。出資した形跡は窺えないが、同年４月、「拙者にも連帯借用調印ノ件六太郎へ談事候処殊ノ外小言有之……貴兄ノ外社員ハ素別、深之人無之ヲ大金ノ連帯調印ハ困却ノ旨被述候」と、息子六太郎の強い反対にあいながらも、3,000円の連帯借用金に署名した。

松川社は、93年から94年初頭にかけ羽二重を製織して横浜の小野商店に出荷したが、重目すぎて販売できず、「三月迄ノ機仕込ノ材料差問」になり、仕入資金2,000円をさらに借入した。94年もスカーフや羽二重を製織して横浜、福井に出荷したが、利益を挙げられなかった。度重なる損失のため、94年末に福井の取引先に当地方の原料産地としての優位性、他方での技術の拙劣さを述べ、「建物諸織機共相任セテ優等ノ織人ヲ以テ模範ト致し度」と、身売りを図った。もちろん容易に引き受け手は見つからず、松川社は95年に解体した[15)]。六右衛門に残されたのは重い借入金の事後処理だけであった。以後、同家は織物業に関係することはなかったが、当地域の織物業は製糸業の発展と対応し、小規模ながら地場産業として命脈を保っていく。

以上、六右衛門家が80年代末期までに従事した営業を見てきた。同家が蚕種や製糸に進出したのは、広い桑園を有し、桑を自給して繭を生産しえたからであり、また織物業、蚕種・生糸の輸出をなしえたのは、土地を担保にして多額の資金を確保することができたからであった。

表５-２にこの期の同家の土地所有をまとめた。76年の所有地価は別府で第１位であった。周知のように下伊那郡の一部は地租改正で全国的にもトップク

ラスの高地価となり、地価軽減運動が粘り強く行われ、81年、89年の２回にわたって減額される。その結果別府村の場合、耕地の総地価は17％減少し、田畑の平均地価は反当り55円から44円になった16)。同家の所有地価額は1901年までにおよそ半減する。軽減割合を考慮すると実質は約1,200円、36％の減少となる。畑、宅地は売却せず、水田だけを半分以上減らした。水田の手作りは売却以前に縮小し、３～４反歩で安定し、小作地を大幅に減らしていく。「小作米掟」は70年から82年まで140俵前後で一貫し、実収も76年を除くとほぼ完納と安定している。水田の小作地はこの間３町５反歩強であった。それが87年までに総地価を2,600円に減らし、92年末にも７反歩地価370円の水田を千代岡村の六右衛門の実家に売却した。こうして90年代中期には、水田の小作地は１町５反歩程度に半減し、契約小作料も94年には75俵になる。小作人の土地所有規模を明らかにできるのは半数ほどであるが、40円台の１人を除くと、200円未満であり、同家の年雇、日雇いにきているものも２、３見られる。

畑は基本的には自作である。後述するように71、72年頃から桑園を拡大し、大麦20～30俵と少量の蔬菜だけを生産した。田畑の売却を余儀なくされた際には、養蚕経営の基礎をなす畑ではなく、小作田を処分している。

さて、同家はこの時期、日々の出入を記した「金銭出入帳」と、それを項目ごとに整理した「大福帳」の二種の帳簿を残している。しかしこの時期の経営は極めて複雑で、本人自身も「出入帳」を整理しきっていない。表５－３に「大福帳」から拾える項目を整理した。六右衛門自身が収入、支出の合計を出しているのは76年だけで、他の年次は欠けている項目もある。完全な収支を出すことは不可能だが、前述の各営業の展開状況と参照すれば、原家のこの期の全貌はほぼ把捏されよう。

収入は借入金を除くとほぼ正確で、800～1,000円前後と安定している。しかしその中身は大きく変化する。76年まで蚕種が半額を占めていたが、78年から桑・桑苗、さらに80年からは糸・繭が大きくなる。また76年を除くと、米の販売が４割前後を占め、安定的であると同時に重要な位置を占めている。

支出は収入以上に不明確であるが、比較的正確な76年によれば、蚕種輸出価

表５－３　原家、明治前期の経営（1870～81年）

	1870年	1871年	1876年	1878年	1879年	1880年	1881年
収入合計	(883)		849	(825)	(768)	(1,109)	(986)
蚕種販売	443	407	434	92	37	93	67
米販売	363		217	303	401	317	331
糸・蛹	76	51	179	182	124	589	359
桑・桑苗			18	248	206	110	162
年貢							67
支出合計			1,013	(610)		(1,046)	(1,134)
村費等			211	139		98	246
肥料	115		117	132		126	116
雇料			96	104		142	106
桑			60			113	32
蛹				42		77	131
蚕種入用	190	184	178	12			9
講掛金			79			83	73
利息支払			132			107	
年末借入金	573		1,140	1,534			839
年末貸金							670

出典：各年次「大福帳」。
注：1870、71年は両、76年以降は円。

格は高騰しながらも収支は160円のマイナスになっているところから、構造的に支出超過の状態にあったと思われる。桑は毎年相当量の売買があり、80、81年は繭の購入が多い。この頃同家は３人の年雇の下男と１人の下女を雇用し、４月から10月にかけて多くの日雇いを使っていた。そのかなりの部分が近隣の農民、あるいは同家の小作人であり、そうした場合には小作料・時貸しと相殺され、雇料として出てこない。

年間支払い利息（100円強）は年末借入金額（1,000～1,500円）とほぼみあっている。76年の借入残高1,140円の内訳を見ると、73年の借入金が３件550円、74年が３件181円、75年３件155円となっている。73～74年の４件700円の借入金は80年代まで持ち越すが、78年の600円の借入など、相当多額のものも２～３年の内に帳簿から消滅する。これらの貸主のすべては飯田町、あるいは別府以外の資産家である。多額の個人債務の順調な消滅は、主に、講掛金と債務の小口化によって説明される。原家は多くの講に加入し、多額で短期の債務を年

表5－4　原家の所得額（1887～1902年）

（単位：円）

年次	田畑貸付	農業	養蚕	蚕種	染物	給与	申告額	決定額
1887	171	45	35	20	22	190	480	
1888	173	46	58	16	25	200	518	
1889	168	57	56	25	75	120	501	
1890	240	54	62	22	58		436	
1891	280	57	56	20	25		438	
1892	300	57	46	10	10		423	
1893	330	53	25	6	10		424	
1894	214	65	25				304	696
1895	225	70	32				327	
1896	225	70	32				327	
1897	225	74	29				328	
1898	252	85	29				366	
1899	263	112	82				457	624
1900	289	145	98				532	654
1901	228	135	132				495	701
1902	205	127	125				457	696

出典：各年次「所得申告綴」。

賦化、あるいは小口化することによって返済を容易にしていたのである。

表5－4に87～02年までの申告所得をまとめた。俸給は戸長給与で、無視できない金額である。染物業の所得がこの間計上されているが、関係史料は全くない。近しい関係にある親戚の営業の名義人になっていたのであろうか。農業所得と養蚕所得は養蚕収入を適宜に振り分けたと思われる。申告所得であるため、実態を正確に反映しているとはいい難いが、半減したとはいえ小作地の比重が高いこと、養蚕がこの時期停滞的であったこと、申告所得は決定額の約3分の2と相当低いことなどが注目される。

3　養蚕業の特質

六右衛門家の養蚕業は、70年代中期から80年代中期にかけて停滞的であったが、その時期は江戸時代と同様の養蚕業から脱皮する時代であった。六右衛門は、明治初年から前述したノート類に、著名な群馬県の蚕種家田島弥平や熊本県の長野濬平などの養蚕業に関する主張、郡内・村内の養蚕農民からの伝聞、自らの経験と教訓を克明に記している。ここでは同家の養蚕業の特質と技術的な2、3の問題を検討しておこう。

表5－5　原家の養蚕（1869～97年）

年次	投入桑量（貫）	内買入桑量（貫）	掃立卵量（匁）	同枚数	収繭量（貫）
1869	1,167				
1870	938				
1871	2,010	240	41.4		75
1872	1,981	66	42.4		62
1873	2,125	147	52.1		
1874	2,268	1,450	82.5	10.50	118
1875	3,675		87.0	12.50	
1876			68.0		119
1877	5,850				108
1880				21.50	
1881				16.25	
1882	4,900			11.00	
1891			18.0		
1892			23.6		
1893			53.1	13.00	
1894			44.7		130
1897			48.8	11.00	130

出典：「明治六酉年ヨリ養蚕検査表毎歳記」「養蚕輯要摘写録」。

六右衛門家の明治前期の養蚕規模を明らかにできる年次のみを表5－5に示した。70、71年頃から桑園を拡大し、83年には桑畑が1町2反4畝、「通桑」が5反4畝合計1町7反8畝となり、91年の畑は麦3反3畝、桑園1町4反1畝である。前述したように、畑の手作り分は若干の麦畑、蔬菜畑を除いてすべて桑園になった。同家は73年頃から種繭・糸繭・夏繭の三種を飼育したので、桑の質、畑の桑の量に応じて掃立日、用うべき桑園などの見込を立てている。こうした努力の成果の故であろう、71年から76年までの期間、掃立卵量1匁に対し、収繭量1貫400～700匁、投桑量も繭1貫目に対し27～30貴目と安定している。

ただ数年に1度の違蚕は避けようがなかった。

（一二年）四眠ニ掛ル折八十三度ニ至リ俄然四眠ニ休ミ起キ上リ五齢三日目ニ不残起縮ミニ成ル[17)]

十五午年ハスベテ冷気ナルゆへ……市瀬唯七火力養ヒハ大ニよろしト申事、其他小家ノ豊饒ノアルハ畢竟暖カナルゆへよろし[18)]

温度、湿度の変化による養蚕の豊凶を克服する途は、人工的にそれを調節することである。蚕に好適な環境を作り出せば、養蚕日数も短縮される。こうした点から、六右衛門は火助法の導入と蚕室の改善に努力し始めた。

福島県で行われていた火助法を下伊那郡に導入したのは喬木村の市瀬唯弼であった。82年の市瀬の成功を知った六右衛門は、市瀬の指導で火助法に適した吹き抜け、天窓のある蚕室を新築し、火助法に心得のある岐阜県と上伊那郡の２人を通常の日当の倍額で雇用し、次のような契約書を結ぶ。

本年拙者方火力ノ養蚕試業被成候処未タ初年ニシテ錬磨為ス事ヲ得ル能ハズ、依テ来ル十九年ハ一層同心協力ノ上、尚拙者方ノ養蚕ヲ以テ試業為ス事ト予約ス[19]

試験当初は夜中の雷雨と温度上昇により、新築の壁、天井に露が出て「夜明ニ至リ虫八分弊死ス」といった失敗も生じた。しかし90年代に入ると安定し、92年には「総テ不作ノ中、火力ト天然育トノ差ヲ視ルニ至リテハ清涼天然ニハ白キョウ多キコト、亦霖雨ノ長キハ種々ノ害ニ遭遇セリ、先ツ火力育ノ方益アルモノト信ス」[20]、と結論づけるに至った。

73年の春蚕は、原紙８枚を一番と二番に分け、５月８、９日の両日に掃立て、６月17、18日に上族、26、27日に繭掻きを行い、上族まで41日、繭掻きまで49日を要した。ところが、91年には上族まで32日、繭掻きまで40日と９日間も短縮された[21]。日数の短縮は投下労働の減少だけでなく、春蚕の五齢期と麦刈り、水田の田植期との競合を回避するのにも役だった。さらに火助法による温度、湿度管理の習熟は夏秋蚕の発展の技術的根拠ともなった。夏蚕は相当以前から飼育しており、秋蚕は80年代末から飼育が始まり、91年には38貫目の収量をえている。

六右衛門が明治初年からもう一つ力を注いだのは桑苗の育成と販売だった。「養蚕ノ基ハ桑ニアリ、桑ノ基ハ種類ニアリ」として、彼は各地から桑の苗を取り寄せ、試験しつつ桑苗を育成、販売した。同家には現在も桑葉の拓本をとった大きな掛け軸がいくつも残されている。

別府には六右衛門以外に何名かの桑苗生産者がいた。この地が桑苗の生産地になったのは、江戸時代以来栽培されていた四方咲（伊那芭蕉）が優れていたためであった。

この四方咲は、自生種を精選したものだけに、以下のように繁殖力が強く、病虫害にも強かった。

> 性強健ニシテ繁茂シ易ク且病害ニ犯サルルノ虞少シト云フ、三重愛知静岡等桑樹ノ萎縮病頗ル蔓延シ其害ヲ蒙ラサルモノ殆ト稀ナリ、然ルニ此芭蕉ニ至テハ此害ニ罹ル事僅少ナルヲ以テ同地方ヘ輸出スルノ額年ニ多ヲ加フ[22]

桑苗生産者から村長への報告によると、別府の桑苗業は「明治五、六年以前マテハ本郡下ノ需要ニ止マリ随テ製産高僅少ナリシモ、他県下販路ヲ開キシ以来其産額随テ多キヲ至セリ」[23] といわれ、養蚕業が拡大する明治初年以降、恒常的に桑苗を販売するようになったのである。

六右衛門家の桑苗販売高は、80年代初頭に百数十円になり、94年には2町歩近い桑園のうち、4反1畝を桑苗畑とし、年間5万本の桑苗を生産した。六右衛門は80年代末から「広ク有志者ヘ御分配御試作可被下」と、岐阜・愛知・静岡・三重の県・郡の蚕業取締所・試験所などへ桑苗を無料で送付し、あるいは活版で広告を作成し各地に送付するなど、販路拡大の努力を払った。桑苗業が最も盛んだったのは90年代末から07年までで、99年には「昨春ト本春ト両年ハ桑苗安価ニ付キ製作減少ノ折、生糸ノ高価ヲ視テ又々桑ノ増殖ヲ唱フルノ説盛ト相成リ、然モ諸品上景気ニテ驚入候」、07年にも「昨年ノ糸上景気……騰貴ニ引連レ桑苗ハ払底」といった状態であった[24]。桑苗収入は1900年330円、01年350円、02年600円、03年510円と、かなりの額にのぼった[25]。

六右衛門は蚕室を整え、桑苗の改善に努め、優れた繭を生産するために力を注いだ。彼の生産した繭は、87年の一府九県連合共進会で六等に入賞したのを皮切りに、90年の第三回内国勧業博覧会で三等賞、95年、03年の第四回、第五回博覧会では一等賞にはいった。さらに10年のロンドンにおける日英博覧会では金牌を授与された。

博覧会への出品は、家督を譲った六右衛門の趣味的な側面があったことは否めない。しかし、受賞を知った未知の養蚕家は六右衛門に種々の問い合わせをし、それへの回答には桑苗の広告、従来受賞した博覧会の賞状の写しなどを必ず同封する。こうした博覧会、共進会での受賞は原家の桑苗業にも重要な役割を果たした。桑苗業は桑園が急速に拡大していた80年代中期から90年代後期には、大きな収入をもたらした。しかし拡大が一段落し、さらに各県の試験場において自給態勢が整ってくる明治末期以降は、経営内部における比重を急速に低下させていった。

六右衛門家はこうした営業のために、多くの雇傭労働を抱えていた。70年代後半は下男がほぼ恒常的に３人、下女が１～２人で、下男のうち、１～２人は別府村内の者で、１年中は働かずに、年間150～160日働くのが多く、３～４年継続している。１～２人は出身地が不明で１年限り、「抜日」は少ない。日雇いは４～10月頃まで雇傭し、製糸を行った80、81年を除くと20人前後の名前が記されている。男は４月頃から「新田堀」「桑苗伏」「田打」「麦蒔」などの農作業が多く、女は５月以降の養蚕期に集中する[26)]。

８枚を掃立て、85貫目の繭をえた73年は、家内労働力に加え、掃立日の５月15日から上族まで４～７人を雇傭した。こうした日雇いは近隣のものが多いが、六右衛門は「春蚕ノ繭カキハ町ノ人足ヲ頼ミ候テ弁理ナリ、現金ニテ雇入ノモノハアトニテ謝儀等ニ不及ユエ利アリ」[27)]と記し、より多くの労働力を要する繭掻きは飯田町からの供給に頼る方向に変化した。さらに90年代には岐阜・愛知県からも雇傭するようになる。愛知県碧海郡からの問い合わせに対し、「蚕児はき立ハ五月十五日頃はき立ノツモリ、雇婦ハ飯焚ヲナス人壱人外ニ養蚕ニ手伝壱人合テ二人位ハ無心申度、男ハ沢山有之」[28)]と返事を出している。天龍河原の開墾、養蚕、桑苗、耕種のために多くの労働力を要したが、村内、飯田町に豊富に存在する余剰労働力を容易に調達することが可能であった。

第２節　養蚕業への特化

１　養蚕主業村としての上郷

六右衛門は明治初年から養蚕と稲作・麦作との利害の比較を度々行った。また、1878年には「久保田與左衛門男桑養蚕積り」という、近隣の小作農で蚕種

表５－６　別府地区収益調査（1890年）

		水田収益	養蚕収益
作付面積	（反）	696	216
収穫量	（石、貫）	1,740	3,600
粗収入	（円）	13,594	12,672
国・地方税	（円）	1,530	232
種肥代	（円）	2,039	1,900
購入桑代	（円）		1,152
人足料	（円）	1,740	1,080
差引	（円）	8,285	8,307
反当	（円）	11.90	38.42

出典：「養蚕輯要摘写録」。

生産者の久保田が、買桑ですべてを賄った養蚕経営の収支計算を詳細に記し、種１枚につき18円の利益があるとしている。さらに80年代前半には、六右衛門が小作に出した桑園５反８畝の桑量・人夫・肥料・小作料などを細かく記してもいる。

これらはすべて養蚕に大きな利益があることを示しているが、個別的な例である。表５－６は90年の別府の実態に即し、六右衛門が計算したものである。戸長として村の全貌を掴み、篤農家として養蚕・米作に携わっている人物の概算として、信頼できる数値だろう。この段階で水田４町歩がすでに桑園になっているが、米の作付面積は桑園のなお３倍を超えている。しかし、粗収入はほぼ拮抗し、反当り利益は養蚕が米を圧倒している。

明治中期には如何なる作物よりも養蚕が有利であることが明白となり、急速に拡大し始めた。表５－７に01、08、17、22年の別府、上郷村の状況に関する数値を示した。別府では米作は65町歩から08年に53町歩まで減少し、以後下げ止まって50町歩台の後半で安定する。減少が最も甚だしかったのは03年～08年の64町歩から52町歩までである。別府の水田73町歩のうち、約４分１、17町歩が畑地化、即ち桑園になった。麦作は表示していないが、06年まで減少傾向にあり、07年から激減して10年には16町歩になる。桑園は01年の31町歩から著増し、08年にはほぼ60町歩になる。その後は停滞し、18年から再び増加し、19年には70町歩に達した。

上郷村では米作の減少が12年まで続いて190町歩までになり、桑園面積は08年に220町歩台に達した後、大正初年頃まで停滞し、その後増加して21年頃には320町歩に達した。明治末期から1922年の間の統計が欠けるが、米・麦・桑の三者を比較すると、その間米・麦は基本的に変化せず、桑だけが大幅に増加した。明治末期の段階で米・麦の転換しうる部分はすでに転換し終わり、その

表5－7　別府地区・上郷村の農蚕業（1901～22年）

	別府地区			上郷村		
	1901年	1908年	1919年	1901年	1908年	1922年
米作付反別　（反）	648	528	506	2,629	2,130	1,938
麦作付反別　（〃）	256	186		1,441	1,249	655
桑園反別　（〃）	318	597	701	1,162	2,256	3,172
養蚕戸数	133	149	162	541	563	671
春繭収量　（貫）	3,836	7,410	8,435	13,351	24,205	33,935
夏繭収量　（〃）	717	1,214	2,051	3,299	5,559	27,110
秋繭収量　（〃）	930	3,309	6,328	2,901	12,647	
反当り収繭量　（〃）	17.2	20.0	24.0	16.8	18.8	19.2
戸当り収繭量　（〃）	41.2	80.1	103.8	36.1	75.3	91.0

出典：1901、08年は「上郷村事務報告書」、19年は「農工商事統計調査関係書類綴込」、22年は「上郷村勢一覧」。

後は粟・大豆・そばなどの自給作物の減少、それに河原や原野の開墾による桑園化が進んだと考えられる。

養蚕戸数は別府で90年代中期に145戸、農家戸数の約８割に達し、その後大きな変化はない。上郷村では同時期に６割強で、その後も微増し、22年に７割強になる。養蚕の３期別の傾向は別府、上郷とも同様である。春繭が全収繭量の７割を占めていたのが、1900年代中期に夏秋繭が増加し、春繭は６割弱に減少する。夏、秋の別も1900年代初頭にほぼ拮抗していたのが、秋繭が夏繭の２倍になる。３期の戸数も当初は春繭だけという農家がかなり見られたが、明治末期にはほぼ同数になり、大正後半には秋蚕を飼育する農家戸数が最も多くなった。

同表に１戸当り収繭量、反当り収繭量を示した。これを08年に限って、郡・県・全国平均と比較してみよう（表5－8）。全国、長野県平均はもとより、下伊那郡平均と比べても養蚕業への特化の度合が一目瞭然である。反当り収繭量は10、11年にも激増し、26貫目に達し、戸当り収繭高もほぼ100貫になる。もちろん、これは下伊那郡のレベルの高さから推測されるように、上郷村が特殊だったのではない。近隣の市田・座光寺・鼎・松尾・龍丘などの諸村も同様な数値を示している。

表５－８　収繭量の比較（1908年）

（単位：貫）

	反当り収繭量	戸当り収繭量
全国平均	7	20
長野県	14	49
下伊那郡	15	63
上郷村	21	87

出典：「農商務統計表」「長野県統計書」「下伊那郡一覧」。

第一次大戦期の好況期の数値を欠くが、その頃もう一段の桑園の拡張、戸数の拡大が見られる。大正末期、あるいは昭和期の数値と比較すると、明治末期に当地域の養蚕業は比較的フレキシブルな部門だった。下伊那では繭価の高い年に、「施肥により多収の法を講ずる為めに一反歩に対し四〇円以上の金高の肥料を施す」[29] ことが行われた。さらに繭価が傾向的に上昇した1900年代中期、新たな桑樹の育成方法が開始され、広範に普及する。

明治中期から夏秋蚕が普及し始まると、その最大の問題は、年に三度摘桑することによる、「桑樹の被害又甚だしく殊に葉柄迄摘採するの甚だしきありて……中には枯死するもの等ありて桑園の荒廃少なしとせず」といわれる荒廃桑園の出現であった。行政は夏秋専用桑園の設置を推奨するが、伊那の如き「天地狭僻にして渓河大部を占め耕園僅少」[30] の地に普及したのが密植促成桑園、あるいは臨時桑園といわれるものである。通常の桑園は１反に600～1,000株を植え、３年目から摘桑し、桑樹の寿命は15～20年である。ところが、臨時桑園は反当り6,000株を植込み、初年の夏期から摘桑する。毎年反当り50円の肥料を投じ、反当り５石の養蚕が可能になる。しかし、桑樹・田地の消耗が早く、６年目には撤去して水田に戻すというのである[31]。07年にはこの臨時桑園が、下伊郷郡の「最も桑の繁茂する各所に於いて……到る処設置せらるる」[32] という状況になった。

下伊那郡の養蚕地域では、1900年代中期の繭価の高騰時に臨時桑園を設置して繭を増産し、反当り、戸当り収繭量を増加し、それが明治末期まで継続した。また、第一次大戦開始後の繭価の高騰にも同様な手段で対応した。

村の総生産価額は、村内生産繭を原料とする組合製糸の大きさのため、工産物価額が多くなっているが、繭の生産価額は米以下のすべての農産物価額のおおよそ２～３倍程度になり、まさに養蚕主業村といわれる状況になった。

表5-9　別府地区各組の養蚕業（1915～19年）

	1915年	1919年			1917年						
	小作地率（%）	水田（畝）	桑園（畝）	戸当り耕地	戸数	養蚕戸数	桑園面積	収繭量（石）	戸当り桑園（畝）	戸当り収繭量（石）	反当り収繭量（石）
1番組		94	686	56	15	14		118.2	(49)	8.4	
甲2番	38	114	287	52	9	8	250	69.0	31	8.6	2.8
乙2番	62	43	286	42	9	8	253	66.1	32	8.3	2.6
3番	40	300	757	99	15	11	757	220.6	69	20.3	2.9
4番	72	542	783	84	19	16	695	261.3	43	10.9	3.8
5番	35	289	495	69	15	12	460	126.2	38	10.5	2.7
6番	46	307	681		11	10	433	118.5	43	11.9	2.7
7番	64	400	525	70	13	13	410	145.8	29	10.4	3.6
8番	72	765	477	88	14	14	345	183.4	25	13.1	5.3
9番	53	461	558	64	16	16	427	178.1	27	11.1	4.2
10番	72	739	486	77	19	16	460	188.2	29	11.7	4.1
11番	54	425	573	83	14	12		216.8	(48)	18.1	
12番	35	435	822	99	13	13	740	176.3	57	13.6	2.4
13番	95	147	69	43	6	5	64	28.2	13	5.6	4.4
合計	(61)	5,061	7,485	65	188			1,975.2	32	12.0	

出典：「農工商事統計調査関係書類綴込」。

次にもう少し村の内部に入ってみよう。前章でも述べたように、上郷村は飯田市の影響を受け、町場化している地区がみられるが、別府は純農家の色彩が強い。商、工が32戸を数え、うち19戸は兼業農家である。別府の耕地を農家戸数で除すと、1戸当り6反5畝になり、経営耕地5反歩未満の零細農家が約半数を占める。

別府地区は9～19戸を単位とする14の組に分けられ、各組の状況を示したのが表5-9である。純農村にもかかわらず組によって著しく状況が異なり、一概にいえない。しかし戸当り耕地、戸当り桑園、戸当り収繭量を基準に三つのグループは析出できよう。

第一は、一、二甲、二乙、一三番組である。戸当り耕地、桑園とも平均以下で、収繭量も著しく少ない。これは零細農家の集中している地区といえよう。第二は七～一〇番組で耕地は平均以上だが桑園が少ない。ところが反当り収繭量は著しく高い。このグループは他の組より水田を多く残し、買桑による養蚕を広範に展開していると思われる。第三に三、一二番組である。耕地はほぼ1町歩、桑園も5～6反歩、収繭量も20石近くに達し、大規模農家、大規模養蚕農家が集まっている地区である。小作地率はこの第三グループが低いという点は指摘できるが、グループの特色と小作地率に明確な相関は認められない。

傾向的にいえば、戸当り桑園面積、収繭量は耕地面積に規定され、大規模農家は大規模養蚕農家であり、自作、あるいは自小作農家である。他方耕地の少ない農家は戸当り桑園面積が少なく、収繭量も少ない。しかし、桑園面積の少なさは買桑によってカバーされ、単純に耕地・桑園の面積に規定される訳でもなかった。

次に個別農家の内容がわかる甲二、四番組を表5-10、表5-11によってみておこう。甲二番組で地区平均の耕地面積に達しているのは3戸のみで、残り6戸は全くの零細農家である。最下層の⑨は小作地1反3畝を耕作するが、養蚕は営んでいない。農家番号①③だけがある程度の米作を営み、他は自作地を持つものも含めて、田はすべて桑園に転換している。畑の桑園面積が17年の数値であるため耕地より桑園のほうが多くなっている農家がみられる。②の15年の畑は2反歩で実質的にはすべて桑園と考えられる。①と③のみが若干の水田を有する以外、他のすべての農家は田・畑ともほぼ桑園にし、養蚕専業零細農家という状況である。

次に六太郎家を含む四番組をみておこう。表5-9によれば、四番組は小作地率・反当り収繭量が高いことを除けば、経営面積、桑園面積、戸当り収繭量は地区平均よりも若干高いだけの通常の地域である。四番組は15年の戸数が19戸で、表5-11にその大正中期の自小作別の耕地面積、家屋、収繭量、買桑量それに大正末期の桑園面積、明治後期の所有地価を示した。19戸の農家はかなり明確に5グループに分けられる。第一は①④⑤である。01年の所有地価が1,000円以上、2町歩以上を有する、小規模ではあれ貸付地を持っている階層である。自作地1町歩以上で貸付地を持ち、居宅以外に納屋、土蔵を持ち、収繭量100貫規模である。第二は、②③⑦でごく少しの自作地を持つが、経営的には意味を持たない、1町歩以上の小作農家である。居宅以外に納屋、土蔵、

表5-10　甲二番組農家の状況（1915年）

（単位：畝）

農家番号	耕地合計	内桑園	水田			畑		
				内自作地	内桑園		内自作地	内桑園
①	77	56	65	34	30	12	5	26
②	60	45	26	26	26	34	34	19
③	55	22	46	31	16	8	8	6
④	50	62	37	37	37	13	13	25
⑤	28	25	16	12	12	11	7	13
⑥	25	21	20	0	14	5	5	6
⑦	17	16	16	0	16	1	1	0
⑧	14	14	14	0	14	0	0	0
⑨	13	0	8	0	0	5	0	0

出典：前表に同じ。畑桑園面積だけが1919年の数値、そのため合計が一致しない。

表5-11　四番組農家の状況

農家番号	耕地（畝）					家屋建坪（坪）		収繭量調		大正末期		1901年地価
	合計	自作田	小作田	自作畑	小作畑	居宅	付属	収繭量	桑買入量	桑園（畝）	養蚕雇人	
①	200	40		160		90	127	409	800	233	12	2,076
②	167		100	7	60	36	16	170		65	2	38
③	141		100	3	38	27	19	118	100	44	1	2
④	132	92		40		63	52	190	400			1,125
⑤	101	46		55		48	55	180		58	2	1,381
⑥	100		29	45	26	34	36	260	600			31
⑦	98		66	2	30	44	33	70	500	23		48
⑧	89	14	56	2	17	18		80				
⑨	78		60	15	3	21	30	140	150	63	3	59
⑩	67		37		30	47		115	170	30		105
⑪	58		30		28	11		34				
⑫	57		35		22	12		50	80	24		
⑬	45		17		28	17		71	80	32		
⑭	41		18	3	20	18	4	53	220	27		6
⑮	13	8		5		56	70	32				1,549
⑯	11				11	6		43	165	25		9
⑰	6				6	23	5			6		38
⑱	2				2	10						
⑲	1				1	12						

出典：「別府四番組家屋建坪調」「別府四番組調査関係綴」「収穫高調」（以上は大正前期）、「養蚕基本調査票」「明治三十四年九月現在所有地価調」。

蚕室のどれかを持ち、養蚕も大規模である。⑥⑧⑨は第二のグループより自作地が多い小自作、自小作の第三グループといえよう。このうち⑥は自作、小作が拮抗しているが、⑧⑨は小作地が多く、第二のグループに近い。この層も前二者と同様、居宅以外の家屋を持つ者が多く、養蚕規模も大きい。そして春蚕の飼育に際しては、雇傭労働を用いるものがみられる。第四のグループは⑩～⑭である。耕地は４～６反の純粋の小作農家、養蚕規模も⑭を除くと小規模である。この層は、農業、養蚕では生計を維持できず、日雇い、農間稼ぎを余儀なくされたであろう。第五は⑮～⑲の耕地が２反歩未満の層である。四番組には主たる業務が商、工の兼業農家が６戸ある。おそらく２反歩未満の５戸と一致するのだろう。⑮は貸付地を持つ兼業農家で別格である。また１反歩未満の３戸は養蚕を営んでいない。こうした第二種兼業農家は実質的に脱農家しているといっていいだろう。

桑園面積はすべての農家のものが残されているのではなく、また収繭量との間に数年の差があるので確言はできないが、桑葉の購入が全階層にわたってみられること、①を除く自作、小作とも大規模農家の桑園比率が低いのに対し、零細小作農の場合は耕地のかなりの部分を桑園にしていることがうかがえる。さらに注目されるのは、居宅から蚕室まで含めた家屋の建坪と養蚕規模の関係である。⑦⑲を除くと100貫以上の養蚕農家は総坪数が46坪以上になっている。買桑による養蚕が広範に行われていたことを考えると、養蚕規模は耕地や桑園よりも家屋の規模によって規定される度合が強かったといえよう。

2　産業組合、農事諸団体の設立

養蚕業の発展に対応して、飯田町・鼎村などに1890年代後期から1900年代にかけて、数十釜規模の器械製糸場が族生する。こうした製糸場は興亡を繰り返しながら、大正初期には200釜を超える中規模製糸場をいくつか生むにいたった。さらに1901年には片倉製糸が飯田に工場を設け、400釜を超える規模にまで拡大する。

繭は仲買人によって買い集められ、あるいは養蚕家が製糸場、製糸家の買入所に持ち込んでいく。1914年の調査によれば、郡下42か町村で生繭売買業者は694人を数え、上郷村にも14人の仲買人がいた。郡下の取引の中心は飯田町で、同地には100人の仲買人がいた[33]。95年に1,000貫以上を集荷する買入所は繭市場１か所を含め、12か所、同年の郡下の春繭概数15万貫の約４割強を占めた。繭市場を除く11か所の買入商店は諏訪・上伊那・岐阜地方など、特定の製糸家１、２社の買入所となっている[34]。

原家の諸書類に記されている繭の販売先は、村内の仲買人、郡内の製糸家、飯田の買入所、鼎村の片倉製糸など、極めて多様である。販売方法を記したものは見られないが、近隣の最大規模の養蚕家であっただけに、同家には収繭期になると、多くの仲買人、製糸家が訪問し、彼らの提示する相場をみはからって売却したのである。決済は大部分現金である。

地域外の比較的大規模の製糸家と、飯田町の有力商人が提携した買い入れの場合には問題が生じなかったと思われるが、地元の零細製糸家の場合には取込詐欺に類した事件も発生した。飯田の宮下製糸場は07、08年に大打撃をうけ、倒産寸前にいたった。09年は周旋仲買人に多額の口銭を支払い、養蚕家へは他製糸より高価格を提示して多額の繭を集め、繭代金の支払いを延期しつつ、その間に別の合資合社を組織し、２万円の取り込みを行っている[35]。

上伊那、下伊那地方には、明治末期から大正初年にかけて組合製糸が族生する。上郷村でも14年秋、経営破綻に陥った村内の50釜の製糸場を買収して組合製糸上郷館が設立された。組合設立の理由は、第一次世界大戦勃発による繭価下落に対する危機意識、第二には隣村の山吹村に設立された大正館が「事業成績大ニ見ルベキ者アルヲ聞キ」の如く、組合製糸の有利性に着目したからであった。上郷館は当初、組合員44名で出発し、15、16年の好成績により、17年に組合員は養蚕農民の８割、釜数も250釜に拡大した。上郷館は上、下伊那郡の多くの組合製糸と同様、蚕糸恐慌のなかでも安定的な経営を続け、1937年、天龍社合同工場の建設まで製糸を継続する[36]。

四種兼営の産業組合も17年に設立される。組合の目的は、以下のように共同、道徳心の力により、弱肉強食の傾向をますます強める資本主義社会のなかで、

表5-12　上郷産業組合の経営（1920～33年）

（単位：千円）

年度	自己資本	借入金	貯金	貸付金	預ケ金	購買品売却高
1920	9	20	48	23	23	66
1921	13		75	27	30	50
1922	20		105	47	60	73
1925	43	4	232	79	135	131
1926	50	8	277	104	159	152
1927	60	9	302	154	155	137
1928	68	31	335	214	154	133
1929	77	16	284	205	106	139
1930	85	11	285	253	74	99
1931	87	20	260	257	57	66
1932	87	27	245	260	53	80
1933	88	97	273	271	152	65

出典：各年度「事業報告書」。

農家経済の安定を図るところにあった。

経済問題ニアレ社会問題ニアレ思想問題ニアレ、実業問題ニアレ個人個人ニテハ意ノ如クナラザル場合アルニ付、道徳心ヲ離レス協力一致ノ力ニヨリ各種ノ事業ヲ行ヒ……生活ノ安定ヲ期シ小ニシテハ一家一村、大ニシテハ一国ノ富力ト徳風ノ増進ヲ計ル[37]

上郷産業組合は、表5-12に示した如く、大正末期には組合員も全戸数のほぼ9割に達し、信用、購買事業を中心に着実に発展した。組合は「職業勤勉ト消費節約トニ努メ益々貯金ヲ実行シ生活ノ安定ヲ図ル」[38]ことを第一にしていた。吸収した貯金は当初、銀行や系統金融機関に定期預金として預け、1916年以降は組合員貸付にその多くを振り向けていった。貸付金は、旧債償還、肥料購入、土地買い入れ、家屋の増改築を理由とするものが大部分である。購買品は肥料が圧倒的である。貯金は、普通・定期・当座の口座以外に、義務貯金・御大典記念貯金・副業貯金・台所貯金など、種々の名目で零細な組合員の資金の吸収を図った。

上郷は養蚕業に頼る割合が大きかったために、信用・購買の両部門とも、蚕糸業の動向に規定された。「春蚕揚句ニハ金融割合ニ良好ナラサリシタメ回収意ノ如クナラサリシカ、夏秋蚕揚句ニ至リテハ農家ノ収繭代収入……回収状態稍々良好」[39]の如く、繭価、生糸価格の動向により、貸付金の返済、貯金の動向が規定されるのである。

組合製糸と産業組合は組織的に全く別物であった。しかし関東大震災で上郷館の出荷生糸が被害を受け、また横浜、東京からの金融が途絶えたときなど、緊急の際には信用部の資金を融通した。さらに昭和期になると、組合員の購買品の支払いを「繭代受取委任状」により、上郷館から直接受け取るようになった。

組合製糸も産業組合も、組合員を地区ごとに「部」に組織し、部長集会、部員集会によって組合の精神、方針の徹底を図る。組合製糸は原料繭の品質向上、規格統一という、組合の存立にとって決定的に重要な事項を遂行していくために、組合員の日常的な結集が不可欠であった。しかし産業組合は、養蚕は組合製糸に任せ、それ以外の農事は農会が担当したため、昭和恐慌以前は、村の中での比重は信用事業を除くと大きくなかった。

農事部門で大きな役割を果たしたのは、農会とその下部組織の農事実行組合である。

大正期には上郷村農会にほぼすべての農家が加盟し、積極的な活動を展開していた。19年の農会予算によると、農会技術員を置き水稲・大麦・桑樹の種類、採種・肥料に関する委託試験を行い、農事小組合設置奨励費も計上している。原家を含む地域で小組合が設置されたのは23年2月であった。別府地区の中島、天王原、古瀬の39名が集まり、別府第三農事改良組合を組織した。原六雄が組合長となり、3班に分けて各班に班長、さらに、経済部・耕種部・桑園部・養蚕部・畜産部を設け、各部に主任、副主任、係員を置いた。組合員は地区農家の全員が加入したと思われる。組合長の六雄は、農会の小組合長会に出席し、農会の事業、通知はすべてこの農事改良組合を通じてもたらされる。産業組合、組合製糸との関係も、養蚕主任がこの地区の養蚕組合長であり、六雄自身が産業組合、組合製糸の地区部長であった。創立直後、村役場に小組合長と産業組合の部長が集まって懇談会を催し、「各小組合ハ産業組合ト提携シテ相互ニ援助シ益々本村ノ発展ヲ計ル事ニ一致」している[40]。

事業資金は組合員割・収繭割・反別割などの負担と村農会からの補助金であった。「日誌」によると、極めて多様な事業を展開している。農会技術員の自給肥料製造法、蔬菜栽培の伝習、農会から求められる作付報告などの農会事業の下請け的なものに加え、種子・消毒薬・農具・肥料の共同購入、塩水選・催青の共同実施、稲・麦の共同採種、300坪の共同桑苗園の設置などである。種子・消毒薬は農会からの購入が多いが、農具・肥料は一般の商店から購入しているのが目につく。

これらの事業は特定の人物に委託することなく、各部主任が中心となって共同で作業を行った。農事改良組合はほぼ年間を通じてさまざまな活動を行い、また組合製糸は養蚕期に連日の如く部長を通じて指示を出し、養蚕の進行具合、天候に応じた注意を呼びかけ、技術員、部の役員が各農家を巡回した。

大正末期になると、上郷のような養蚕主業村でも、蔬菜・果樹・畜産などによる農業の多角化が主張される。さらに、組合製糸の発展は収穫した繭を商人に販売すれば終わりというのではなく、桑園の肥培から現実に繭となるまでの過程が農家にとって重要な意義を占めてきた。農業の多角化、養蚕の外延的拡張に対応して、農村の新たな組織化が不可欠となり、それが組合製糸、産業組合の部組織の充実、農会の下部組織の充実となって実現するのである。

3　原家の経営

原家は前章で述べたように、1890年代に小作地の処分を迫られ、1901年には自作地田畑2町2反歩、小作地1町6反歩に減少した。その直後から、多額の資金を投じていた河原地の開発が進展し始める。開墾の過程で同族、希望者の資本を導入したため、共有地となっていたが、「所有申告綴」には例外的にその総計が出てくる年がある。六太郎が家督を相続した11年には、田畑合わせて11町歩、原野5町歩と記され、7町3反歩が開墾済みと思われる。さらに21年には約10町歩が開墾済みと思われる。開墾地を除く原家の所有地は、自作地と貸付地の間で若干の出入はあるが、ほぼ4町歩弱で変化せず、後述するように、大正後期に土地購入によって6町7反歩に拡大した。

「金銭出入帳」をもとにして、明治後半から昭和初年までの原家の経営動向を追ってみよう。表5-13は、大正初年までの収入だけである。「出入帳」という史料の制約、貸借関係の複雑さによって、収支の合計が合致しないなどの限界はあるが、おおよその傾向は出ている。純収入は、米・繭・桑苗・桑葉の販

表5-13　原家の収入（1900〜14年）

（単位：円）

	1900年	1901年	1902年	1912年	1913年	1914年
米・麦	270	243	208	776	653	606
繭	771	1,143	1,132	1,249	1,293	1,625
桑苗	170	90	109	17		55
桑葉	104	20	46		146	98
小作料		2	149	39	69	39
利子	8	21	29		12	43
雑収入	117	38	40	219	67	121
借入金	721	1,182	966	1,080	1,331	858
貸金返金	214	81	169		247	456
講金	3		338	137	243	330
土地売却	27		72		222	1,610
他共合計	2,438	2,820	3,259	3,468	4,329	5,843
支出合計	2,857	2,693	3,684	3,720	4,929	7,478

出典：各年次「金銭出入張」。

売、貸金利子・小作料・蔬菜・雑物販売や種々の日当などからなる雑収入である。そのうち大きな比重を占めるのは米穀・繭・桑苗の三種である。

1900年代以降は、自作田で２反歩強、収穫は20俵強、貸付地は、田を中心に１町５反、大部分が米納で80俵と考えてよい。大正初年の販売収入の増加は、米価の６円台から８〜９円台への上昇による。米価の高低による変動はあるが、小作米の販売は原家の安定的な収入源だった。

90年代まで多様な事業を行った原家は、1900年以降養蚕業に特化した。粗収入に占める割合は５〜６割台で顕著には増えないが、額自体は倍増する。桑苗業のもっとも盛んであったのは、07年頃までであり、前述したように300円台の粗収入があった。しかし「出入帳」からはその３分の１程度しか拾えない。桑葉販売は明らかな減少傾向にある。原家の継続的な収繭量は不明であるが、明治中期から大正初年の間だけは表５-14に示したように明らかになる。すでに90年代前半に春繭の収繭量が100貫を超え、夏、秋蚕も開始した。1900年代から夏、秋蚕を拡大し、特に08年から秋蚕を100貫台に乗せ、続いて09年には春蚕を200貫台に乗せ、大正初年には三期併せて300〜350貫の収繭量をえるようになる。

新田開発は前述したように原家の家計から分離されていたが、「出入帳」で使途を特定できない借入金の一部は新田にかかわるものであったと思われる。しかし、原家が養蚕業に特化した後も、頻繁に多額の借入を繰り返し、貸付も行っている。この時期の原家の収支パターンはおおよそ次の通りである。

6月半ばの春繭収入までは、1～3月の数円から10円単位の桑苗の販売、2、3俵単位の米の販売が主な収入で、まとまったものはない。その間の租税上納・肥料代・講掛金など多額を要する出費には通例借入金で対処する。1901年まではほとんど個人から借入していたが、それ以降は百十七銀行・扶桑銀行・伊那銀行などからも借りるようになる。6月中旬に数百円の春繭収入をえて、その借金の返済、桑代・肥料・労賃の支払い、「時貸し」などにあて、8月中旬に夏繭、9月末に秋繭の収入があり、それによって、桑葉代・雇料などの直接的経費を支払うとともに、店借り、租税の支払い、日常的経費に充当する。10～12月の所要経費は再び、少量の米の販売によって賄った。

表5-14　原家の収繭量（1900～15年）

（単位：貫）

年次	春蚕	夏蚕	秋蚕	合計
1900	99	24	4	127
1901	148	17	39	204
1902	126	30	31	187
1903	112	19	38	169
1904	128	42	52	222
1905	158	48	32	238
1906	128	43	45	216
1907	154	46	39	239
1908	141	40	103	284
1909	180	51	43	274
1910	218	49	99	366
1911	223	73	87	383
1912	209	41	91	341
1913	186	59	71	316
1914	178	38	92	308
1915	212	62	93	367

出典：「桑・桑苗売上明細帳」「当用雑誌第八号」。

表5-15には、大正中期から昭和初年の「出入帳」の収支を整理した。収入は桑苗、桑葉の減少がいっそう進み、米穀販売は価格変動、貸付地の増加によって増減するが、22年頃までは粗収入の2～3割と比較的安定し、末期に至ると減少の度合が大きくなる。その減少に対応して、金納小作料が増加する。

90年代中期から始まった養蚕業への特化がいっそう進展していることが明らかである。原家は16年に組合製糸、17年に産業組合に加入し、資金回転は18年に明らかに転換した。2～3月に前年の秋繭の仮渡金・配分金が入り、銀行からの借入金が消滅する。18年の借入金は、2月に近くの親戚から借りた100円と、

表5-15　原家の経営（1916～27年）

（単位：円）

	1916年	1917年	1918年	1922年	1925年	1926年	1927年
収入合計	5,401	5,546	7,472	26,525	16,446	15,111	9,890
米・麦	679	974	1,823	1,136	624	531	376
繭	2,617	3,089	4,038	4,354	4,620	4,816	3,944
桑苗	66	244	137	252	8	138	93
桑葉	25	93	32		100	23	
小作料	100	163	278	267	1,553	992	314
利子	48	9	20	1,127	402	290	247
雑収入	36	130	293	243	125	339	246
借入金	1,105	685	400	2,626	868	2,346	1,190
貸金返金	724	29	50	304	2,144	665	992
講金		130			2,630		144
預金払戻				16,215	3,370	4,970	2,413
土地売却			400				
支出合計	4,228	5,990	7,264	26,681	18,970	16,326	12,663
諸税	364	400	517	884	741	865	765
肥料	414	521	644	1,335	935	636	834
雇料				1,471	1,648	2,107	1,777
桑代	229	735	1,060	227	416	452	645
蚕種蚕具	84	126	147		257	184	184
貸金	20	174	61	435	3,159	1,138	958
預金	100			8,639	5,994	2,759	1,549
借入返済	1,864	1,227	2,005	3,202	500	1,900	892
利子支払	198	225	189	190			
講掛金	358					604	
土地購入				4,430		1,400	
新田会計	150	150	392	400			

出典：「金銭出入張」。

7月の銀行からの300円だけであった。例年だとしばしば資金ショートを来たした10月以降も、春夏の配分金、秋繭の仮渡金が入り、資金ショートを来たすことはなかった。こうした事態は、この頃の繭価の上昇に大きな原因があることはもちろんであるが、それだけでなく組合製糸の支払い方法も預かっている。組合製糸は、供繭時に時価の7、8割の仮渡金を支払い、残額は生糸の出荷が進んで損益が確定する段階で配分金として支払われた。こうした配分政策が、養蚕農民の資金回転のあり方を大きく変化させた。

第一次大戦末期から戦後の繭価高騰によって原家は多額の蓄積を遂げた。22年の「出入帳」によれば、少なくとも百十七銀行に8,800円の定期預金、500円の農工債券を持ち、個人1人に2,000円を貸付けている。それ以外に百十七銀行には当座口座を持ち、1,000円を超える借入金を繰り返し、また、産業組合とも数百円単位の出入金を繰り返している。ただこの時期が最高の蓄積を果たした時代であった。定期預金のうち、この年に6,600円を取り崩し、4名から田1町1反歩、畑1町4反歩、それに山林を購入した。さらに26年には、産業組合の定期1500円を解約して山林2反8畝を購入する。

16年以降は支出の内容も示した。貸付金、借入金の返済は前述したように、連帯借入などをも含み、原家だけのものを分離できない。その両者を除いたものを純支出と考えると、収入の増加に対応して支出も顕著に増加した。

租税は16年を除くと、純支出の8％前後で安定しており、蚕種、蚕具は増加傾向にはあるが、2、3％でネグリジブルと言ってよい金額である。

経営的支出のなかで大きいのは、肥料・桑葉・雇料の三種である。16年以降に肥料代金が着実な増加を示しているが、繭代金に対する比率は15％程度で大きな変化は見られない。次に16～18年にかけて桑購入代金の急激な増加が見られる。大正初年まで、100円前後の桑葉の販売があったが、中期以降一層減少し、反対に16年には購入高が養蚕関係収入の8％、18年には25％にも達した。繭価格の騰貴に際し、広大な桑園を持つ原家も買桑によって収繭量を一気に拡大したこと、および桑価格が高騰したことをうかがわせる。22年以降は10～15％前後に落ち着くが、買桑と売桑を比較すれば、原家は大正中期以降、構造的に買桑によって大規模養蚕を行う態勢になったことは明らかである。さらに注目されるのは大正末期～昭和初年の雇料の高水準である。純支出に占める雇料は22年の15％から、26年には20％にも達した。

ここでこの時期の養蚕雇傭労働の動向を表5-16によってみておこう。

1910年の3期合計収繭量は336貫、販売額は1,500円を下らないであろう。雇料はその約1割弱の140円である。この頃「下男」とされているのは同年に入った1人だけである。この「下男」は近隣の5反8畝を耕作する小作農の息子

表5-16　原家の雇傭労働（1910～26年）

		1910年	1919年	1926年
年雇	男	1	1	1
	女	2		2
100日以上	男	1	3	4
	女		1	1
30日以上	男	1	1	
	女		5	6
10日以上	男	2	2	1
	女		1	1
10日未満	男	7	1	
	女	34	13	5
年雇給金	男	70円	90円	297円
繭掻人足		30銭	80銭	1円

出典：「雇人諸色勘定張」。

で、20歳は越えている。年給を70円とし、毎月の渡し金を2円、残金は年末に「組合」に渡すという約束であり、さらに「禁酒ノ事」も定めている。このような取り決めであったが、父親が肥料代、講掛金、質物受払いといった名目で頻繁に雇料の前貸を求め、さらには白米を借り受け、年末に支払うべき雇料は残らなかった。ほかに年金40円と50円の女子が1人ずついる。1人の出身地は不明だが、1人は同じ組内である。両者とも賃金から見て子守的な女性ではなく、農業労働に従事したのであろう。

季節雇いは岐阜県武儀郡の男子1人が7～11月の5か月、他の男子1人が7～9月の3か月、それぞれ月極めの賃金で働いている。ほかに2人の男子を5～6月の間、日給で30日近く雇用した。さらに2人の男子が年間20日前後働いているが、彼らの賃金は貸金・米・肥料などと相殺された。

夫婦2人と子供1人の家族労働力に加え、男女3人の年雇、男子2人の季節雇いが基幹労働力になり、桑園の維持管理、耕種農業に当った。養蚕期にはその基幹労働力に加え、大量の養蚕手伝い人が雇用される。1910年は四眠まで前記した以外の労働力を用いず、大量の給桑を要する五齢期から雇用し始め、上族の2日間、繭掻きの2日間には12～25人にも及び、四眠起きから繭掻きまでの8日間に36人を延べ89人雇用した。村内のものも数人含まれているが、大部分は飯田町の人々であった。「町方雇人夫」と記される人々は、比較的長く働くグループと1～4日間だけしか働かない人々に分けられ、前者は個人ごとに賃金が支払われる。こうした日雇人夫は、口入屋を通じた日雇と仲間同士で語らってグループを形成しているものとの両者があった。明治末期から大正初期にかけてはあまり変化しなかったが、表5-16によれば大正末期にかけて、年雇の減少傾向、上族、繭掻きの最盛期だけに数日間雇用する数が大きく減少した。他方、男女とも100日間以上働く季節雇的な者、女子では養蚕期に30日以上働く者の数が顕著に増加したことがうかがえる。このことは、一つは年雇のような形で雇用できる労働力市場の減少、第二には夏、秋蚕の増加による労働力市場のピークの平坦化という二つの要因の複合と考えられる。

賃金は1918、19年に急騰した。飯田町では、「昨今裏長屋は何れも寂莫閑として子供や老人が留守居といふので日和ぼっこでもしてる位なもの、すこしでも役立つものはどんどん農家を指して養蚕手伝ひに出かけているのだ」[41]といわれる状態であった。繭掻きの日当は明治末期の30銭から1円になり、同一人物である年雇の給与も19年に比較して26年には3倍以上になっている[42]。

以上、大雑把な観察ではあるが、大正中期から後期にかけての養蚕業の好況期に、原家は、養蚕収入の6割を雇料・肥料・桑葉・租税・蚕具・蚕種に投じて収繭量の拡大を続けた。これらすべてが養蚕業に投じられたわけではないが、純粋の現金支出であることを考えれば、6割というのは相当高い割合である。養蚕の好況期にすべての現金支出が増加したが、そのなかでも最も騰貴の割合が高いのは雇料である。年雇を若干減少しながらも季節雇いで補い、多労働を要する養蚕業を拡大し、高い蓄積を遂げた。原家がこうした行動を採りえたのは、飯田町に滞留する労働力を相対的に安価に確保できたためであろう。

第3節　恐慌とその後の上郷村

1　恐慌と経済更生計画

組合製糸上郷館からの繭配分金は、1925年まで貫当り10円を超えていたが、27年に7円台に落ちた。繭価格の下落に加え、霜害による夏秋蚕の減収が顕著になる。しかしこれは、単に自然的な災害ではなく、「作柄豊作でも経済上収支相償はざるが如き矛盾したる結果」、桑園への投下肥料を削減し、さらには粗放育、無謀なる掃立に走ったために、桑園の荒廃、栄養不良の養蚕となり、減収を来たしたのであった[43]。

1927、28年頃から農会の技術員に「何か適当な副業はありますまいか」という質問が頻繁に浴びせられるようになったという[44]。このような農民の要求に答えて、村農会と産業組合は、養豚組合、養鶏組合を設立し、飼料の共同購入、鶏卵・生産豚の共同販売を開始した。さらに29年からは「飯田町に近く、蔬菜栽培は最も有利に行なはれる」という立地条件を生かし、組合、農会が飯田の町内に青物市場を設置し、蔬菜・花卉の販売に便宜を図りはじめた[45]。

27年頃より、上郷村を取り巻く環境は厳しくなりつつあったが、29年秋に始まる生糸価格の低下は養蚕主業村に根本的な変革を迫るものであった。上郷館の配分金は30年に貫当り3円50銭、31年には3円12銭に下落し、産業組合の貯金も30年から32年にかけて4万円減少し、村内には「失業者類似ノ者益々増加シ、中ニハ日々ノ生活サヘ困難スルモノアルノ状態」[46]となった。地方新聞には上郷村の一農夫から、校長、農業・山林技術員、山林特置巡査の廃止、教員・役場吏員の減俸などを求め、そうした対策がなされないなら、「大挙役場へ押しかけ陳情し、小学校庭に村民大会を開催して目的貫徹に努める」という内容の投書がもたらされた[47]。

こうした不穏な動静は投書にとどまり、具体的な動きがあったわけではないが、『時報』には、「蚕糸業の危機」「今や試練の時は到れり」「大不景気が来た」といったタイトルが踊り、村を挙げての対応策が検討されはじめた。教員・吏員・議員からの寄付金という形で実質的に給与を削減し、村財政も減額して実行予算を編成し、村税の減額を行った。

恐慌に直面した村当局、農会・産業組合など、村政に責任を持つ人々がとった行動は、当初から自力更生であった。従来の不況や天候異変に際してなされた救済資金の散布は、決して芳しいものとは思われていなかった。

> 霜害応急資金、養蚕救済資金は只僅か一時的に農家の生活を緩めたのみで後にその代償としては、より多い苦しみの年賦債務と、各産業組合や、銀行に殆んど不動的の貯金を多からしめ[48]

即ち、「二階から目薬式の補助政策、助成案」に期待することを排し、「好況時に倍した精励を以て自守独立の気を興し、他の補助や、庇護を待たない決心」が強調される[49]。

30年秋から農会が中心になって恐慌への対処策を検討し始め、31年2月にいたり、「上郷村更新経済計画」を発表した。そこでは不安定な「養蚕偏重の単一組織の農業経営」を排し、農業の多角化が検討された。飯田町に接しているという利点を生かし、蔬菜・果実・花卉の増産と販売に「特に力を入れ」、あるいは東京市場目当ての養豚、養鶏事業も5か年計画を立てて奨励した[50]。

しかし、「農業経営の終局の目的」を「耕地に対し単位生産額の増大と自家労働の最大利用」[51] に置くとすれば、上郷村では他地方の如く、本格的な多角化は不可能であった。単位生産力、自家労働力の完全燃焼の視点からすれば、養蚕以外に有利な作物は考えられなかった。しかも、繭は養蚕農民の大多数が参加する組合製糸において処理され、輸出市場で高い声価を得ているのである。

具体的な計画は、(1) 桑園を1割削減して米の作付を1.5割増加し、米穀の自給を図る、(2) 二毛作化によって大麦、小麦を増産し、飯米の補充にあてる、(3) 荒廃桑園の改植により収繭額は維持する、というものであった。「更新経済計画」のもう一つの重点は「現金的経費ヲ節約シ生活並ニ農業原料品ノ自給ヲ計ル」ことにあり、畜産の導入は副業収入とともに、桑園に投じている多額の金肥を削減する意義も持っていた。

さらに33年には、農会・産業組合・組合製糸の経済団体に加え、青年会・在郷軍人会・主婦会など村内のあらゆる団体を結集し、経済改善委員会を設置した。前述の更新計画に加え、婚礼・葬儀・日常の村民生活をも規制する「改善事項」を規定し、負債整理、販売統制なども計画した。

こうした計画の徹底、実施の督励は三団体共通の「部」「班」と称された自治組織を通じてなされた。また、組合製糸は燃料を石炭から薪に変更し、薪の購入を組合員に限定して組合員の副収入の増加を図り、配分金の前貸しも行った。産業組合は鶏卵、生豚の共同販売、負債整理のための低利資金の貸し付けなどを行った。桑園は31年の344町歩から着実に減少し、36年には270町歩になる一方、米・麦の作付反別は計画通りに増加した。収繭量は30、31年の規模を維持できずに減少する。繭価格は32年に若干上昇するが、34年まで低水準で推移した。蔬菜・花卉・果実の栽培は少しは増加したが、養蚕収入の減少を到底補うものではなかった。また、有利な副業と見込んでいた豚・卵の価格が暴落し、他方飼料価格は下落せず「飼育上頗ル困難ヲ来シ」、畜産も目だった成果を挙げられなかった[52]。

36年秋には経済更生基準村に指定され、村内経済のより包括的な調査が実施される[53]。その調査によれば、米・麦作付反別の増加にもかかわらず、なお食料を購入しなければならない農家が全農家の半数に及んでいた。金肥の削減、自給肥料の増加はある程度の進展を見せたが、養蚕がかつてのような繁栄を取り戻す可能性がなく、有利な副業を見出せないなかでは、なおいっそうの余剰労力の利用、耕地の徹底的利用、生活改善による現金支出の削減を強化しなければならなかった。

恐慌が養蚕主業村の上郷村に与えた打撃は甚大ではあったが、他方次のような事態も見られた。30年の下伊那郡全体の組合製糸の繭代金渡金が前年の6割5分に減少する一方、信用組合の貯金額はむしろ増加した。

> すくない収入を更に預金に振り向けている。生産費も償はない繭代金をどうして預金することができるか、ここに行き詰まつていながら分からない農村人の生活がある。偏執的に発達してきた貯金思想が思われる[54]。

上郷産業組合も29年に御大典特別貯金が減少した後、30年の貯金額は前年を少し上回り、31、32年と減少した。これは恐慌の継続により、さしもの農民も零細な貯金を取り崩したかの感があるが、そうともいえない。同調査によれば、村民の申告貯金額は63万円であるが、実態は100万円以上とされ、またほぼ実態通りとされている申告債務額は32年の182万円から109万円と大幅に減少した。貯金額は減少したが、村民の金融資産は負債整理などにより、むしろこの間に改善されたともいえる。養蚕主業村においても、現金支出を削減し、農家経済のフレキシビリティを発揮したといえよう。

本業農家戸数622戸のうち、耕作地5反歩以下の177戸は農業だけでは生活困難とされた。だがそれを補う手段は容易にみつからなかった。こうした事態では、現金支出の削減や小規模な畜産の導入、桑園の間作による蔬菜などの導入といった手段は、本質的な解決とはならない。

「本村永遠の大業」と考えられたのは、満州その他への移民だった。下伊那郡は長野県のなかでも最大の満州移民を送り出し、分村移民も見られた。上郷村においても、農村の行き詰まり打破のために満州移民が奨励され、37年から44年までの間に合計262人が送り出された。しかし他のいくつかの村のように分村移民はなされなかった。たしかに、「本村ノ状況ハ頗ル悲観スベキ欠陥多」いものであったが、なお郡下の山村とくらべて頼るべき蚕糸業があり、さらに「本村民ハ其ノ教養比較的高ク特ニ共同一致ト愛郷ノ精神ニ富」んでおり、この特色を生かし、「更生ノ路ヲ求メ一切ノ難局ヲ打破シテ理想郷上郷村建設ニ一路邁進」することが方針とされた。恐慌に対し、農家経済防御のための政策発動を求め、村民に対しては小さな努力を積み重ねることを求め、それに加えて抽象的な督励によって、最悪期を耐えることができる状況であった[55]。

上郷村の養蚕は量的には最盛期に回復することはなかったが、35年以降の価格の回復、組合製糸の指導による優良繭の生産により、他地方が大幅に生産を縮小するなかで、40年までは最盛期の８割前後の水準を保った。その根拠は、養蚕に代替する作物を見出しえなかったという消極的なものと、他方では繭処理難が顕在化するなかでも、組合製糸によって優良繭、高格糸を生産して生き延びることができたという積極的な根拠があったのである。

36年になると、政治的に村内の状況が変化しはじめる。従来の産業組合や農会は経済問題だけに重点を置いて活動していれば十分だった。ところが、この頃から「道徳と経済が並行せなければ其の運動が意味をなさない」ということが強調されはじまる。36年春には、小学校長を塾長に「村塾」が設立された。村塾の課題は、「農村経済の更生と国体の認識を強く深くする……この二つの問題が一元的に渾一的に矛盾を感ぜず、憧着を来たさぬ、国と村と家と人とが出来事を願ひ求め」[56]というところにあった。経済の更生と精神の更生が表裏一体のものとして認識されはじめたのである。

経済更生運動の初期において村内経済団体の共同的行動が図られ、さらに33

表５-17　原家の経営（1929～31年）

（単位：円）

	1929年	1930年	1931年
収入合計	10,575	5,916	5,846
米	1,381	1,285	772
繭	4,396	2,957	2,312
桑苗	108	55	26
桑葉	14	8	75
小作料	120	28	57
利子	110	94	91
雑収入	131	351	118
借入金	2,204	957	2,227
貸金返金	630	90	67
講金	331		81
預金払戻	1,150	93	20
支出合計	10,145	6,087	5,980
諸税	656	595	465
肥料	57	18	258
雇料	1,953	1,391	1,084
桑葉	490	371	137
蚕種蚕具	314	144	96
貸金	386	33	28
預金	85	85	85
借入返済	1,528	36	1,269
利子支払	34	141	238

出典：各年次「金銭出入張」。

年には村内全団体の結集が図られ、36年には経済更生だけでなく、「国民精神の更生」が導入された。そして翌37年から始まる日中戦争への壮丁の動員によって、村民のファッショ体制への動員も開始されていくのである。

2　昭和期の原家

この時期にも原六太郎、六雄は多くの史料を残しているが、大部分は彼らが役員を務めた組合製糸・産業組合・農会など、公職に関するもので、経営に関係するものは少ない。また原家の主要な収入である繭代金が組合製糸から産業組合に直接振り込まれるようになったためか、「金銭出入帳」によって収入の全額を明らかにするのが不可能になる。表５-17に示した1929～31年の数字によって恐慌下の状況をみることができるだけである。

この間に原家の金銭出入額は半減した。一時は１万円近くに達した金融資産は、不動産の購入に充て、残りの大部分も28、29年に肥料代として消費し、31年頃にはほとんどなくなった。純収入と純支出を大雑把に比較すると、この間1,000円強の収入不足になっている。

原家は村の更生計画に応じて、恐慌期に子豚の繁殖、蔬菜栽培を行った。しかしその収入は雑収入として処理すれば十分なほどの金額である。30年から増加する雑収入の大部分は組合役員・公職の手当で、この時期にも主要な収入源は米穀と繭の販売だった。土地所有も変化せず、大正末期に比較して大幅に小作料収入が減少し、米穀販売収入が増加するのは、小作料が金納から現物納に転換したためである。収繭量も600～700貫台と変化せず、金額の減少は価格の低落による。

支出では第一に貸付金・預金が大幅に減少したことが注目される。近隣の人々との時貸し、時借り関係の稀薄化、信用組合の利用による銀行・個人との貸借関係の縮小が進んだ。第二に、租税の額は収入の下落に伴って減少せず、純支出に占める割合は10%に達した。第三に、雇料も金額は減るが、純支出に対する割合は23%、また養蚕収入に対しては45%という数値に達している。肥料代は組合からの諸他の購入品と一括されたためか、独自の項目として抽出できない。

繭・米価格の低下によって、両者の販売収入は大正期の6,000円台から31年に3,000円台へと半減する。しかし、養蚕規模を維持するためには、雇料・肥料などを大幅に削減することはできず、またその価格も繭価格と同じ比率では低下しなかった。原家は食料は自給していたが、大量の肥料、雇傭労働の投下によって大規模養蚕を営んでいたがゆえに、恐慌の影響は大きかった。好況期に蓄積した金融資産を吐き出し、30、31年の貸借関係に見られるように、恐慌のなかで借金の増加は避けられなかったのであろう。

しかし、繭の生産が不利になったとしても、前述のように養蚕以外に有利な作物はなく、また容易に転換しうるものでもなかった。恐慌下においても収繭量を維持し、繭価の回復を待つだけであった。30年代中期に配分金は貫当り10円台に乗り、大戦期、直後とはくらぶべきもないが、養蚕に頼る農家、農村経済の改善が進んでいく。39年以降の「供繭台帳」によれば、原家の収繭量は41年まで600貫を保ち、翌42年にいたって初めて400貫台に低下する。

六雄は別府第三農事改良組合の組合長、産業組合・組合製糸の班長を続け、産業組合の理事、農会副会長、さらに34年頃より組合製糸の専務理事と産業組合の役員を歴任し、大正末期以降、一貫して農村経済の指導者であった。経済更生運動に際しては、生産部の部長、金融部・教化部の部員としてかかわった。述べてきたように、彼が関係した団体の史料は多数残されているが、残念なことに、彼がこの恐慌下、さらにはファッショ化が進展するなかで、何を思い、どのような活動を行ったかを示す史料は残していない。

おわりに

開港から明治前半の変革期は、多くの人々にビジネスチャンスを与えた。六右衛門は伝統的な家業に固執せず、積極的に種々の営業に進出する。しかし、天龍河原の開墾を除くと、すべて失敗に終わり、1890年代には小作地のかなりの部分を放出せざるをえなくなった。さらに、家業ともいえる蚕種業も先進地の市場掌握力の強さ、新興の産地に圧迫され、90年代には廃業した。

この間、六右衛門家の養蚕規模は停滞、あるいは減少するが、その一方で火力育の採用による安定的な養蚕技術の定着、夏秋蚕の安定、地域に適した桑苗の開発などの技術向上に努めた。六右衛門、六太郎は、こうした技術改良を果たすために、多くの情報源からの知見、自らの経験を幾種類ものノートに記し、また多くの数字を帳簿に残した。

六右衛門のような老農、あるいは官僚の技術指導によって安定的な養蚕技術が定着し、また生糸輸出の好調に支えられ、下伊那郡では養蚕業が急速に拡大する。特に1900年代、第一次世界大戦中の繭価格の騰貴により、水田・畑地の桑園化が激しく進み、上郷村をはじめとするこの地域の村々は養蚕主業村になった。村内の全階層にわたって養蚕が営まれ、1戸当り、1反当り収繭量は全国でもトップクラスとなる。各農家の収繭量は基本的には経営面積に規定されるが、桑の売買が広範に行われており、付属建物を含めた家屋の広さも重要な要素を占めた。

「当用雑誌第八号」は1919年まで書き続けられるが、明治末期以降の記述には見るべきものがなくなる。それは代替わりだけによるものでなく、農業・養蚕業を取り巻く条件の変化によるところが大きかった。老農・篤農による経験主義的な技術改良、普及の段階から、国・県の試験場による代替、農会の系統組織による改良・普及に変化したため、六右衛門のような人物の活動の余地が狭められてきたのである。

上郷村にも大正初期に組合製糸、産業組合が設立され、農会の活動も積極的になる。農会・組合製糸には技術員が常置され、養蚕・耕種の農業全般にわたる技術指導、経営指導が行われるようになった。

組合の設置は原家の家計にも多大の影響を及ぼした。小作地の多くを手放し、養蚕に特化すると、春繭代金の入る6月中旬までに支出する肥料、租税の支払いのため、明治中期までは主に近辺の個人、それ以降は飯田町の銀行からかなりの資金を借り入れていた。しかし、組合製糸の設置によって繭代金の収入が平均化されるようになり、さらに産業組合の活動が活発になると、肥料代金も養蚕収入と相殺されるようになる。原家は養蚕業に特化した後の明治末期には、養蚕収入の約4割を肥料・桑代・雇料に投じ、大正中期には6割にまで上昇する。多額の現金支出を行うことによって、全国でもトップクラスの収繭量を挙げ、第一次大戦期には高い蓄積を遂げ、小作地を拡大した。

1927年以降、繭価格が低迷し始めると、飯米をも購入しなければならない状況に対する不安が出はじめ、養蚕を補う副業が模索された。恐慌のなかで、村内の経済団体を中心に経済更生運動が展開され、部分的には桑園の水田への復旧が進み、蔬菜、花卉、畜産などが奨励された。しかし、村経済に決定的な比重を持つ組合製糸を擁するなかで、繭に代わる副業を見つけることはできなかった。上郷村は、あくまでも繭・生糸を中心に、蚕糸恐慌にいかに耐えるかという方向で腐心するのである。

1935年頃には繭価格の回復も本格化し、組合製糸も高格糸を中心に存続しうる見込が出てきた。恐慌からの脱出がほの見えてくるのと時を同じくするように、36年頃には更生運動のなかで組織化された村内各団体に、ファシズムの影が明らかに及び始めてくるのである。

注

1）　本章で対象とする原常吉家の史料の大部分は横浜開港資料館で撮影し、閲覧に供されているものである。

2）　原六右衛門の履歴は、下伊那郡役所『下伊那郡誌資料　下』（1977年再刊）による。

3）　土地所有、諸営業については「明治十三年度　諸営業予算取調」「明治十三年度

諸商営業階級取調」(上郷町役場文書)、「明治八年　生糸御鑑札願書連名簿」「明治九年八月　組々段別地価書抜」「明治十九年　村内各人資産等級覚」「明治三十四年九月　現在所有地価調」(別府区有文書) 等による。

4) 上郷史編集委員会『上郷史』(1978年) 433頁、1098頁。

5) 「第二番　当用向覚帳」(原常吉家文書、以下註記しない限り同家文書である)。

6) 「安政六年未十一月　横浜一件」。

7) 「慶応四年　蚕種売揚入用諸事控」。

8) 「明治三年　大福帳」。

9) 各年次「大福帳」「明治十九年　蚕種書上帳」。

10) 「明治六年　春蚕原紙越年原紙初度薄紙代価取集帳」「壬申癸酉　蚕種製造高壱人別調帳」。

11) 各年次「大福帳」。

12) 前掲『上郷史』1036頁。

13) 「明治四年未正月　證書請印幷遺章之控」。

14) 「明治三十五年　證書請印幷遺章之控」。

15) 「松川社規約書」「松川合資会社設立登記陳述書」「当用雑誌　第六号」。

16) 前掲『上郷史』802頁。

17) 「養蚕輯要摘写録」。

18) 「養蚕見聞誌　二」。

19) 「明治四年未正月　證書請印幷遺章之控」。

20) 「養蚕輯要摘写録」。

21) 「明治六酉年ヨリ養蚕検査表毎歳記」。

22) 「原六右衛門履歴申告書 (明治三十八年)」。

23) 「桑苗ニ開スル取調書 (明治二十九年)」。

24) 「当用雑誌　第八号」。

25) 「桑苗売上明細帳 (明治三十年)」。

26) 「日就人員控簿 (明治十一年)」。

27) 「第二番　当用向覚帳」。

28) 「当用雑誌　第六号」。

29) 『南信新聞』(南信新聞株式会社) 1903年7月4日。

30) 同前、1905年3月5日。

31) 同前、1905年3月7日。

32) 同前、1907年11月21日。

33) 同前、1914年12月6日。

34)　同前、1905年７月８日。
35)　同前、1909年１月27、28日。
36)　組合製糸上郷館については、本書第６章を参照。
37)　上郷生糸販売組合・上郷販売購買組合「通知書並ニ関係書類綴込」。
38)　同前。
39)　上郷信用販売購買組合「第五年度　事業報告書」。
40)　「日誌　別府第三農事改良組合」。
41)　『南信新聞』1919年６月５日。
42)　「明治四十二年　傭人諸色勘定帳」「大正六年雇人諸色勘定帳」。
43)　「上郷時報」第15号（1929年６月）。
44)　「上郷時報」第９号（1928年12月）。
45)　「上郷時報」第27号（1930年６月）。
46)　上郷信用販売購買利用組合「第十四年度　事業報告書」。
47)　『南信新聞』1930年７月４日付。
48)　「上郷時報」第26号（1930年５月）。
49)　同前。
50)　「上郷村更新経済計画案」。
51)　「上郷時報」第37号（1931年４月）。
52)　上郷信用版売購買利用組合「第十六年度事業報告書」。
53)　「昭和十年十二月末日現在　基本調査集計表」。
54)　『南信新聞』1930年９月17日。
55)　前掲「基本調査集計表」。
56)　「上郷時報」第149号（1936年６月）。

第６章　両大戦間期における組合製糸
——長野県下伊那郡上郷館の経営——

はじめに

産業組合製糸（以下組合製糸）は、産業組合法に基づき生糸を生産、あるいは出荷販売する組織である。小規模な営業製糸が連合して名乗った産業組合は除き、本章では組合員たる養蚕農民の産繭を製糸し、販売する組織を組合製糸とする。産組法に基づく組合製糸が設立されるのは1906（明治39）年と09年の同法改正以降だが、周知の如く、それ以前から群馬県の南三社、あるいは長野県伊那地方をはじめとする各地の共同製糸のように、座繰揚返・器械を問わず、実質的に組合製糸と同様な組織が結成されていた。

群馬・埼玉・神奈川県などに普及した座繰揚返結社は、養蚕・製糸農民が拡大する輸出市場に対応して荷口の大量化・斉一化のために組織し、明治末期に器械製糸の生産力が向上するなかで器械を導入した。また、当初から器械で出発する共同製糸・組合製糸の設立理由は、第一に「製糸家カ莫大ノ利益ヲ収得スルヲ見テ、彼等（養蚕農民——引用者）自ラ製糸業ヲ経営シテ其利潤ヲ享受セントスルモノ」と、第二には繭仲買人や製糸家が少なく、不当な低価や掛売代金の回収遅滞のために「営業製糸ニ対スル怨嗟反抗心」に基づくものとの二つがあった[1]。明治末期以来の組合製糸の普及にもかかわらず、「政府ハ動モスレハ普通製糸ニ重キヲ置キ組合製糸ヲ軽視スルカ如キ傾向」[2]、「産業組合側からは特殊組合として寧ろ孤立していた」[3]と言われるように、組合製糸は蚕糸業行政からも産業組合行政からも十分な保護を与えられていなかった。その状況が変わるのは世界恐慌のなかで1930年以降生糸価格が低下し、それが繭価の低下だけでなく産繭の過剰をもたらしてからであった。

産繭処理難を解決するため、組合に手厚い保護が与えられ、また明治末期から奨励されていた共同販売・共同繭市場・乾繭共同販売もいっそう推進され、養蚕組合による共同販売や産業組合立の繭市場から組合製糸に進む組合も出現するようになった。全国釜数に対する組合製糸釜数の割合は、1920年代中期の11％から30年代初頭に16％前後に上昇しただけであったが、産業組合による乾繭販売も加えれば、産業組合が生繭に何らかの加工を加えて処理する繭の割合は、30年代初頭に20％、後期には30％に至った。かくして30年代後半には、産繭の45％を占めた特約取引と並んで、産業組合は産繭処理の二大潮流となったのである。

この産業組合による原料処理、組合製糸を同時代的に論じた著作は数多く見られるが、近年の蚕糸業史研究のなかで本格的に論じているのは平野綏氏と大島栄子氏である。平野氏は長野県下伊那郡松尾村や埼玉県の組合製糸を取り上げてはいるが、氏の関心は組合製糸を成立せしめた農村構造と養蚕業にあり、組合製糸それ自体は本格的に分析されていない[4)]。上伊那郡を分析した大島氏は片桐村を中心とする農村構造に精緻な分析を加えるとともに、組合製糸の龍水社にも論及した。氏は1920年代の高格糸生産を担ったのは片倉・郡是の二大製糸資本ではなく、地方製糸と組合製糸であったことを明らかにするとともに、龍水社が糸格を向上させ得た根拠は勧銀・中金による短期低利資金の注入であり、それによって優良繭生産が可能になったことを指摘した。また碓氷社が売込問屋からの金融的従属を脱しなかったのに対し、龍水社が金融・販売両面での自立を達成したことが同社の発展の根拠であることも明らかにした。興味深い指摘を数多く含んではいるが、問題点の一つは短期低利資金導入が優良繭生産を可能にしたメカニズムが明確でないこと、二つには金融・販売両面で売込問屋に従属していたとされる碓氷社も龍水社と同様に高格糸を生産しており、売込問屋との関係如何は高格糸生産に決定的な意義を持っていないのではないかと推測されることである[5)]。

ところで、戦間期の製糸業については、小野征一郎氏が石井寛治氏の優等糸市場における独占の成立という論点を継承して、片倉・郡是が多条機を集中することにより、プレミアムを生む部分市場を占有して独占利潤を取得し、恐慌からの回復期に独占資本として成立したとされた[6]。同時代の現状分析家がすでに31年頃から営業報告書、「会社統計表」の分析に基づき、20年代以降の片倉・郡是の高収益を指摘している[7]。柳川昇はその根拠を、「特殊精巧品的生糸生産、即ちコストの相対的引下による独占利潤の獲得」として大製糸制覇＝独占の進行を主張したのであった[8]。しかしその一方、製糸経営300釜最適説が唱えられ、小規模製糸の合理的経営が可能であることも一貫して唱えられていた[9]。また松井一郎氏は、製糸業の景気感応的構造から製糸独占体の形成には至らないことを主張している[10]。

ここでは製糸業における独占形成について論じることはできないが、小野氏の論点に即して二、三指摘しておこう。氏はプレミアムを生む高級糸を36年を基準にＡ格以上としているが、その採り方には問題が残る。プレミアムには、標準格を基準に糸格に応じて一般的に形成されるものと、通常の格差以上に形成される特殊なもの、の二種類があり、氏が検討されたのはもちろん後者である。ところが氏が作成された図表によっても[11]、36年のＡ格が特殊なプレミアムを得ていたとは思われない。糸格別の詳細な価格が知られる34年以降で特殊なプレミアムを生んだ糸格を見ると、34年はＡ格、35年は３Ａ格、36〜38年は特３Ａ格、39年に至っては消滅している[12]。３年間にわたって特殊なプレミアムを生んだ白十四中特３Ａ格は、その期間全輸出生糸の中で２〜３％を占めるにすぎない。このような限定的市場の占有を根拠に、独占の成立を主張するには疑問が残るところである。

まえおきが長くなったが、本章はこれらの問題を直接解明することを意図しているのではない。1925年、長野県下伊那郡上郷村に設立され、37年に天龍社合同工場の設立に参加して消滅した組合製糸上郷館が、戦間期の蚕糸業界の激変に如何に対応していったかを具体的に明らかにすることにある。それを果たすことによって戦間期蚕糸業の特質も明瞭になるであろうし、また前述の問題に対する解答の方向も浮んでくるであろう。

第1節　上郷館の経営と財務

上郷館は1914（大正3）年秋、第一次世界大戦勃発後の繭価格下落による「養蚕業ニテハ到底収支相償ヒ得ルヤ否ヤヲ危ブマシムル状況」という危機意識と、「生糸販売組合大正館ノ事業成績大ニ見ルベキ者アルヲ聞キ」[13] の如く、組合製糸の有利性を認識した数名の主唱者によって設立された。「認可申請書」[14] に記された発企者10名の所有地価は、上郷村長で設立時から合併まで理事長を続けた北原阿智之助の6,500円、宮沢柔太郎の1,500円を除けばほぼ300～500円の範囲内で、当地の平均地価を基準にすれば1町歩前後の自作上層が中心であった。発企者は組合員を集める以前の14年末、経営破綻に陥った村内の製糸場（50釜）を買収し、15年3月に申請して5月に認可された。当初、44名で出発するが、15、16年の好成績と北原村長兼理事長の努力により、組合員は16年に村内養蚕戸数の8割に及ぶ530名に増加し、釜数も17年に250釜に拡大した。設立直後の急拡大は新工場の位置をめぐる対立、乾繭設備工事の見込違いによる繭の悪化などの問題を引き起こしたが、18、19年以降、安定的な軌道に乗った[15]。

1　供繭と配分

組合製糸が営業製糸と最も異なるところは、生糸販売代金を生産費・雑費・準備金などに充当するために組合の収入として留保する歩合金と、組合員の供繭量に応じて分配する配分金とに分ける点である。上郷館の場合、歩合金は当初、物品販売代金収入の20％以内とされていたが、その後「総会ノ決議ヲ経タル範囲内ニ於テ理事ノ定メ」る割合と、枠が取り払われ、30％を超える年もあった（後掲表6－1）。配分金は「細則」で「配分率ノ決定ハ先ツ各期ニ於ケル生繭時価（繭市場ノ出盛期凡十日間ノ平均ヲ以テ時価ト見倣――原文）ニヨリ評価額ヲ決定シ売上代金ヲ按分シ」と規定され、地方繭相場を勘案して決定される[16]。この歩合金と配分金という分け方が、営業製糸に対する組合製糸の強味にも、また弱点にもなった。

多額ノ剰余金ヲ算出セントスレハ、繭代配分金ヲ減スルコトニヨリテ或程度迄ハ之ヲ為シ得ヘク、又損失ヲ計上セントスレハ、繭代配分金ヲ多額トナスコトニヨリテ之ヲナシ得ヘシ[17]

配分金の減少、歩合金の増加によって組合の財務体質を強化することが可能であり、あるいは営業製糸への対抗上、配分金を政策的に増加することも可能であった。過大な配分や過渡金の発生によって破綻した組合が見られるように、一般的には組合員を惹き付けるために無理な配分政策にかたよりがちで、歩合金の増加によって財務体質を強化するのは容易でなかった。

組合製糸は購繭を禁止されていたため、組合にとってまず第一の課題は、組合員から繭を安定的に確保して製糸工場を効率的に操業することであった。上郷館は設立当初、出資１口に付20貫匁を義務供繭としていたが、組合員に繭代金として認識される配分金は生糸をほぼ販売し終わる年度末に至るまで不明であったため、繭高糸価安が予想される場合には供繭不履行が横行し、また「繭ノ値ニ吊ラレテ他へ売」るという営業製糸の高値買による不履行も生じ、そうした場合には原料不足となり、操業日数の短縮や休釜を生み、事業に大きな打撃を与えた。

同館では22年４月、郡下で最初に全額供繭制を採用し、それに違反する者には違約金を課し、「御自分ノ近所カラハ決シテ忌マワシイ違背者ヲ出サヌヤウ」にと[18]、共同体的規制による徹底を図った。

しかし、如何に厳しく監視し、制裁金を課そうとも抜売りが利益になるのであれば供繭不履行は跡を絶たない。「組合ガ出来テ此ノ方組合ノ利益ヲ云々スル者ヲ屡々耳ニスル」[19] 状況のなかで、組合を維持し発展させるには、下伊那地方の繭価より高い配分金を実現することである。上郷館が如何なる配分金を実現していたかを表６－１によって見ておこう。繭価格と比較するためには配分金に蚕種補助費などの原料奨励費を加え、それから仮渡金利子を引かねばならない。それをカウントすると全国繭価より低いのは４回、また全国繭価より相当高い水準にある飯田市の市中価格と較べると６回になる。市中繭価は基本

表6-1　繭価格と配分金および歩合金割合（1915〜36年）

年度	全国①（円）	飯田市②（円）	上郷館③		歩合金割合（%）
			配分金（円）	その他（円）	
1915	3.69	4.31	5.64	△0.14	15.1
16	5.36	6.42	7.33		13.2
17	7.32	7.71	7.35	△0.12	19.7
18	8.40	9.09	9.48		20.3
19	11.57	12.38	16.10	0.19	18.7
1920	6.38	7.80	7.11	0.13	29.3
21	7.00	7.92	8.69	0.24	27.5
22	10.37	11.70	11.78	0.18	22.8
23	10.45	11.30	10.24	0.26	27.7
24	8.21	9.20	10.81	0.09	23.3
25	10.68	10.88	11.82	0.09	20.2
26	8.35	9.44	9.24	△0.04	20.8
27	6.03	6.60	7.88		24.4
28	6.48	6.76	7.70	0.05	26.0
29	7.06	7.30	6.47	0.08	26.1
1930	3.10	3.23	3.50	0.09	31.7
31	3.03	2.94	3.12	0.07	32.2
32	3.53	3.31	4.61	0.07	23.2
33	5.28	4.40	3.93	0.12	26.4
34	2.46		3.21	0.12	31.1
35	4.50		5.00	0.21	25.5
36	4.94		5.69	0.10	

出典：①は「蚕糸業要覧」1933年版、②は「組合経営状況抜萃」、③は各年度「事業報告」、その他は供繭１貫当りの原料奨励費から仮渡金利子を引いた金額。

的に繭出廻期の糸価によって決定され、営業製糸は年度後半に糸価が上昇すれば大きな利益を受け、下落すれば手痛い損失となる。養蚕農民は、前者の場合に繭の割安を感じ、後者の場合には割高と感じる。組合製糸は、製糸業の構造的欠陥の一つである糸価変動による投機性を軽減するところにメリットがある。生繭時価を参考に仮渡金が決定されるが、繭価に当る配分金は生糸売却後に算出され、年度内の糸価変動が相殺される。その結果、組合製糸は、例えば19年度のように糸価先高となった年度でも組合員への配分金を市中繭価より数割増にしたために、巨額の剰余金を計上できず、他方、33年度のように春繭出廻期に糸価が高く、その後暴落した場合でも配分金を抑制することによって前年と同水準の剰余率を計上することが可能であった。組合員は糸価先安の影響を受けることもあったが、総じて市中繭価より高い配分金を受け取り、製糸工程の利益を養蚕農民に還元するという組合の最大の目的は達成されていたといえよう。

2　生産費と繰糸量

組合員の供繭は組合の工場によって繰糸される。工程自体は営業製糸と同様であるが、組織原理の相違、経営方針の違いは生産費の構成にも反映する。一般的に営業製糸の生産費は高く、組合製糸は低く申告される傾向があるが、表6－2には組合経営の有利性を鼓吹するために作成された数値と、「事業報告書」から再集計した数値の両方を示した。再集計した上郷館の生産費を営業製糸と比較すると、24年度まで相当高かったのが、25年度以降はほぼ同水準になっている。生産費中最大の項目である工賃（繰糸工女への賃銀）は29年度まで100～120円で安定しているが、比率は25年度以降の他項目の減少によって生産費全体が減少したために、20％前後から30％前後へと高まっている。30年度からは生産費の激減と軌を一にして工賃削減も進み、32年度以降は再び20％前後へと減少する。

表6－2　100斤当り生産費（1915～36年）

（単位：円）

年度	長野県営業製糸①	上郷館		
		生産費②	生産費③	工賃
1915	189	132	224	
16	140	194		
17	239	267	357	
18	315	290		
19	442	424	581	113
1920	423	414	492	102
21	415	396	471	101
22	490	401	492	114
23	457	457	565	116
24	459	415	484	111
25	454	363	423	120
26	420	303	359	106
27	395	309		
28	382	313	388	113
29	345	315	382	120
1930	283	235	287	78
31	204	192	232	67
32	184	142	173	40
33	177	133	165	39
34	165	166	179	37
35	180	184	196	40
36	178	181	188	36

出典：①②③とも前表と同じ。
注：②は③から原料改善費・減価償却費・利息を差引いた直接的生産費。

生産費の詳細な比較が可能な25年度と33年度をとって、営業製糸に対する上郷館の特徴を表6－3によって見ておこう。25年度には、上郷館は工女募集・繭仕入・諸税諸掛・借入金利子を営業製糸よりはるかに低額の出費で抑えている。組合製糸は購繭費が不必要、租税でも優遇されていたためにそれらの入費がはるかに少なく、後述するように系統金融機関からの低利借入金によって利子支払も低額に抑えることができた。しかし、工女募集費は必ずしもそうではない。19年の下伊那郡組合製糸の工女調査によれば、組合員家族が36％、非組合員を含めると区域内で61％に達するが、残り4割は他郡市町村から採用して

表6－3　100斤当り生産費内訳（1925・33年）

（単位：円）

	1925年度		1933年度	
	営業製糸	上郷館	営業製糸	上郷館
工女募集費	15	1	—	—
繭仕入貯蔵費	53	3	14	—
工賃	109	120	45	41
役員以下諸給	34	40	8	23
賄費	46	44	15	17
薪炭費	31	51	17	15
揚返束装費	20	3	—	—
荷造売込費	26	13	9	—
歩合金	—	11	—	—
諸税諸掛	10	2	4	1
借入金利子	69	37	20	5
修繕費	12	11	4	6
固定償却	—	14	—	6
賞与費	—	15	—	—
原料奨励費	—	11	—	7
他とも合計	454	423	177	165

出典：営業製糸は『長野県製糸工場調』、上郷館は「事業報告書」。

いる[20]。上郷館においても、まず村内から他製糸場に勤務している工女はすべて同館へ勤務させ、「村外ノ工女ヲ募集スルニ全力ヲ傾注シ得ルヤウ各組合員ノ尽力」[21]を求めている。20年度には同館も5円の募集費を費しており、1円というのはこうした努力によって減少した段階の金額である。ほかに揚返束装・荷造売込費の少なさが目につくが、連合会への歩合金があるので相殺される。

他方、上郷館の支出が多い項目は工賃・諸給（給料・工場給料・役員報酬）・賞与費（工女）などの人件費と薪炭費などであり、また固定償却費と原料奨励費が独立項目として計上されているのも注目される。営業製糸の固定償却費は前年度には独自の項目として記されており、おそらく少額であったので雑費に組み込まれたのであろう。25年度の原料統一費は減少後の額で、最高であった23年度には100斤当り70円と生産費の12％を占めていた。33年度には営業製糸・上郷館ともあらゆる項目が激減する。工女募集費は営業製糸でさえ激減し、不景気による労働市場の激変が推測される[22]。上郷館は33年度に工賃・薪炭費などで営業製糸を下回る一方、諸給の高さが一貫している点が注目される。直接生産過程での合理化を強力に進めながら[23]、後述するように組合員への就業機会の提供に努めたことを示すものであろう。

表6－4は工女1人1日当りの繰糸量である。この繰糸量は原料繭の質（特に解舒）、生産すべき生糸の繊度、目的糸格、それと器械の性能および工女の

能力によって変化する。上郷館の場合には十四中に集中しているので繊度を考える必要はなく、また工女の能力も養成所を付置しているため問題にする必要はない。創業初期に乾繭で失敗した例外的な年次を除き、24年度までほぼ110匁前後で顕著な変化は見られなかったのが、25～27年度の３年間に工女１人１日当り生産量が約２割近く、釜当り年間生産量は約５割増加する。ところが28年度には25年度以前の水準に低下し、それが31年度まで続く。同表に示した解舒率によれば、29・30年度は極めて良く、繭質によるとは考えられず、また28年度に４緒から５緒に改造している点からも器械が原因ではない。しかも32年度からは一転して極めて高い生産性を示し、天龍社に合併する37年度まで順調に高めている。その原因の一つが解舒率の向上にあることは明らかであるが、生産性の変化は目的糸格との関連で改めて検討しなければならない。

表６－４　生産能率の推移（1915～36年）

年度	長野県１人１日当り①（匁）	上郷館		
		１人１日当り（匁）	年間１釜当り（貫）	繭解舒（匁）
1915	69	82.0		
16	66	112.5		
17	72	91.0		
18	68	112.0		
19	73	115.5	20.8	
1920	88	104.0	18.7	
21	60	115.0	20.0	
22	87	113.9	21.3	
23	85	110.7	21.2	
24	88	116.7	22.4	
25	96	126.0	29.2	7.95
26	106	137.5	29.9	8.23
27	112	135.2	33.2	
28	107	115.2	27.4	8.49
29	110	98.6	27.7	12.8
1930	126	111.0	27.3	12.9
31	112	103.5	27.1	7.3
32	137	150.7	29.6	9.3
33	121	164.5	44.2	
34	167	159.0	42.9	13.1
35	171	163.0	39.3	11.45
36	184	188.7	41.3	15.5

出典：①は『長野県蚕糸業資料』（1939年刊）。
注：繭解舒は10分間で繰糸できる量を示す。

以上のように、上郷館は組合製糸としての組織・政策的配慮から得られる生産費の削減部分を、工賃・薪炭費などの高さに見られるように直接生産過程、あるいは原料奨励費として蚕種統一・原料改善事業に注ぎ込み、またある時期は生産性を高め、直接生産費・原料奨励費を削減して生産費全体を削減することに努めた。

3　生糸価格と糸格

次に上郷館の出荷・販売関係を見ておこう。同館は開業直後、上伊那郡龍水社の取引問屋神栄株式会社に出荷するが、２回目の出荷からは龍水社に参加し、共同販売を行った。しかし、1916・17両年の急拡大を契機に、17年に龍水社を脱退して単独出荷となり、18年には上郷館が中心になって下伊那の組合製糸８組合によって南龍社を組織し、南龍社は20年５月、25組合を結集して伊那社となった。南龍社や伊那社の最大の機能は小規模組合製糸の共同出荷にあったが、上郷館は24～26年度の間、部分的に出荷しただけで、他の有力組合と同様単独出荷を継続した。その理由は「上郷組合の如きは、伊那社に加盟すれば幾らかの損害を受けて居るから」[24]の如く、小規模で弱体な組合製糸の「犠牲」になるという点と、「連合会に参加する事の尠いかと云ふ事は横浜の小さな問屋が各組合に種々な運動をしている」[25]という、売込問屋の積極的な荷主獲得運動によるものであった。

上郷館は、第一次大戦の戦中・戦後に急成長した売込問屋日米生糸株式会社、同社破綻後は石橋商店を荷請先とし、高田商会・旭シルク・日本生糸などの輸出商に、値極先約定を除く定期・参着の成行約定や振売りなど多様な方法によって販売した。27年の大日本生糸販売組合連合会の設立によって、販売部門でも組合製糸の系統化が進むが、同館が売込商への出荷を全廃し、伊那社・糸連の系統に入ったのは33年度のことであった。

上郷館は後年まで売込問屋と密接な関係を維持し、繭出盛期には仮渡金の原資の前貸も受けていたが、金融的結び付きはそう強いものではなかったと思われる。組合製糸は、組織の特徴からして営業製糸ほど一時に多額の資金を必要としない。営業製糸の購繭費に相当する仮渡金は生繭時価の８割であり、しかも仮渡金を要求しない組合員には支払われなかったため、28年の調査で組合製糸が春繭期に繭資金として用意した資金は営業製糸の54％であったと報告されている[26]。また、大島氏が龍水社の分析で明らかにされ、本章でも後述するように、20年代から日本勧業銀行その他の系統金融機関の資金が注入され、資金調達のあり方は営業製糸とは相当異なるものとなった。33年度以前の上郷館にとっての連合会の意義は、養蚕・製糸の技術指導、系統金融機関からの低利資金の導入などにあった。

表６－５に上郷館の輸出価格と糸格を示したが、標準物の横浜現物相場を下回ったのは３年間だけで、設立当初より相当高い価格を実現している。第一次大戦以前、伊那地方の産繭は「上一番より十円乃至十五円高の糸を得ること容易ならん……自己産繭を以て自己生糸といふにあれば年一年と原繭の改良も出来」[27]といわれていた。15年には松尾・山吹・神稲など下伊那の組合製糸は矢島格・八王子格に位置づけられ[28]、上郷館設立直後の糸格は不明だが、同様な糸格であったと思われる。糸格が明らかになる20年度には優等糸の下のランクである羽子板格となり、表６－５の右欄に示したように、順調に糸格が上昇した。ただ、この糸格がどのように位置づけられるのかについては、この時期の糸格の変化を改めて検討しておかねばならない。

表６－５　生糸販売価格（1915～36年）

（単位：100斤当り円）

年度	横浜標準物現物①	上郷館②	
		輸出平均	糸　格
1915	850	937	
16	1,146	1,097	
17	1,376	1,420	
18	1,470	1,648	
19	2,128	2,784	
1920	1,663	1,520	羽子板
21	1,511	1,700	〃　10円高
22	1,904	2,164	最優　20円高
23	2,005	2,098	〃　40 〃
24	1,783	1,995	〃　90 〃
25	1,957	2,023	〃　110〃
26	1,585	1,622	〃　110〃
27	1,375	1,493	〃　200〃
28	1,321	1,505	〃 150～190〃
29	1,310	1,349	〃 170～220〃
1930	775	819	〃 150～270〃
31	583	676	〃 70～180〃
32	698	824	A～D
33	765	688	A～B
34	537	579	3A～B
35	713	845	2A～C
36	778	848	

出典：①は『蚕糸業要覧』、②は「事業報告書」など。

連年の糸格別割合を知ることはできないが、長野県だけに関しては表６－６の数値が得られる。上郷館は25年度に最優110円高に格付されるが、輸出生糸のうち100円高以上は15％で、110円高以上の工場は６工場のみである。23～27年度にかけての格付の急速な全体的上昇を考慮すれば、遅くとも24年度には上郷館は県内でトップクラスの格付に到達していたと推測される。27年度に上郷

表６-６　長野県輸出生糸の糸格別割合（1925～29年）

（単位：％）

	1923年度	1924年度		1925年度	1926年度	1927年度	1928年度	1929年度
			最優150円高以上				15.9	9.6
			〃　100円　〃	15.1	28.9	34.3	16.3	16.0
			〃　60円　〃	13.0	13.4	11.4	15.6	15.4
最優等以上	24.1	35.6	〃　20円　〃	18.0	32.9	36.1	43.1	43.8
最優等	11.5	22.2	最優～10円高以上	33.1	18.2	17.2	8.8	13.0
準優等	48.5	40.1	準優等	20.0	5.8	0.8	0.3	2.3
八王子	15.6	2.1	八王子	0.7	0.6	0.1		

出典：各年次『長野県製糸工場調』。
注：合計が100％にならない年もある。

館の糸格が大幅に上昇したかに見えるが、それは糸格の上昇ではなく、市場構造の変化によって格差が拡大したのである。28年度からはセリプレーン検査と生糸検査所による点数を基準にした荷口ごとの格付が開始されたために糸格の幅が出てくるが、なお最優200円高前後という高格糸を中心にしていた。それが大きく変化するのは32年度以降である。同年には標準格であるＤ格（プレミアムゼロ）からトップクラスのＡ格の糸格を生産し、以後36年度まで多様な糸格を生産するようになる。

4　財　　務

損益計算表と貸借対照表から作成した表６-７～表６-９、それらをもとに作成した表６-10[29]によって上郷館の財務状況を検討しよう。表６-７は損益計算表である。同館の利益金の大部分は、生糸・屑物等物品販売収入から組合員への配分金を引いた残りの歩合金で、それに若干の仮渡金利息と問屋割戻金が加わるという内容である。仮渡金利息は８月以降数回に分けて行われる配分以前に、供繭時に予想配分の８割を限度に支給される仮渡金に課される利息である。損失は表６-２に100斤当りで示した生糸生産費である。33年度から伊那社・糸連への共同出荷を開始したことによって連合会への歩合金支出が加わり、32年度から教化費が新設されるなどの変化はあるが、営業製糸と大きく異なるものではない。損失で目につくのは、表にも記したように原料統一費と減価償

表6－7　上郷館の損益（1915～36年）

（単位：円）

年度	利益				損失			
	歩合金	仮渡金利息	問屋割戻金	他とも合計	原料統一費	減価償却費	他とも合計	剰余金
1915	8,462	1,023	60	11,702	0	130	11,362	340
1917	70,677	5,333	507	81,249	0	120	80,823	426
1919	170,080	6,611	4,750	183,269	14,990	25,149	179,191	4,078
20	123,024	5,645	2,991	133,013	11,625	2,500	128,244	4,769
21	135,084	3,600	2,501	142,452	13,944	2,500	135,334	7,118
22	155,833	7,330	3,777	167,957	15,847	1,250	157,716	10,241
23	157,269	8,725	3,753	171,118	20,619	2,295	177,118	0
24	150,783	7,015	3,475	162,982	11,417	1,500	157,077	5,905
25	178,973	9,307	4,136	194,616	4,825	10,037	184,522	10,094
26	146,889	8,492	3,771	167,094	6,840	6,805	156,366	10,728
1928	162,092	5,855	4,275	175,614	9,762	8,916	163,931	11,683
29	172,476	7,423	4,771	186,887	13,532	3,059	175,693	11,194
30	123,844	3,476	2,551	131,632	10,368	3,261	125,301	6,331
31	96,859	2,242	2,042	102,941	7,269	2,745	98,634	4,307
32	74,311	1,700	2,311	80,511	6,320	4,533	74,181	6,330
33	87,634	3,680	0	93,688	11,568	2,956	86,782	6,906
34	84,771	1,764	0	88,608	10,118	3,000	83,219	5,389
35	85,448	2,072	0	89,900	13,292	3,000	85,609	4,291
36	70,595	1,920	0	76,035	10,919	0	76,003	32

出典：各年度「事業報告書」。

却費の安定的な計上である。

前述したように、組合製糸は歩合金と配分金を操作することによって粉飾的な決算が可能であったが、上郷館はほぼ一貫して市中繭価を上回る配分を行った。表6－1に示した歩合金割合を参照すると、18年度までは歩合金を低く抑えて市中繭価に劣らない配分金を実現したため、減価償却費も剰余金も極めて低額であった。19年度は配分金が極めて高く、歩合金割合も低いにもかかわらず、多額の原料統一費・減価償却費・剰余金を計上することができた。同年度の上郷館の経営は極めて好成績であったといえよう。ところが、翌20年度は前年度と同規模の原料統一費・剰余金を計上するために、市中繭価を割り込むにもかかわらず、一挙に歩合金割合を引上げたのである。20～23、24年度までは、高い歩合金によって多額の原料統一費と剰余金を確保した。24年度頃から再び

表6－8　上郷館の負債・資本（1915～36年）

（単位：円）

年度	流動負債		固定負債	負債合計	資　　本			負債・資本合計
	借入金	合計			出資金	積立金	他とも合計	
1915	8,649	9,262	0	9,262	2,850	4	3,574	12,836
1917	119,400	119,400	0	119,400	54,975	1,379	56,780	176,580
1919	55,056	55,056	0	55,056	57,700	5,453	67,231	122,287
20	64,309	64,309	3,080	67,389	58,525	9,902	73,196	140,585
21	72,526	72,526	3,795	76,321	58,525	14,676	80,319	156,640
22	64,360	64,360	4,624	68,984	57,900	19,209	87,350	156,333
23	117,877	117,877	6,464	124,341	57,825	0	57,825	182,165
24	99,147	99,147	4,871	104,018	57,675	86	63,666	167,684
25	62,400	64,082	3,854	67,936	57,300	11,283	78,377	146,312
26	44,900	47,105	6,401	53,506	56,600	21,746	88,774	142,280
1928	33,600	37,083	5,847	42,930	56,450	44,770	112,903	155,833
29	27,033	35,805	6,062	41,867	112,550	50,542	174,286	216,156
30	19,635	24,555	2,665	27,220	117,200	52,423	175,954	203,175
31	17,151	20,190	2,053	22,243	118,000	33,785	156,092	178,335
32	14,874	16,374	1,888	18,262	118,100	35,104	159,534	177,796
33	12,767	25,856	2,065	27,921	118,350	37,001	162,257	190,179
34	10,568	24,940	11,085	36,025	117,750	39,002	162,141	198,166
35	8,272	10,669	10,856	21,525	117,550	40,594	162,435	183,960
36	0	12,254	29,719	41,973	114,950	43,420	158,370	200,375

出典：表6－7に同じ。

歩合金割合を低めて原料統一費が半減するが、その代わりに減価償却費が激増する。また歩合金の低下にもかかわらず、後掲表6－10に見られるように高い剰余率を挙げている。28年度以降、減価償却の規模を維持し、再び増加する原料統一費を賄うために歩合金割合が高められるが、30年度以降、恐慌の影響により剰余金は半減する。ここでは、若干の変動はあるが、高い配分金を実現する一方、歩合金割合の操作によって、生産費（損失）の中に含まれる原料統一費・減価償却費を捻出しつつ、安定的な剰余金も確保していたことを確認しておこう。

表6－8は、貸借対照表の借方・負債を整理したものである。出資金は当初1口10円であったが、16年度に25円に引上げ、25年度には増資積立金を設け、29年度に1口50円への倍額増資を果たした。製糸業は自己資本が少なく、固定

比率の高い産業であるが、その中でも組合製糸は営業製糸に較べて高く、組合製糸の弱点の一つであった[30]。後掲表6-10に示したように、上郷館の固定比率は200%に達している。第1回増資はその固定比率を下げるために計画され、配当金からの充当以外に年2回の払込みを課し、順調に達成され、固定比率も低下した。準備金・特別積立金からなる諸積立金も増加するが、20年代初頭の積極的な設備投資によって固定比率の改善は足踏み状態になる。しかも大震災の際に諸積立金を全額取り崩し、震災後にも大きな設備投資を行ったために固定比率は再び悪化した。こうした財務状態の悪さを改善するため、25年度以降減価償却費を大幅に増やすと同時に、25年度に増資積立金を設け、第2回増資を計画する。こうした努力を重ね、「本組合経営上唯一ノ欠陥」と認識していた自己資本の少なさは、27年度に「設備ハ本年ニ至リ殆ド自己資金ヲ以テ充当セシメ得ルノ状態」[31]となった。29年度に実行された第2回増資は約2万5,000円の増資積立金を全額充当し、年2回1口6円の払込みを課して2年で全額払込みとする計画であったが、恐慌の影響によって順調に進まず、解散時まで未払出資金を抱えることになった（後掲表6-9参照）。

負債のうち流動負債は借入金と諸未払金である。上郷館も他組合製糸と同様、固定資本の多くを借入金に頼った。50釜の製糸場買収費2,730円に対して、初年度の払込済出資金は1,480円にすぎず、17年に7万円の予算で新築した新工場の建設費の多くも借入金に頼らざるを得なかった。これら固定投資の借入先は系統機関ではなく、地元の金融機関であったと推測される。新築後2年経過した19年6月、同館は県信連に加盟すると同時に勧銀に資金貸付を申し込み、10月20日に6分6厘で5万円の年賦金を借入し、それによって固定投資の長期借入金を借り換えたのであろう。また、21年9月に自家用発電所を設置するが、その資金6,000円も県信連の低利資金（5分9厘）であった。

上郷館が春繭供繭時に仮渡金のために必要とした資金は、29年度までは約15〜20万円ほどで、総会で決定される借入限度額は20〜25万円程度、年度内延べ借入金はこの間40〜90万円であった。この運用資金の明細な借入先は明らかにできないが、郡下の組合製糸と同様なものであったと思われる。郡下の組合製糸は、10年代にはおそらく単独で売込問屋や地元の金融機関から調達しなければならなかったが、遅くとも21年には郡産業組合連合会や伊那社が各組合製糸の資金要求をまとめ、連合会主事や伊那社社長が横浜・東京・長野を歴訪し、売込問屋・都市銀行・系統機関と折衝して共同で借入するのが慣例となっていた。それでもなお不足する資金は、飯田に本支店を持つ地方銀行から各組合が単独で借入したり、兼営組合の場合は信用部の資金を流用していたのである32)。上郷館は単営であったため信用部資金を流用できなかったが、大震災で横浜・東京からの借入が不可能になった23年度は、17年に設立されていた上郷信販組合から多額の借入を行って急場を凌いでいる。借入金残高の内訳が部分的にせよ明らかなのは21年度で、7万余円のうち、勧銀が4万4,000余円、信連が6,000円で、両口とも設備投資のための年賦借入金、残り3万余円が横浜や地元から調達した短期借入金であったと推測される。系統金融機関からの借入金は低利であったが、それ以外の借入金は、例えば21年度は「最高」が年利13.5%、「普通」が11%と決して低利ではなかった。

借入金のあり方が大きく変わり始めるのは28年度、30年度頃からである。年度内延べ借入金額が40万円台、10万円台に激減し、残高も減少し、利率も「最高」で8%、7%へと低下する。残高は系統機関からの年賦金だけとなり、31年度からは運転資金もすべて中金・県信連から借入するようになり、上郷館の利子負担は大幅に軽減した。

借入金減少の第一の理由は、後掲表6-9の現・預金が28年度から著しく増加しているところに見られるように、積極的な自己資本充実策の成果であり、第二には恐慌下の繭価激落による流動資本必要量の減少である。利子負担の軽減は第一に借入金減少、第二に組合製糸に対する政策金融の充実、第三に全体的な利子率の低下、などによるものである。

未払金は流動負債から借入金を引いた金額で、25年度から計上される増資積立金利息、28年度からの奨励金、33年度からの配分金など組合員に対する分と、連合会に対する未払歩合金である。組合員に対する未払金は28年度に3,500円、翌年度に8,700円と次第に増加し、実質的には組合員の短期預け金的な意義を

表6－9　上郷館の資産（1915～36年）

（単位：円）

年度	流動資産							固定資産		
	現・預金	過・仮渡金	前貸金等	仮払金	未収入金	棚卸資金	他とも合計	有形固定資産	未払出資金	他とも合計
1915	780	0	1,797	0	1,565	1,631	5,773	5,692	1,370	7,062
1917	2,177	105	11,630	27,069	0	19,199	60,180	84,991	31,159	116,400
1919	6,915	0	18,943	0	0	13,153	39,011	76,428	6,527	83,275
20	1,880	0	29,307	0	1,400	17,921	50,508	84,608	1,007	90,078
21	2,354	0	26,895	0	2,508	22,996	54,753	93,220	0	101,883
22	426	0	22,496	1,118	179	18,227	42,446	103,088	0	113,888
23	1,016	8,725	23,147	447	14,853	15,723	64,216	102,249	0	117,949
24	6,580	8,760	10,974	1,691	5,542	11,778	47,237	104,746	0	120,446
25	5,428	300	6,538	150	3,612	3,167	19,200	110,213	0	127,113
26	3,322	299	4,455	0	3,852	4,258	16,190	106,390	0	126,090
1928	29,347	47	1,963	61	3,603	5,247	40,268	95,667	199	115,566
29	42,549	1,265	954	1,293	753	4,112	50,906	95,966	49,583	165,249
30	38,823	542	812	551	0	7,915	47,831	93,292	40,539	154,531
31	36,093	490	804	1,190	0	8,153	40,730	95,606	15,300	131,606
32	37,023	242	645	5,922	0	8,648	52,480	92,325	12,292	125,317
33	40,798	590	585	7,749	5,652	3,656	59,030	102,334	8,116	131,150
34	36,060	6,768	505	5,527	26,217	6,020	74,391	89,603	4,773	123,776
35	39,667	3,295	423	8,395	3,786	6,409	58,685	86,955	3,821	125,276
36	37,496	264	0	9,546	291	1,620	52,865	84,483	3,527	147,510

出典：表6－7に同じ。

持ち、組合の借入金依存をいくらかでも緩和するものであった。

固定負債は26～30年度の焼糸問屋負担金、33、34年度に未払帝蚕積立金があるが、最も多いのは連合会未済出資金で、ほかに数百円の退職給与基金、払戻すべき出資金から成っている。

後掲表6－10の負債に対する資本の割合（資本負債比率）によれば、19年度に改善して震災時に悪化し、25年度から30年度にかけて負債減少と資本著増によって急速に好転している。31年度以降、資本は変わらないが負債の減少によって高い水準を保っている。

表6－9は貸方・資産を整理したものである。上郷館は20年度の長工式煮繭機、21年度の自家用発電所、四緒繰採用、25年度の汽缶増設・煮繭機改造、27年度の五緒繰採用、32年度の共立式乾燥機採用など、数年ごとに積極的な固定投資を行う。有形固定資産は20～25年度まで着実に増加したが、それ以降は安定的な減価償却により減少傾向を辿る。無形固定資産は未払出資金と連合会出資金

表6-10　上郷館の財務諸指標（1915～36年）

（単位：%）

年度	自己資本剰余率①	流動比率②	現金比率③	固定比率④	資本負債比率⑤
1915	48.5	62	8	198	39
1917	1.7	50	2	205	48
1919	7.2	71	13	124	122
20	7.1	79	3	123	109
21	9.9	76	3	127	105
22	13.3	66	1	130	127
23	0.0	55	1	204	47
24	10.3	48	7	189	61
25	14.2	30	9	162	115
26	13.2	34	7	142	166
1928	11.6	109	79	102	263
29	9.9	142	119	95	416
30	4.9	195	158	88	646
31	3.2	232	179	84	702
32	4.5	321	226	79	874
33	4.7	228	158	81	581
34	3.5	298	145	76	450
35	2.8	550	372	77	755
36	0.0	431	306	93	377

注：①は$\frac{\text{剰余金}}{\text{払込資本金＋諸積立金}}$、②は$\frac{\text{流動資産}}{\text{流動負債}}$、③は$\frac{\text{現・預金}}{\text{流動負債}}$、④は$\frac{\text{固定資本}}{\text{資本}}$、⑤は$\frac{\text{資本}}{\text{負債}}$。

である。すでに述べたように、固定比率は設立当初、震災直後に悪化しているが、増資・減価償却・諸積立金などによって順調に改善されている。

流動資産では、現・預金が28年度から一挙に増加しているのが注目される。仮渡・過渡金は仮渡金が配分金を上回ったことを示し、23・24年度は、震災による損失の一部を配分金の減額で処理したために発生した。また昭和恐慌期の過渡金の一部は、後述するように下層組合員への意図的な過渡の増加のためでもあった。「前貸金等」は「前貸金」「諸向貸」「工男女契約金」の合計である。前二項目の説明はないが、「工男女契約金」が19年度以降消滅して前二項目が著増する点、工女の供給源が大きく変化する昭和初年に諸貸金が激減する点などから、工男女への貸金と推測される。未収入金は問屋割戻金・生糸代金・連合会配分金の合計である。

表6-10に示したように、流動負債に対する現・預金の割合を示す現金比率は、26年度まで極めて低率であったが、28年度に至って一挙に好転し、その後も着実に改善する。債務の支払能力を示す流動比率（流動負債に対する流動資産の割合）も現金比率と同様な動きを示す。

5　小　　括

以上、上郷館の経営の主要な側面を4点にわたって見てきた結果によれば、創立から合併に至る期間を次の5期に分けることができよう。

第Ⅰ期　1915〜18年度　創業期特有の経営の不安定性が見られる。工女1人1日当りの生産高は多いが、生産費は高く、糸格も中等糸程度であった。不安定経営の中でも歩合金を抑えて配分金を高め、組合員を惹きつける努力を行ったが、その高配分政策は組合の財務状態の改善を妨げるものであった。

第Ⅱ期　1919〜23年度　19年度の画期的な成果を剰余金にあまり計上せず、一部は供繭への高配分、厖大な蚕種統一費として組合員に還元し、巨額の固定償却を計上して財務改善を図った。20、21年度の積極的な固定投資は19年度の償却によって可能となったのである。20年度以降は19年度のような好成績はなかったが、高率の歩合金によって多額の生産費と蚕種統一費を維持した。主にこうした努力によってこの時期に糸格は著しく上昇し、県内でトップクラスの高格糸を生産するようになった。高い歩合金にもかかわらず高配分を維持したが、減価償却に回す余裕はなく、19年度に一時好転した財務の改善は足踏み状態になる。

第Ⅲ期　1924〜27年度　第Ⅱ期から第Ⅲ期への変化の要因は二つ考えられる。第一は大震災の打撃である。出荷生糸焼失のために従来の内部蓄積をすべて吐き出し、財務状態は第Ⅰ期の頃と同様な水準に悪化したこと。第二は蚕種統一費、それを含む生産費の高さが経営に桎梏となってきたことである。そのため、この時期から減価償却の重視、増資・積立金による自己資本充実に方針を転換し、財務状態の改善に本格的に取り組み始める。また糸格の向上ではなく、糸格を維持しつつ価格低下傾向に対応し、統一費・生産費の削減、能率の増大によって生糸生産費の低下に努めるのである。この期の歩合金低下は増資のための高配当政策の意味もあったと推測される。

第Ⅳ期　1928〜31年度　28年度から繰糸方針が明確に転換する。統一費は著しく増加し、能率も大幅に減退した。他方、減価償却・自己資本充実による財務改善方針は維持され、この時期に諸指標は著しく改善した。しかし、これらの方針を昭和恐慌に突入する中で遂行せざるを得なかったため、歩合金が急速に高まり、それでも剰余金は半減するという厳しい状況に置かれ、統一費以外の生産費も大きく削減しなければならなかった。

第Ⅴ期　1932〜36年度　統一費は維持しながら糸格が多様化し、生産性も大幅に上昇することから、この時期にも明らかに繰糸方針の転換が見られる。財務方針は第Ⅳ期と同様、高歩合金によって財務の改善に努め、特に現金比率・流動比率の改善が進んだ。

上郷館の事業報告書を分析すれば、同館の経営の推移は以上のようになる。こうした数年ごとの顕著な変化が原料政策と繰糸方針に拠っていることは明らかであろう。次には上郷館の原料政策と繰糸方針の内容を具体的に明らかにすることが課題となる。上郷館という小規模な組合製糸が、悪化する経営環境の中で如何に経営の安定と発展を図ろうとしたのか、それを明らかにすることによって戦間期蚕糸業の特質も明瞭になろう。

第２節　原料政策と繰糸方針

1　第Ⅱ期　1919〜23年度

創立から18年度までの上郷館は、大戦中の好景気にもかかわらず、前述したように新設工場の位置をめぐる対立、乾繭失敗、あるいは上郷館が中心になって組織した南龍社が、「当事者は何れも斯業に経験浅くして相場の変動其他に処するに十分の効果を収め得ず」[33]と評されている如く、経験不足のために、変動する横浜市場に対応できず、不安定な経営ぶりであった。しかし経営陣が失敗の中から次第に経験を積み、また19年度の好成績によって発展の契機を掴んだ。それは18年度夏秋蚕から着手し19年度から本格的に開始した、郡下で最初の蚕種統一事業である。

製糸経営にとっての原料繭の規定性が一般的に認識されたのは日露戦後であった。1907年恐慌によって生糸価格が下落すると同時に、裾物と頭物との価格差が未曽有の拡大を示す中で、生産費圧縮、プレミアム獲得のためには優良な原料繭の確保が不可欠であると強調された。ところがその糸格差は1910年から15年にかけて縮小し、16年から再び拡大し、18年の本挽開始時には上一番と飛切上の価格差は100斤当り250円にもなっていた[34]。上郷館はこの価格差の拡大に対応して、高格糸生産を計画する。

組合員ノ福利ヲ増進シ組合ノ成績ヲ向上セシムルニハ原料統一ノ外ナシ……繰糸能率ヲ高メ糸格ノ向上ヲ図ルハ原料繭ノ規格ノ統一ニアリ[35]

明確に品種統一、原料繭規格統一が能率上昇・糸格向上の最大の根拠であり、それを果たすことが組合の成績向上、組合員への配分金増加をもたらすと認識していた。

上郷館は18年度夏秋期に出資１口に付き一代交雑種１枚を無償配付し、翌19年度春蚕期には「蚕種製造者ヲ限定シ成ル可ク同一原料ヲ聚集」する方針により、１口に付き２枚半を無償配布、それ以上の春蚕種、夏秋蚕種も品種を特定した共同購入を実施した[36]。20年度には春蚕種を一種に限定し、夏秋蚕は二種の品種を指定して、組合を通じて購入する者には１枚に付き50銭の補助金を与え、翌21年度には春、夏秋とも一種に統一し、「原料統一ハ本年度ニ於テ全ク完成ノ域ニ達シ」[37] たのであった。

原料統一とは、蚕品種の一定だけで成されるものではない。19年度に組合精神の涵養・養蚕講話を目的に部落集会、20年度には組合員家族懇談会を定例化し、21年度からは養蚕組合の設置を奨励し・専任の養蚕技術員を置き、育蚕品評会も開催した。21年度までに達成された品種統一と組合員および家族の多面的な組織化、養蚕技術指導体制の整備を前提に、22年度から上郷館は原料繭の規格統一に乗り出していく。上郷館の理事で第一七部部長を務めた原六太郎家に残された綴によれば、組合は掃立直後から連日のように養蚕方法に関する注意を組合員に通知している[38]。例えば、５月16日には平年に較べて高温であるから蚕の成長具合に注意すること、22日には長雨になる可能性があるので濡れ桑や乾燥に注意せよ、といった指示を与え、22〜24日の３日間にわたって第三〜四令期の育蚕品評会を実施し、上族から繭掻に至る数日間は「実ニ皆様ノ経済ノ最後ノ決定ヲ付ケル本トナルノデアリマス」と緻密な指示を与えるのであった。

夏秋蚕については、22年から「養蚕家中蚕種ノ催青ヲ誤リ為ニ意外ノ失敗ヲ招ク事」が少なくないという理由から共同催青を実施し、春蚕と同様、育蚕期中一般的な、また天候に応じてこまごまとした指示を与え、秋蚕については掃立日も指定した。地区によって掃立日を違えて成長・収繭の日時を数日間ずらし、技術員の活動、繭搬入期の繁劇を緩和することを意図したのであろう。

下伊那郡の他組合製糸でも21年頃には品種統一の動きが一般化する。組合製糸連合会伊那社は「共同出荷上殊に奨励すべきは原料繭の整理統一なり」[39]と、数種類の奨励品種を決定した。組合によって統一の度合はさまざまであったが、上郷村とその隣村の松尾村は「組合製糸の活動によりて殆ど日支交雑種に統一」され、「組合中成績良好なるは概して原料統一の結果に因る」[40]といわれていた。

能率上昇・糸格向上のためにもう一つ不可欠なことは、原料処理を含む繰糸工程の改善であった。上郷館では20年７月、前年に発明され、声価の高かった半沈分業の長工式煮繭機を導入して繰糸能率増進を計画し、21年春挽から四緒繰に改め、22年度には「ケンネルニ改良ヲ加ヘ、抱合光沢等ノ鮮カニナルベキ器械ニ改良」[41]した。

糸格向上・能率上昇を意図した蚕種統一、固定設備の改善はほぼ22年度で一段落した。蚕種は、春蚕が国蚕日一×国蚕支四、夏秋が日支三元交雑種に完全に統一された。糸格は22年度に「夏挽中ハ最優格本年度春挽ハ最優二十円高ニテ取引セラルヽニ至レリ」[42]と順調に向上し、23年度には「本組合生糸ノ向上ヲ得タルハ実ニ本施設（原料統一）ガ大原因」[43]と認めている。工女１人１日当りの繰糸量は前期と同水準であるが、糸格の顕著な向上を考慮すれば実質的には上昇していたと考えられる。

しかし、こうした試みがすべて順調という訳ではなかった。上郷館が18・19年に無償配付した夏秋の交雑種は京都府と岐阜県から求めたものであり、また

表６-11　蚕種業者別収繭量（1922年）

	蚕種業者	掃立枚数（枚）	収繭量（貫）	１枚当り収繭量（貫）
春蚕	上郷	160	881	5.510
	京都	14	74	5.286
夏秋蚕	上郷	61	175	2.869
	京都	55	206	3.745
	東濃	29	86	2.966

出典：「書類綴込」（原家文書）より作成。

春蚕の交雑種は主に村内に十数名存在した蚕種業者から購入したが、「（下伊那郡には）同一品種の製品を二千又は三千枚需めて之に応じ得る蚕種家が何人あろう……生産組合又は養蚕組合の大需要に同一品種のものを供給し得るものは殆んど稀である」[44]と述べているように、郡内の蚕種供給体制は十分でなかった。産業組合の性格からして、村内の蚕種業者を無視することはできず、上郷館は統一事業の当初より「自給自足ノ精神ヲ以テ成ル可ク本村内ノ蚕種製造者ヲ督励シテ之レヨリ本組合ノ蚕種ヲ仰カントス」[45]と、村内および近村の蚕種業者からの購入を増加させていった。蚕種統一が完成していた22年度の第十七部組合員11名の春夏秋別蚕種の購入先ごとの収繭量を表示すると、表６-11のようになる。「京都」とは大成館（23年より郡是蚕事部）で、交雑種普及期から「年々其成蹟を挙、破竹の勢ひを以て侵略しつつ……近く本郡内組合製糸養蚕組合等に渉りて大活動をなす由」[46]と、最盛期には出張所を設けて下伊那郡への売込みを図っていた[47]。

「東濃」とは岐阜県恵那郡の蚕種業者後藤吉次郎と岡本又兵衛の２人である。「上郷」とは村内の蚕種業者が生産過程だけは従来通り別個に行い、大量需要に応じるため便宜的に結成した合資会社である。１枚当り収繭量を見ると、春蚕では上郷が京都を若干上回っているが、有意の差があるとはいえない。ところが、夏秋蚕では大きな格差が発生した。京都の夏秋平均が３貫745匁であるのに対し、東濃は２貫966匁、上郷は２貫869匁と、上郷は京都の77％の収繭量しかなかったのである。

上郷会社蚕種の成績不良は秋蚕収繭後、「全会社と本組合との間に何等かの特殊情実か有之如く巷説」[48]という、会社と組合幹部の愈着を非難する噂とともに問題になり、合資会社が組合に対して詫状を入れ、翌年の蚕種については

「絶対に責任を負ふ所の優良品を納付する契約を為し」[49]、指定蚕種業者の地位を守った。同様な事態は23年春蚕においても発生する。上郷蚕種が大部分を占めた第十七部の蚕況報告では、「眠起一斉ナラズ」「毒アリ宜シキヲ得ズ」「黄繭少々アリ」「在来種ノ形ヲナシタル繭アリ」「同一系統ノモノニハ無之ヤ」[50]といった記述が頻出し、小規模蚕種業者の一代交雑種製造能力の欠除が露呈されたのであった。

産業組合の目的は、「協力一致ノ力ニヨリ各種ノ事業ヲ行ヒ……小ニシテハ一家一村、大ニシテハ一国ノ富力ト徳風ノ増進ヲ計ル」[51] ものであったが故に、村内の蚕種業者の成績が悪いからといって指定蚕種家からはずすのは困難であった。小規模業者が製造する白繭の一代交雑種には黄繭や在来種、また同一系統とは思われない繭が交り、特に夏秋蚕の場合には劣悪な蚕種が見られたのであった。

無代配付、あるいは高額補助金の継続も弊害が露呈し始める。無代配布による蚕種の乱費が労力・給桑力を上回る過剰掃立となって違蚕の原因となり、「一々文句ヲ付ケル種ヲ見出シ易」く、「理事者ノ攻撃トナッテ終ニハ平和ナ組合ニ不祥ナ言辞ノ流布スル」事態が生まれたというのである[52]。また「多額ノ経費ヲ用ユル事ハ一面組合経営上考フベキコト」という[53]、経費の過重も無視し難かった。原料統一費は19～23年度の間、100斤当り生産費の９～12％を占め、工賃、薪炭費に次ぎ、賄費や諸給与とほぼ同額であった。多額の原料統一費によって減価償却費を十分計上できず、また20年代初頭の積極的な設備投資と相まって、この時期には有形固定資産が年額１万円も増加し、それが財務の改善を困難にしていたのである。

2　第Ⅲ期　1924～27年度

膨大な原料統一費、蚕種無償配布の弊害などの組合独自の理由と、「県ハ蚕品種整理ヲ断行セラレシ決果、漸ク其ノ統一ヲ見タル」[54] という、長野県の蚕種統一事業が軌道に乗ってきたことを理由に、23年９月、翌年度から統一政策を緩和することを決定した。そして、24年度からは統一費が激減して生産費が低下すると同時に、組合創立以来110匁前後であった工女１人１日当り繰糸量は130匁台に激増する。統一費の減少と繰糸量の増加は、上郷館の経営方針の盾の両面であった。

21年秋頃から裾物と頭物の格差は数十円に縮小し、それが数年間にわたって継続する。裾物が23年から信州上一番→八王子格→矢島格、毬格、最優格と順次上昇し、頭物も24年度から最優何十円高という表示が一般化するので厳密な格差の確認は難しいが、格差が縮小していたことは指摘されている。蚕糸業視察のために来日していた米国絹業協会会長ゴールド・スミスは、23年４月、次のように述べている。

> 最近市場に於ける趨勢を観るに、エキストラと裾物との間に於ける品質の優劣其差異は極めて微々たるもので、殆んど之を区別することが困難である、斯の如き実情は所謂優良生糸に対する買気の振はざるも蓋し当然の現象で、今日裾物に需要あって所謂優等品の要求尠く、糸価の値巾を接近せしめたる重要なる一原因である……優等生糸と下等生糸との間には品質の競争殆んどなく只管価格の競争のみに走り[55]

彼の意図は品質改良を主張するところにあるが、頭物と裾物との品質差が少なく、価格も接近していることを明言しているのである。

価格差の縮小が長期化すれば、当然優良な原料繭を確保し、時間と資金をかけて優等糸を生産する利点は減少する。上郷館の経営陣が糸格向上を進める一方、生産費低減を明確に意識し始めたのは23年頃であった。同年の配分に際し、「解舒良キモノガ生産能率ヲ増進シ、ヤガテ製糸経済上大ナル利益……各組合員ノ供繭口挽成跡ヲ調査シ其良好ナルモノニ対シテ奨励金ヲ交付セリ」[56]と、解舒成績に応じた奨励金を創設し、100名に112円を交付した。当時生産費の45％は解舒の良否に反比例して増減するといわれ、生産費低下のためにも解舒を上げる必要性が喧伝されていた[57]。

震災後の糸価低落のなかで生産費低下は緊急の課題となり、上郷館は解舒奨励金の交付人数・金額とも急速に引き上げ、その他の手段によっても生産費低下を図った。24年度には以下のように、煮繭機改造や電灯・蒸汽動力の不足を来していた貯水池の拡大を決定し、25年度に完成する。

時代ノ推移ト共ニ之レ等経営ニ要スル経費ハ漸次膨張ヲ来シ、其ノ経営漸ク困難ヲ感ジツヽアリ、之レガ為メ生産費ノ多額ヲ占ムル燃料費節減……作業能率向上ノ為メ諸設備ヲ完備セシムベク[58)]

25年度も「行詰レル製糸経営上取ルベキ道ハ作業能率増進ニヨル生産費節減ノ一事ナリトス」[59)] と、同様に能率向上・生産費低下を図り、表6－2に見たように24～27年度にかけて顕著な成果を上げることができた。1人当り繰糸量の増加にもかかわらず、100斤当り工賃の低下が見られないのは「職工の待遇」[60)] が影響を与えたのであろう。また物価水準の下落を上回る生産費低下は、工賃以外の生産費引下げの努力の成果であった。例えば、25年度に導入した汽缶は、旧汽缶に比較すると石炭価格などをデフレートした厳密な計算によれば100斤当り8円10銭、16％の直接的な燃料費の節約となり、また「乾燥事業ニ於テ蒸気ノ供給画一ヲ期シ、連続的ノ作業ヲ為シ得、人夫及燃料ノ節約」という間接的な効果も上げることができた[61)]。

こうした解舒・作業能率の向上により、供繭数量は23年度の4万3,000貫から26年度には6万貫と約4割増加するが、繰糸能力の余剰をもたらしたため、伊那社加盟組合の過剰繭の委託製糸を行い、5,108円の加工料収入を得るに至った。

原料政策は、24年度夏秋蚕から指定品種を2～3種に拡大し、指定業者から共同購入する場合には若干の補助金を与えるが、購入先は自由にするという内容に改められた。強力な統一方針は修正されたが、蚕種統一・養蚕改良の努力が放棄された訳ではない。24年8月からは『月報』を発行して組合の状況を組合員に知悉せしめると同時に、養蚕技術に関する詳細な注意を記し、25年度からは上郷村を9地域に分けて各区一名の季節技術員を配置して「上族中ノ保護収繭ニ至ル管理指導ニ当ラシムル」[62)] など、養蚕の安定と原料繭の規格統一への努力を続けた。蚕種は数種類の指定種にほぼ統一されていたが、問題点は第Ⅱ期と同様、「原料ヲ精細ニ調査スルトキハ、往々指定品種中其ノ名実伴ハザルモノアリ」[63)] という点であった。こうした事情に鑑み、25年6月に指定蚕種家の懇談会を開催し、指定種以外、あるいは内容相違する蚕種を組合員に販売した場合には指定を除外すること、供繭後に成繭を調査して品質が正確であるときに組合から指定業者に補助金を交付することなどを決定した。26年２月には組合が指定蚕種家の配布蚕種の飼育試験を行い、その結果によって蚕種業者の選別をしていく方針を示した。

こうした問題点は部分的には初期の交雑種に不可避の欠陥でもあったが、主要には前項で述べた組合製糸特有の問題であった。交雑種の普及によって大規模蚕種業者の優位が確立するが[64]、組合製糸は技術力の劣る小規模業者を切ることができなかったのである。

蚕種統一規制の緩和によってもたらされた大きな問題は、黄繭種の増加であった。夏秋の指定種はすべて白繭種であったが、春繭は欧九×正白が指定種の一つとなったことにより、25年度に春供繭量のうち黄繭種が20％、26年度には40％に達した。上郷館では黄繭もすべて十四中に繰糸したが、なお「白繭糸ニ比シ糸価ノ変動多ク、時ニ著シキ開差ヲ生ズル」[65]といわれ、黄繭糸は相対的に不利であった。配分率が低いにもかかわらず、25年度以降黄繭が急速に普及した理由は、「虫質強壮且ツ蚕体肥大ノ点ニアレバ、未熟ナル養蚕者ニ奨ムベキ品種」[66]であったのである。

組合製糸と各地で対立した営業製糸の特約組合に対する最大の批判は、虫質の強弱、飼育の難易を考慮せずに糸質・糸量の優劣だけから品種を決定するという点にあったが[67]、組合製糸の蚕種統一はそれができなかった。

> 組合製糸の配分が少し位高くても、生糸が高く売れたのでも養蚕の豊凶程の影響はない、第一組合員に養蚕を豊作させなければ勘定が引き合はない、此理由から当組合が設立以来養蚕には日欧黄繭を奨励し……養蚕家は白繭より一貫目で一円位は安くても善いと口癖の様に云って来た[68]。

これは組合製糸の経営陣としては正当な判断であろう。養蚕を純粋に副業としている地方においては、少々の違蚕は他の手段によって挽回可能かも知れない。しかし、水田の桑園化率が極めて高い下伊那郡のような養蚕主業地では、大きな違蚕は決定的な打撃となるのである。

上郷館の場合は、黄繭が最大の割合を占めた28年度においても30％未満であったため、経営の圧迫要因とはならなかったが、生糸の需要構造が大きく変貌する第Ⅳ期には組合製糸の一つの問題になる。

蚕種統一費の重圧、震災の打撃、糸格間格差の縮小、この三つの要因によって24年度から上郷館の経営方針は明確に転換した。糸格向上のための高い生産費、震災による内部留保の放出によって財務状態はいっこうに好転せず、しかも糸格向上は十分なプレミアムを保証しなかった。そこで上郷館は統一費を半減して減価償却に回し、糸格を維持しつつ能率増進・生産費削減を図った。原料政策は組合員個人への直接的な補助によって行うのではなく、「部」あるいは「区」と称され、後に養蚕組合の単位となる団体が重視され、解舒奨励など、能率増進のための原料政策となっていく。またこの時期の設備投資も、能率増進・生産費削減を意図したものであった。こうした方針が成功したため、この時期低い歩合金割合にもかかわらず、多額の剰余金を計上し、増資積立金など内部留保を厚くし、高い配当を行い、増資に備えた。この時期、多額の減価償却と内部留保の蓄積によって財務状態を著しく改善し、借入金依存体質から脱却する基礎を作ったのである。

3　第Ⅳ期　1928～31年度

上郷館は第Ⅱ・Ⅲ期を通じて達成した糸格向上、生産費低減によって安定的な経営を続けていたが、三度目の転換を余儀なくされたのは28年度新糸から施行されたセリプレーン検査による格付の開始によってであった。

生糸格付が大きく変動し始めた18年頃から、格付に関する日米間の協議が断続的に開かれていたが、28年度に生糸検査所が作成した点数表示による７格への格付（A-G格）を横浜生糸取引所が採用したことによって、セリプレーン点数が糸格に決定的な意義を持つに至った。この格付方法は「黒板セリプレーンは恰も黒船来のやうに我が製糸家及関係者に甚大なる衝撃」[69] を与え、「目下製糸家としては此の問題に就て外の見る目も気の毒な程苦心惨但して居る状態である、仄聞する処に依ると本年は該問題の為め繰糸能率は全国的に約一割五分は減ずる」[70] と予想された。この兆しはすでに24、25年頃から出ていた。

人絹の下級絹織物原糸への進出が始まり、生糸需要がフルファッション靴下を中心とする編物に集中してくると、セリ検査による糸条斑の多寡が大きな問題となった。27年にその動きが一挙に強まったことによって、生糸の価格体系が大きく変化したのである。「米国に於て特殊織物並に編物等の流行に基ける頭物の偏好的需要旺盛……是等の理由により日本糸の裾物と頭物との値鞘を著しく拡大せしめ」[71]、格差は250〜270円となるに至った。

従来の優良工女は「太い処と細い処とを按排配合する呼吸の上手な工女」[72] であったが、セリ点数を決定する糸条斑は、糸条の落緒→接緒（添緒）の際の粒付けの多寡によって発生する。点数を上げるための努力がまず工女に対して求められ、工女はセリ検査に泣かされる。29年７月から30年12月までの製糸労働争議16件のうち、５件がセリ検査に関係して発生した[73]。また落緒が多ければ索緒・抄緒の作業が増加して能率を減退させ、セリ点数を低下させる。さらに糸条の初・中・終の繊度が異なる太い糸条の繭もセリ点数を低下させる。こうした点からセリプレーン価値の高い繭は「解舒が良好で繊度の細い硝子棒の様な繊維の繭」[74] であるとされ、繊度の細い一代交雑種の開発が急務となり、品種・育蚕方法の研究によって解舒を高めることが課題となった[75]。

上郷館は糸条斑が問題になり始めていた26年１月には、すでにセリプレーン検査機を導入していたが、28年度からの新しい格付は同館にも大きな影響を与えた。

> 生糸品質を査定する上にセリプレーンの採点が非常に有力になった……そうでなければ買って呉れないとすれば、米国絹物流行の変遷用途に従ひ先方の需要に添ふべき生糸の製造をするより致方がない[76]
>
> 点数低下ノ場合極端ナル糸格低下ニヨリ勢ヒ品位本位トナリシガ故、夏挽開始当時極度ナル能率ノ犠牲[77]

上郷館は点数による価格差の拡大に対し、従来の高格糸生産の実績をふまえて「能率本位」ではなく「糸質本位」を選択した[78]。前掲表６‐４によれば、28〜31年度の平均繰糸量は前の４年間に比較して17％減少し、表６‐２によれば、第Ⅲ期に減少していた生産費も28・29年度に再び上昇した。上郷館の工女もセリ検査への対応を厳しく迫られたのであろう。しかし、この能率低下・生産費上昇は組合に大きな問題をもたらした。「能率減退ト供繭増加ノ影響ヲ受ケ遂ニ加工シ能ハサル過剰繭ヲ生ジ」[79]、能率減退によって生産費上昇だけでなく繰糸することのできない過剰繭が発生したのである。

繰糸工程に大きな負担をかけずにセリ点数を上げ、能率を向上させるためには、品種の改善と育蚕方法の改良が不可欠であった。26年以降の繭価下落を契機に経済育が普及し、特にそれは夏秋蚕の厚飼い（過度の掃立）をもたらし、「栄養不良を招来し為に蚕児をして著しく虚弱ならし」め、連年のように夏秋蚕の不作が問題となった[80]。不作が続くと組合員は指定品種の中でも「虫質強壮」な蚕種を掃立てるが、それは「糸量貧弱ニシテ加フルニ繭質ガ繰糸上不適当」な種類であった[81]。上郷館は前期から指定種を拡大して春蚕で３〜５種、夏秋も２〜５種と多くなり、組合員は「蚕品種ノ混乱ヲ呈セントシ其選択ニ苦シミツ、アリ」[82]と言われるほど選択に迷い、また28年度には春蚕の指定品種率が８割（通期では86％）にまで低下していた。29年度から統一政策を再強化し、31年度には各蚕期とも指定品種率が95％を超えるほど急速に回復した。さらに、春繭の５割にまで増加していた黄繭種も白繭への転換指導等により31年度には１割に低下する。

上郷館が蚕種統一以上に力を入れたのは原料繭の規格統一であった。「セリプレンを良くし、糸価を高く売るにはどうしても解舒の良い繭に限る」[83]。解舒の良否は品種と飼育法によって決定されるが、品種開発は小規模な組合製糸では不可能であり、また短期的に困難であったとすれば、養蚕過程に努力を集中せざるを得ない。上郷館は29年度に「繭解舒ノ向上及飼育条件ニヨル繭質統一等原料統一ヲ実現セン」との計画を樹てるが、この繭質統一は世界恐慌の中で推進しなければならなかったため、繭・生糸生産費低下による蚕糸業の維持という課題を負わされ、それは養蚕主業村の上郷村では全村的課題ともなった。

31年夏秋蚕から実施される「原料繭改善規格統一」は、「従来の如き個人単位の施設にては到底これ迄の経験から見てむづかしい……部落的団体的結合の力即ち部落単位施設」[84)]、「養蚕組合の確立と其の活動によって所謂各戸経営の統制を図り」[85)] と、従来連絡機関、供繭組織であった「部」を養蚕組合に改編し、専任技術員以外に組合員から指導員を選び、それらを原料政策・恐慌対策の中心に据えていった。原料規格の統一とは蚕種の統一を前提にし、稚蚕・壮蚕期ごとに桑品種を規制し、稚蚕期は共同飼育、壮蚕期には飼育法に応じて蚕座面積などを規定して「熟期ヲ斉一ナラシメ」、解舒に大きな影響を与える上族方法についても詳細に規制するものであった。こうして繭質の統一・解舒の向上を図るとともに、繭1個当りの重量さえ統一を図ろうとしたのである[86)]。

生糸価格の下落は、組合と組合員を「行倒れの止なきに至る」[87)] やも知れぬ状況に陥し入れた。上郷村でも30年から恐慌への対応を模索し、31年1月に「更新経済計画」[88)] を作成する。桑園を減少して飯米の自給自足を図る、蔬菜などの販売額を2倍化するなどを決めたが、養蚕に代る作物を見つけることは不可能であった。「農業経営の終局の目的は耕地に対し単位生産高の増大と自家労力の最大利用」を図ることにあるという前提からすれば、「斯業（養蚕）の右に出ずるものは無い」[89)] 状態であった。

こうした村の方針に基づき、組合製糸に負わされた課題は、前述の原料規格統一と併行して繭生産費を引下げ、産業組合の精神に基づき、組合員の利益を守り、就労機会を与えることであった。掃立量を桑の自給量、家族労働力の範囲に限定し、桑肥料も「自給肥料ヲ本体」として現金支出をできる限り削減し、自家労力の多投によって収繭量を現行水準に確保することを指示した。村民に就労機会を与えるため、上郷館は31年度から「若干の弊害も生じ」るが、養成工女や乾繭人夫の採用を組合員に限定し、また石炭の使用を中止し、共有林を解放して薪を購入するという方法も講じる[90)]。繭価格が下落した30年春蚕時には、「特別仮渡」も実施する。白繭の仮渡金は一貫匁3円50銭であったが、上郷信販組合から購入する肥料資金と村税納入にあてる場合に限って50銭の上乗せを行い、それによって過渡金が生じた場合には、3年間で回収するという実質的な貸付金である[91)]。

こうした努力によって、この時期にも上郷館は、表6-5のように最優70～

270円高の価格を実現し、セリ点数もＡ格以上にあたる87、88点を挙げることに成功した[92]。下伊那郡の他の組合製糸も上郷館とほぼ同様な対応策を執った。セリ点数の比重増大に伴って能率を落とし、また多くの組合が原料改善・奨励規程を作成して繭質統一と繭の生産費低下に取り組んだのである[93]。

ところが多くの製糸場がセリ点数を上げ、高格糸生産に努めていた30年秋頃から価格差が次第に縮小し始めてきた。30年年末から翌年初頭にかけては、以下のようにＡ格よりもＢ・Ｃ格の需要が増え、価格も高くなってきたのである。

> セリプレン八十五、六点のものよりは七十九点八十点見当のものが割高で需要も非常に多いと云ふ事である。昨年夏挽開始当時は高点物が引ばり凧で高値に売れたがその後値幅が次第に縮られて来た[94]

下伊那郡の組合製糸ではその格差縮小に対応して「一そ（ママ）安物でも作らうかと方針に迷ふ」組合も出始めるが、なお「糸値は一時、商標は永久とすれば多少の苦痛を忍んでも格を落してはなるまい」[95] と、なおセリ点数の向上に努めるのである。

セリ検査の採用、糸格間格差の拡大によって上郷館は再び「糸質本位」を採用した。前期に緩んでいた蚕種統一政策を再強化し、セリプレーン価値の高い繭を生産するために養蚕組合を編成して強力な指導を展開する。そのために原料奨励費が増加し、生産能率も大幅に落ちるが、29年度までは多額の剰余金を計上し、第Ⅲ期以来の内部留保の充実方針を維持して第２回増資を達成した。恐慌突入後、歩合金割合を高めながらも剰余金は半減するが、原料奨励費を削減することはできず、また上郷村の恐慌対策の中で重要な役割を与えられた。

第Ⅲ期から始まった財務の改善は増資によって完成し、利子率の低下、繭下落による借入金の減少などもあいまって借入金依存体質から脱却することに成功した。

4　第Ｖ期　1932～36年度

第三者格付を頑強に否定していた輸出商の態度が1930年７月に変化し、31年３月に輸出生糸検査法が改正され、32年１月から生糸検査所の格付を受けてい

表６-12　上郷館の糸格別販売量（1932～36年）

（単位：100斤）

	３Ａ	２Ａ	Ａ	Ｂ	Ｃ	Ｄ	Ｅ・Ｆ
1932年度　①			102	150	108	104	
1933年度　８～10月②			10	105	15		
1933年度　２～３月②	10	10	40	10	5		
1934年度　７～３月②		40	130	60	30	10	30
1935年度　①		100	106	40	104	14	
1936年　７～10月③		80	40		20		

出典：①は各年度「事業報告書」、②『上郷時報』各号、③は「昭和九年度参考書類綴」より作成。

ない生糸は輸出できなくなった。それは糸条斑・大小類を調べる主要検査と、繊度・強伸力を調べる補助検査によって総合点を算出し、３ＡからＧ格までの９格に生糸を格付するものであった。補助検査が加味されたとはいえ、セリプレーン板による糸条斑検査が中心であることに変わりはなかった。

この時期の上郷館の最大の変化は、前期に激減した生産能率が５割近くも激増し、糸格も標準格のＤ格から最高級糸の３Ａ格まで多様な生糸を生産するに至ったことである。その理由は第三者格付を契機とする経営方針の変更である。従来の格付は輸出商が前年までの実績を重視して工場単位に閉鎖的に行っていたのに対し、32年から開始された第三者格付は工場ではなく1,000斤の荷口単位に生糸検査所が公開された基準に基づいて点数をつけ、それによって荷口の格付が決定されるようになった。従来、高格糸を生産しようとする製糸家は、例え格差が縮小して頭物の生産が不利になっても、「糸値は一時、商標は永久」であったために糸格を落とせなかった。ところが、この荷口単位の第三者格付の施行は糸格間格差に応じて目的糸格を頻繁に変更することを可能にしたのである[96)]。

この期のうち、判明する期間の糸格別売込量を示した表６-12によれば、糸格の多様性は一目瞭然であろう。32年６月までＡ格は標準格（Ｄ格）に対して80円高以上を維持していたため、31年度春挽は２Ａ～Ａ格を繰糸したが、夏挽開始頃より格差が縮小して55円位になると、上郷館では「最近の糸価の状態から考へて製糸経済を基調として先ず与へられたる原料に対し加工に無理をせぬ」という方針を立てて、前年のＡ格水準を落とし、Ｂ、Ｃ格生産へと転換した。その結果、能率は昨年に比し約４割増進し、糸量も増加し、「糸価の格鞘に較べより多く生産費の低減」を果たし、「製糸経済は前年よりも寧ろ有利」となった[97]。

夏挽後半以降若干格差が拡大すると、こんどはＡ・Ｂ格へと転換し[98]、32年度の糸格別生産量は同表のようにほぼ等分という結果になった。33年度の全体の糸格別生産高は不明であるが、８～10月の出荷はＢ格中心、春挽の２、３月出荷はＡ格以上を中心にし、年間の繰糸方針は「生糸品位Ａ、Ｂ格ヲ目標トシ専ラ工業能率ノ合理化ニ努メタリ」[99]と記されている。34年度はほぼ全期をカバーできる。「原料繭ノ品位ニ伴フ糸格ト浜表ノ格差金ヲ考慮シ工業能率ノ合理化ニ努メタリシ、ソレガ為メ原料関係ヨリ夏挽前半ハＢ格ヲ目標トシテ繰糸シ……其ノ後ハＡ格ニ重点」[100]という方針で、夏挽出荷分はＡとＢ格が中心、春挽はＡ格以上であった。

35年７月には格付基準が改正され、従来の糸条斑偏重から纇節・繊度偏差も重視する採点法へと変化した。その理由は、絹靴下製造業におけるスリーキャリア・システム Three Carriers System の普及であった。従来の編機は白十四中２～３本を撚り合せた糸１本で編む Single であったが、３本の糸で交互に編む機械が発明され、35～36年頃にはそれが編機の７割を占めるに至った。スリーキャリアになると１本の糸の斑が目立たなくなり、二等品の靴下が出る割合が減少し、それが糸条斑高点物に対するプレミアム減少の原因となったのである[101]。

上郷館は次のように、35年度に、糸況・原料繭に応じて目的糸格を変え、２Ａ～Ｄ格を生産した。

> 連合会ニ於テ三井物産トノ間ニ AA 格優良品特別プレミア付契約行ハレシニ付、平和安泰ハ稍々高点物目標ニ繰糸シ、其後夏挽後半ニ至リ格差金著ルシク減少スルニ及ビ、夏秋繭ハ能率糸目本位ニテＣ格ヲ目標ニ繰糸セリ[102]

36年度は本挽開始より10月までは標準格（Ｄ格）とＡ格との格差が15円と僅

少であったので、「此ノ糸価ノ状況ヲ察シ専ラ能率ノ増進ト糸歩ノ増収」に努め、B、C格を目標に繰糸し、11月以降は糸価の高騰とともに「格差金著シク増加シ高点物比較的高価」となったので、能率・糸歩などの犠牲を払ってA格以上の生糸を生産した[103]。

上郷館は隣村の組合製糸大正館が32年4月、繰糸能率と糸格向上に最も有効であった多条機を導入したにもかかわらず、管見の限りでその採用を考慮した形跡はうかがえない。上郷館がこの時期、製糸設備を改善したのは、32年5月に完成した共立式乾燥機と33年7月に据え付けた長工式MO型煮繭機だけであった。33年7月に六条繰糸機と自動索緒機の導入を決定するが、それは下伊那郡組合製糸の工場合同が実現しない場合に採用するという前提が付されており、五緒繰のまま37年の工場合同に至った。

上郷館が顕著な設備更新もなく、「A格も従来の器械製糸では至難であり、B格さえも容易ではなく」[104] といわれた普通機によって、3A、2Aの最高級糸から標準物まで多様な糸格を生産し、多条機の8～9割の繰糸能率を上げた第一の理由は、前期から本格化した「原料繭向上ニヨル作業能率増進」[105] に拠るものである。32年度から解舒配分金を新設して解舒成績をいっそう重視する方針を示し、また実行班（養蚕実行組合を再編）ごとに解舒・糸量・繭重・選除繭・品種を点数化した繭格付を行い、それに応じて奨励金を交付する制度を設けた。33年度には一部違蚕者が組合全体の繭質に大きな影響を与えることに鑑み、違蚕者を対象に季節指導員を設置して指導を強化する態勢を整えるなど、繭規格統一には引き続き全力を尽くすのである。

第二の根拠は、臨機応変的な蚕種の選択、それに支えられた繰糸方針の策定であった。

> 天龍社所属組合中優秀ナル成績ヲ収メ、他所ニテハ強イテ良キ糸格ヲ出サントシテ或ハ能率糸目ヲ犠牲ニシ、或ハ一部ノ糸ヲ国用ニ落スガ如キ謂ユル犠牲繰糸ノ方法ヲ採リツヽアルヤニ聞キ及ブガ、当組合ニテハ採算本位原料一杯ノ糸格ヲ目標トシテ繰糸[106]

こうした柔軟な繰糸方針の選択が可能になったのは、20年代末期以降から数

表6-13　蚕種による収益の試算

		18×106	平和×安泰
繰糸目標		2 A	2 A
1日1釜繰目	(匁)	140	180
100斤当り生産費	(円)	183	142
生産量　2A格	(斤)	80	100
E格	〃	20	
販売収入	(円)	670	690

出典：「昭和九年度参考書類綴』。
　注：価格はD格を600円とした場合の試算。

年間にわたる蚕品種改良の成果がこの時期にあらわれてきたものといえよう。例えば、平和×安泰は「原料繭価格ガ他ノ品種ニ較ベ優越」[107] していたために3A格の生産が可能になったのである。34年度に春蚕の43%を占めた国蚕欧一八号×国蚕支一〇六号と、平和×安泰の採算を試算した表6-13によれば、前者は2A格目標の場合2割の格外（E格）を生み、釜当り生産量、生産費、販売価格すべてにわたって後者が優れていることが知られる。35年度の格付改正に際しては、「欧十八×日一〇六号ノ如キハ一粒ノ繊度ガ甚ダシク偏差ノアル種類」であったため、繊度偏差も重視される新格付に不適当であるとし、同年春の掃立予定枚数の36%を占めた同種をすべて平和×安泰に急拠取り換えることも行われた[108]。そして、掃立直前には「育蚕ノ要ハ良繭ノ安価生産」であり、良繭とは糸量豊富・解舒良好・高い繊度価値を持つ繭であり、安価生産とは蚕作の安定であると述べ、養蚕方法の微細な点まで指示を与えるのである[109]。翌36年度の春蚕は99%まで平和×安泰に統一され、期待通りの成果を上げた。

この時期は前期に設立された実行班（養蚕組合）を単位とする原料政策が展開され、実行班への奨励金の交付や班単位での技術指導が強化された。組合員の実行班への強力な組織化によって、第三者格付の開始、アメリカ市場の変化による生糸市況の頻繁な変動に対応した糸格の生産が可能になったのである。前期と同様、高い歩合金にもかかわらず剰余金は増加しなかったが、蚕糸業が縮小していくなかで前期に改善した財務状態を維持し、数パーセントの剰余率を上げ続けることに成功したのである。

おわりに

以上明らかにしてきたように、上郷館は一時的な打撃に見舞われることはあったが、激変する戦間期蚕糸業界を乗り切り、安定的な経営を維持しえたといえよう。1915年の創立から37年の合同までを5期に分けて検討してきたが、大きく分ければ28〜31年度を移行期として、前後二つの時期と見ることができる。

27年度までは第一次大戦期のようなブームの再現はなかったが、生産・輸出量は順調に拡大し、価格も相応の水準を保っていた。こうした蚕糸業の発展期には、拡大するアメリカ絹織物業に対応して多様な生糸の需要があった。設立直後の上郷館は伊那地方の原料繭、技術水準に制約されて中等糸を生産していたが、18、19年度から優等糸生産の努力を開始する。組合員は産繭の一部ではなく全額供繭を義務づけられ、上郷館は村内の養蚕農家のほぼすべてを包摂し、蚕種無償配布などによって原料統一を果たし、長期低利資金の導入によって設備投資を行い、安定的に優等糸を生産できる態勢を築いた。しかし、原料奨励費などの出費は重く、自己資本が少なく固定投資や流動資本の大部分を借入金で賄わねばならなかったため、財務の改善はないがしろにされたままであった。

優等糸生産の動機が「頭物高、裾物安」といわれる糸格間格差の拡大であっただけに、格差が縮小すればその努力を減退させる可能性があり、また高い生産費、借入金の負担からくる財務状態の悪化も問題であった。そして格差の縮小が長期化し、震災によって一気に財務が悪化した24年度以降経営方針を転換する。原料繭の統一よりも能率の向上、生産費削減に重点を移し、それによって財務を改善し、自己資本充実を計画した。とはいえ、「糸値は一時、商標は永久」といわれたように、当時の格付が輸出商・売込問屋によって工場ごとに、経験的に行われていたため、糸格を落とさない範囲での重点の移行であった。

生糸がなお全盛期を謳歌していた21年頃から編物分野に進出し始めたレーヨン糸は、27年頃に織物分野に一挙に進出し、生糸市場の構造的変化をもたらした。絹織物市場の縮小、平編靴下への漸次的集中はセリプレーン点数中心の格付となり、点数表示の格付による価格差の拡大は上郷館に再度高格糸生産への努力を促した。27年までと異なり、この移行期の高格糸生産の成否は、世界恐慌による価格の崩落とアメリカにおける生糸消費量の減少をもたらしていたため、製糸経営の存続を左右するものであった。上郷館は価格差の拡大と糸価の低下に対処するため、養蚕組合への組合員の強力な組織化、それによる原料繭規格の統一、一定の設備投資、工女へのいっそうの緊張の強制などによってセリ検査中心の格付に対応していった。

32年から採用された第三者格付は、生糸検査所による荷口ごとの格付であったため、商標にこだわる必要はなくなった。アメリカの景気や絹業の動向によって変動する価格差に対応し、年度内に目的糸格を変更し、その目的糸格に適した蚕種を柔軟に選択し、最も有利であると認めた糸格を生産するようになった。こうした経営が可能になったのは、第一には組合員を実行班に強力に組織し、村落共同体規制によって原料政策を貫徹しうる一村組合型の組合製糸の有利性、第二には恐慌直前に財務状態を大幅に改善し、原料政策を展開し得る余裕を持ち、借入金負担を軽減できたからであったといえよう。こうした点を根拠に、上郷館は高格糸を安定的に生産できる態勢を築き、それを前提に柔軟な糸況対応型経営を採用することによって蚕糸恐慌を乗り切ったのである。

上郷館は製糸経営の最適規模といわれた300釜前後に近いとはいえ、僅か250釜の中小製糸であり、しかも組合製糸という営業製糸とは異なる経営形態である。このような上郷館の経営分析から一般的な結論を導くことの限界を承知の上で、「はじめに」で述べたいくつかの点に関説しておこう。

第一に優等糸・高格糸生産の根拠である。日露戦後期に形成された中等糸生産体制から抜け出て優等糸生産に転換するためには、統一的な、優良な原料繭が不可欠であった。日露戦前までの原料繭の良否は主に自然的条件によって左右されていたが、原料に対する認識が深まり、一代交雑種が普及していくとともに、意識的な統一・改善策が採られ、自然的条件は次第に克服されていった。日本生糸の糸質が全体として向上するなかで、優等糸生産に参入するには、より強力な統一改善が必要であり、それが可能になるのは明確な原料地盤を有する経営、典型的には特約組合や組合製糸、あるいはそこまで養蚕農民を組織していなくても特定の地域から恒常的に原料繭を確保していた経営であった。

養蚕農民への蚕種指定や飼育指導を行うことによってのみ、より優良な原料を確保することができるのである。と同時に、優良な原料の特性を発揮しうる設備投資も不可欠であった。乾繭や煮繭などの原料処理は原料価値を引き出すための最も重要な工程であったし、またケンネルや綾ふりの改善も不可欠であった。こうした優良な原料の確保、繰糸工程改善のためにはもちろん資金が必要であり、それを低利で調達することの可能な経営は有利ではあったが、利子率の高低が決定的なのではない。あるいは売込商への従属、売込商体制が優等糸生産を阻害したとする論稿も見られるが、少なくとも日露戦後以降にはあてはまらないであろう。製糸家が如何なる生糸の生産を目指すかは、糸況とその経営が置かれている条件の中から製糸家が選択するのである。

第二に、プレミアムを生む高級糸市場の掌握による製糸独占の成立、という論点である。レーヨンが絹織物に急速に進出した27、28年から糸格間格差が拡大し、セリ点数高点物には多額のプレミアムがついた。しかし、そのプレミアムは30年頃には縮小し、32年以降は格付のあり方が以前と大きく変化する。また、問題とされるべきなのは通常のプレミアムではなく、特殊なプレミアムであるが、それを生む糸格の市場は極めて小さい。本章で明らかにしたように、上郷館は生糸市況の変動に原料政策・繰糸方針を柔軟に対応させていった。恐慌以降、こうした経営を執り得たのはそれ以前の技術的・資金的蓄積のたまものであろう。こうした経営のあり方は、蚕糸恐慌を乗り切った製糸経営の一つの典型であった、と推測される。

ところで、製糸業の特質として、新規参入が容易、原料規定性が強い、景気感応的、価格支配力が弱い、などの諸点が直ちに挙げられるが、こうした特質は独占資本を成立させるには極めて不利な条件であった。しかし、片倉・郡是は20年代から他の法人企業を圧する高い利益率を上げていたことが明らかにされている。両社は全国的展開による大規模化、特約組合の組織化、輸出部設置、多条機化など、主に垂直的統合、縦断的進出によって独占化への動きを開始し、特に20年代末期以降はその動きを強めた。しかし恐慌とレーヨンの進出による蚕糸業の衰退はそれを不可能にした。価格低下、需要減少のなかで蚕糸業の特性がいっそう強調され、蚕糸業問題は日本社会の基抵をなす農村問題として把握され、自由な活動が大きく制約されるに至った。

農民の4割に及ぶ養蚕農民が生産する産繭の処理難が叫ばれたときに、一躍脚光を浴びたのは組合製糸であった。大製糸、あるいは売込問屋・輸出商による蚕種・養蚕・製糸への進出が「川しも」からの縦断的統合であるのに対し、養蚕農民、蚕種業者の製糸・売込業への進出は「川かみ」からの縦断的統合であった。こうした動きは明治初年から存在し、それは蚕糸業の特質の故に可能だったのである。組合製糸や産業組合による産繭処理は、有力営業製糸の特約組合とともに産繭処理の二大潮流となっていくのである。

組合製糸が生き延びるためには営業製糸化が必要であるといわれ、営業製糸が生き延びるためには組合製糸化が必要であるといわれた。「川しも」、「川かみ」から出発したかを問はず、縦断的経営、一元的経営こそが蚕糸業の、製糸経営の積極的な生き残り手段であった。片倉製糸の今井五介が34年に発表し、大きな反響を呼んだ相互共栄蚕糸組合は、下伊那で組合製糸と激しい競争を展開し、「片倉としても組合製糸に一泡ふかしてやるために……大犠牲を払ふと云ふ様な事が出来るものでなく」[110]、あるいは「組合製糸ニ準ジタ正量取引ノ外致シ方ナイ」[111]と片倉飯田製糸所長が述べるような経験から出てきたものであった。

28年度以降の市場構造の変貌のなかで、一応の発展的展望を持ち、経営を存続させることができたのは、こうした一元的経営を達成しえた製糸経営だけであった。

注

1） 日本銀行調査局『産業組合製糸』（1929年）16～21頁。

2） 産業組合中央会『産業組合』第245号（1926年3月）64頁。

3） 全国産業組合製糸連合会『組合製糸』第3-9号（1935年9月）1頁。

4） 平野綏『近代養蚕業の発展と組合製糸』（東京大学出版会、1990年）。

5）　大島栄子「一九二〇年代における組合製糸の高格糸生産」(『歴史学研究』第486号、1980年11月)、「龍水社の信用・販売事業の特質」(『協同組合奨励研究報告』第6輯)。龍水社と碓氷社を比較した論文は後者であるが、疑問点が二、三目に付く。一つは碓氷社収入中仮渡金利子が多いことによって組合員の利子負担の大きさ、売込問屋への従属などを主張しているが、組合製糸の運営費は仮渡金利子か歩合金かどちらかに拠るのであり、双方をまとめて論じなければならない。また、『生糸販売組合に関する資料』（産業組合中央会、1927年）によれば、龍水社の売込手数料1,000分の8.5に対して碓氷社は7.5であり、金利もむしろ碓氷社のほうが低くなっている。

6）　小野征一郎「製糸独占資本の成立過程」(安藤良雄編『両大戦間の日本資本主義』東京大学出版会、1979年)。

7）『中央蚕糸報』第181号（1931年8月）25〜40頁、『蚕糸界報』第496号（1933年6月）14〜20頁。

8）　柳川昇「製糸業の恐慌克服策　二」(『経済学論集』第5巻第3号）79頁。

9）　本位田祥男『総合蚕糸経済論　上』（1937年）409頁、415頁、明石弘『近代蚕糸業発達史』(1939年）95〜96頁。

10)　松井一郎「一九二〇年代の日本製糸業」(『東京大学経済学研究』第17号)。

11)　小野征一郎前掲論文、94頁。

12)　農林省蚕糸局『蚕糸業要覧』（昭和14版）の白十四中横浜現物価格による。なお小野氏は現物価格で価格を代表させることは不適当であるとしているが、成行売は現物価格に規定され、値極は減少していくから、現物価格で代表させても大きな過誤は生まれないであろう。

13)「上郷生糸販売組合概要」(1920年）3頁。

14)　上郷村役場「大正四年庶務書類」(旧上郷町役場蔵)。

15)　以下、上郷館の事業について註記しない場合は、すべて各年度の『事業報告書』による。なお『事業報告書』は原常吉家、田中雄蔵家所蔵のものと、平野正裕氏から提供を受けたものによっている。

16)「有限責任上郷生糸販売組合細則」(原常吉家文書)。

17)　前掲『産業組合製糸』80頁。

18)「組合員各位」1922年6月2日（原家文書『上郷生糸販売組合・上郷販購組合通知書並ニ関係書類綴込』)。

19)「(組合の利益)」年月日不明（原家文書)。

20)『南信』（南信新聞株式会社）1919年7月5日（元の史料は郡役所調査)。

21)「挙村一致ニテ組合ノ事業ヲ援助セラレヨ」1922年11月8日（原家文書「関係書

類綴込」)。

22) 上郷館では1931年度から養成工女の採用を組合員子弟に限定し、また例年全従業員の１割に及んでいた退職者が皆無になったと報告されている(『上郷時報』第33号〈1930年12月〉、第47号〈1932年２月〉)。

23) 「組合員の組合に対する叫びは均しく工賃、給料引下げ問題である」(『上郷時報』第55号、1932年７月)と記され、糸価低落への対応だけでなく、組合員対策としても工賃などの削減が必要だった。

24) 『南信』1924年11月28日。

25) 同前、1917年12月11日。

26) 前掲『産業組合製糸』95頁。

27) 『龍水社七十年史』(1984年)150頁。

28) 『横浜生糸検査所六十年史』(1959年)230〜231頁。なお、生糸の格付や第一次大戦以前の蚕糸業については本書第２章「蚕糸業における中等糸生産体制の形成」を参照。

29) 表６-10の諸指標は、海野福寿「山十製糸株式会社の経営」(『横浜開港資料館紀要』第１号、1983年)を参考に作成した。

30) 平岡謹之助『蚕糸業経済の研究』(1939年)391頁。

31) 「組合経営状況抜萃」(1935年)９頁。

32) 『南信』1921年７月６日、1923年５月23日等参照。

33) 同前、1918年12月12日。

34) 各年次『生糸検査所調査報告』、『蚕糸業要覧』(1934年版)120〜121頁による。

35) 「組合経営状況抜萃」４〜５頁。

36) 「第五年度事業報告書」13〜14頁。

37) 「第七年度事業報告書」５頁。

38) 以下の記述は主に「上郷生糸販売組合・上郷販購組合通知書並ニ関係書類綴込」(原家文書)による。

39) 『南信』1921年１月27日、1922年４月８日。

40) 同前。

41) 「第九年度事業報告書」５頁。

42) 同前。

43) 「部落懇談会へ提出セル協議問題決定事項」1924年５月11日(原家文書「関係書類綴込」)。

44) 『南信』1921年１月11日。

45) 「第五年度事業報告書」14頁。

46）『南信』1921年5月22日。
47）上郷生糸販売組合『月報』（1924年1月）。
48）「各部長宛組合通知」1922年9月22日（原家文書「関係書類綴込」）。
49）「組合員宛通知」1922年9月27日（同前）。
50）「第一七部蚕況報告」（同前）。
51）「第一回部長集会提出事項」1922年7月16日（同前）。
52）「部長集会ニ於テ」1923年8月22日、「部長宛通知」（原家文書）同9月17日。
53）『月報』（1924年11月）。
54）「第十一年度事業報告書」7頁。長野県の蚕種統一事業については、松村敏「大正・昭和初期における蚕品種統一政策の展開」（『農業経済研究』第53巻第4号）193頁。
55）『大日本蚕糸会報』第375号（1923年4月）19～20頁。
56）「第十年度事業報告書」8頁。
57）『大日本蚕糸会報』第387号（1924年5月）9～11頁。
58）「第十一年度事業報告書」11頁。
59）「第十二年度事業報告書」34頁。
60）同前。
61）「月報」（1926年1月）。
62）「第十二年度事業報告書」19、16頁。
63）同前、16頁。
64）鈴木達郎「大正・昭和初期における蚕品種の動向と蚕糸業」（『土地制度史学』第111号）を参照。
65）「第十五年度事業報告書」23頁、22頁。
66）同前、22頁。
67）本位田前掲書、297頁、明石前掲書、403頁。
68）『組合製糸研究』第69号（1926年2月）4頁。
69）『蚕糸界報』第448号（1929年6月）2頁。
70）『神栄生糸時報』第37号（1928年8月）2頁。
71）『原生糸月報』昭和3年新年号、4～5頁。
72）『中央蚕糸報』第149号（1928年12月）3頁。
73）井上鎧三『一九三〇年生糸恐慌』（1931年）165～166頁。
74）『蚕糸会報』第444号（1929年2月）55～62頁。
75）松村敏「一九二〇年代初頭の生糸『十五中』問題とその帰結」（『農業史研究会会報』第9号）を参照。

76) 『上郷時報』第７号（1928年12月）。
77) 同前。
78) 「第十五年度事業報告書」39頁。
79) 「第十六年度事業報告書」43頁。
80) 『上郷時報』第15号（1929年６月）。
81) 「第十六年度事業報告書」45頁。
82) 「第十七年度事業報告書」18頁。
83) 『組合製糸研究』第103号（1929年３月）７頁。
84) 『上郷時報』第22号（1930年１月）。
85) 同前、第24号（1930年３月）。
86) 同前、第27号（1930年６月)、「原料繭規格統一実施事項案」（原家文書）。
87) 『上郷時報』第27号。
88) 同前、第35号（1931年２月）。
89) 同前、第37号（1931年４月）。
90) 同前、第33号（1930年12月)、第47号（1932年２月）。
91) 同前、第30号（1930年９月）。
92) 「第十六年度事業報告書」46頁、『組合製糸研究』第121号（1930年10月）38頁。
93) 『組合製糸研究』第125号（1931年３月)、126号（1931年４月）。
94) 同前、第123号（1931年１月）20頁。
95) 同前、第121号（1930年10月）38頁。
96) 格付問題の経緯については『中央蚕糸報』第175号（1931年２月)、第176号（1931年３月)、『日本蚕糸業史』第三巻（1935年）570～590頁を参照。
97) 『上郷時報』第57号（1932年８月）。
98) 「第十九年度事業報告書」49頁。
99) 「第二十年度事業報告書」33頁。
100) 「第二十一年度事業報告書」37頁。
101) 『組合製糸』第４-６号（1936年６月）16～18頁。
102) 「第二十二年度事業報告書」39頁。
103) 「第二十三年度事業報告書」31頁、『上郷時報』第156号（1936年９月)、第162号（1936年12月）。
104) 小野征一郎前掲論文、96頁。
105) 「第十九年度事業報告書」49頁。
106) 『上郷時報』第116号（1935年１月）。
107) 同前、第98号（1934年４月）。

108)　同前、第119号（1935年３月）。

109)　同前、第123号（1935年５月）。

110)　『組合製糸研究』第101号（1929年１月）７頁。

111)　松村敏「昭和恐慌下の養蚕農民」（椎名重明編『ファミリーファームの比較史的研究』御茶の水書房、1987年）487頁。

第７章　長野県下伊那の営業製糸、喬木館の経営

はじめに

飯田・下伊那地方は、近代蚕糸業の発展を先導した長野県の中でも、特殊な発展を遂げた地として知られている。1870年代後半から発展しはじめた諏訪や須坂の器械製糸業は、アメリカ市場の需要に応える小規模製糸の共同出荷組織として展開し、その中から片倉や越などの製糸資本が大規模化し、製糸業の発展を牽引していった。このような営業製糸に対し、群馬県などには座繰製糸を営む養蚕農民を組織し、座繰揚返結社として発展する組合製糸が展開し、産業組合法に基づく組合製糸も近代蚕糸業の一つの発展形態となった。

上伊那郡では、明治後期から養蚕農民の共同出資による自家産繭処理を目的とした共同製糸が展開し、大正初期から上・下伊那郡には組合製糸が族生してくる。群馬などで発展した座繰揚返結社も製糸工場を設立し、大正・昭和期の製糸業は、営業製糸と組合製糸という、二つの経営形態が併存する。製糸業において、養蚕農民を組合員とする比較的大規模な工場が存立しえたのは、原料への加工度、付加価値が低く、製品である生糸の品質が繭に大きく左右されたからである。下伊那は大正初年から組合製糸が著しく発展し、大正末期以降、蚕糸業が苦境に陥る中で、「蚕糸業一元化」の掛け声の下、蚕糸業・養蚕農民の生き残る途として注目されたのであった。

また飯田・下伊那は、江戸時代後期以降広く養蚕・製糸が展開し、京都に出荷される登せ糸、「飯田提糸」の産地として知られていた。横浜開港後も飯田提糸を横浜に出荷する地方荷主を何人も輩出し、その中には「天下の糸平」、

田中平八のように横浜生糸売込商、洋銀・米穀取引仲買商として、横浜・蛎殻町・兜町に名を残す有力商人も出現した。明治初年、器械製糸が開始されると、下伊那郡阿島村（後、喬木村）の長谷川範七は小野組の援助を得て1873（明治６）年、20人繰の器械製糸場を設立する。長谷川製糸場は80年には50釜に拡大し、小規模製糸の共同出荷組織としての長谷川組は88年に19工場650釜を擁し、郡下の器械製糸は全体で49工場1,468釜となった[1)]。

下伊那郡の製糸業は、93年の郡別統計によれば、諏訪・上高井・上伊那郡に次ぎ、1907年には上伊那郡を凌駕する規模となる。諏訪郡に接する上伊那郡や信越線・篠ノ井線が比較的早期に開通し、諏訪製糸家の購繭場として位置づけられるようになった小県郡に比し、下伊那郡への諏訪資本の進出は地理的な限界があったため、明治中期から後期にかけて、繭生産が拡大する中で地元資本による中小規模製糸場の設立が相次いだのであった。江戸時代後期以降の発展を見ても、下伊那郡の多くの地が養蚕業に適していたことは疑いない。そして明治中期以降、その特質を生かして量的な拡大を遂げるとともに、桑園・蚕種製造・養蚕の過程を含めた技術改良により、優良繭の生産に努めるのである。このような条件のもとで、他の多くの地域と同様、下伊那郡においても零細工場の新設と消滅が繰り返される。興廃を繰り返す零細工場の被害を受け、また利益を挙げ得るとみた養蚕農民が共同製糸に乗り出し、大正初年以降、上・下伊那郡各村には組合製糸が次々に設立され、全国に知られる組合製糸地帯となっていくのである[2)]。

本章の対象である喬木館は、95年に25釜で設立され、1914（大正３）年には150釜に拡大する。震災以降経営環境が悪化し、昭和恐慌の中で巨額の負債が固定し、全面的な整理に追い込まれる。しかし、決定的な破綻には至らず、以後も委託製糸など、経営形態を変えながら業務を継続する。本章は、喬木館の組織や経営そのものを分析することにより、下伊那郡において小規模工場が明治中後期、いかにして基盤を確立し、存続していったのかを検討することを課題とする[3)]。

第１節　喬木館の創立

1　喬木館創立以前の吉澤家

喬木館を創業する喬木村伊久間の吉澤家は、同村の吉澤作右衛門の二男定広（1743〈寛保３〉年生）が1773（安永２）年に分家し、油屋と称したのが初代という。二代定時は生糸・米・油・紙などの仲買を始め、三代定経は貸金業・酒造業にも進出、四代定知（定次郎、1839〈天保10〉年生）は、明治初年に上京、飯田出身の有力商人田中平八のもとで商業に従事し、1883（明治16）年に商売上の「故障」により東京の店をたたんで故郷に帰り、喬木村伊久間を拠点に商業に従事し、95年３月に製糸場を創設する。

吉澤家が1871年と79年の両度にわたって火災に遭い、それ以前の史料が著しく少ないため、開港から明治初年の時期、どのような営業を営んでいたか判然としないが、この時期に横浜と関係を有した他の地元商人と同様、乗合や委託により、飯田の生糸や蚕種を買い付け、横浜に出荷していたのであろう。そのような関係から、有力商人へと成長を始めた糸平の「番頭」となったのであろう。糸平との関係を直接示すものは、初代平八が死去した85年６月、定次郎が10円の香典を送ったことへの平八・田中菊次郎からのお礼の書簡くらいである[4)]。

定次郎は79年５月に東京日本橋蛎殻町一丁目三番地に店舗を構え、米穀取引所の仲買人となった。仲買人を廃業し、蛎殻町から撤退した時期と思われる83年２月までの毎月の「勘定差引帳」が残されている。「客買米」と「売米」、「預り金」、「あり物」を記した帳簿である。82年10月を見ると、「客買米」は９人、２万400石、16万7,000円となっている。米の仲買でかなりの利益を挙げたと思われる。資産のみを記した82年12月の「差引帳」によれば、銀行預金6,500円、公債時価3,000円（額面4,200円）兜町と蛎殻町の取引所株式500円、横浜糸銀買上金510円、貸金2,000円余、預り金などを差引１万2,000円余の資産となっている[5)]。定次郎はこの間、米商会所の仲買人を主にしながら、横浜の生糸や銀取引をも行い、また同時期の「金銭判取帳」によれば、若林豊之助なる人物と組んで八王子生糸の乗合買付なども行っている[6)]。

「喬木館吉澤氏歴代略伝」(吉澤家でまとめたもの)によれば、82年11月、米商会所取締規則違反により営業停止を命じられ、83年4月に店を閉じたとされている。営業停止の理由は定かでないが、結果的に、デフレが深刻化する直前であったことが吉澤家にとっては幸運であった。かなりのまとまった動産を有して喬木村に帰ることとなった。

帰村後も米取引は少額ながら続けていたが、84年頃以降は、地元での生糸・繭・繰綿・米取引などに限定し、地方商人となっていった。吉澤家の土地所有は82年に3町7反歩(田1町9反、畑1町4反、宅地3反8畝、山林1反)であったが、以後93年まで拡大を続け、94年には合計10町3反歩(田4町4反、畑2町3反、宅地8反2畝、山林2町8反)となった[7)]。断片的に残されている証文によれば、定次郎は土地だけでなく金鎖や書画骨董の類を相当量購入しており、デフレから好景気に移っていくこの時期、商業活動により、かなりの蓄積を果たしたと推測される。94年4月の書類によれば、所得金額合計878円(田畑宅地貸付所得528円、貸金4,000円からの所得320円、1,000貫の繭買次所得が30円)となっている[8)]。繭買次を行っているが、所得の大部分は田畑貸付・貸金業から得ていた。

2　喬木館の設立

定次郎が製糸場を設立した直接の理由を伝える史料はない。1909年に喬木館がまとめた「喬木館の事績」には、「日清戦勝の記念として」[9)]と記しているが、創立時の規約に「営利主義ヲ以テ操業」[10)]と明言しているように、製糸業に利潤獲得の機会を見たことは当然である。同時に、明治中期以降下伊那の養蚕業が著しく発展する一方、繭を加工する製糸業は、他地域と同様、零細工場の興亡が常なく、さらに地域の最有力製糸家であり、県や国の同業者団体において活躍した長谷川範七の製糸場も1893年には姿を消していることにうかがえるような、製糸業の不振を克服しようと考えたと推測できる。その後の喬木館の蚕種・養蚕業改良への努力を見ると、養蚕・製糸両業の安定的発展の必要性の認識から製糸に乗出していったと推測できよう。

喬木館は1894年９月、吉澤定次郎・吉沢為次郎・牧内筆太郎の３人が準備を始め、翌95年３月の春挽から創業する。96年度の報告書によると、操業日数は180日、工女は38人、内13歳未満は３人、寄宿工女は30人で寝室総坪数は26坪、食事は「一週間ニ弐度ハ肉食セシメ飯ハ少量ノ麦ヲ混ス」、１日の労働時間10時間など、過酷な労働条件ではない[11)]。

当初は「三仲製糸場」と称したが、まもなく定次郎が糸平から与えられたという「め」を取り、「め製糸場」と称し、さらに99年から喬木館製糸所となる。96年５月の規約によれば、３人の合資、利益・損失とも等分にするとされているが、資金の出資関係は複雑で何度か大きな変更がなされており、単純ではない。創立準備から95年５月までに1,125円を要し、それを３等分している。表７-１は97年の課税標準届を整理したものである。固定資本は816円にすぎないが、陸三郎所有の土地・建物・繭倉庫を合わせれば相当の金額になろう。固定資本のうち機械器具は112円にすぎず、この評価の根拠は不明である。また1900年には機械器具は450円になっている。等分に出資したという1,125円はおそらく工場の製糸器械や水車や蒸気釜など、直接的な部分に限定され、土地はすべて吉澤家の名義のまま、工場建物・繭蔵や住家も定次郎や養子の陸三郎の名義である。「め」製糸場は制度上定次郎の個人経営であり、その一定部分を定次郎を含む３人が等分出資、等分配当という申合せ組合として出発したと考えられる。

表７-２は01年度までの喬木館の決算を整理したものである。創業から96年春挽までは損失となったが、96・97年度は3,700円余の利益を生み、創立費を償却し、累積損失も一掃する。98・99年度も多額の利益を挙げて配当と積立てを行い、99年度末には瀬川成一の加盟金（880円）を含め、積立金は3,454円に上った。ところが1900年度は生糸価格の暴落により6,416円の損失となり、積立金すべてを注ぎ込んでなお2,962円の負債を残すこととなる。01年度は4,417円の利益を生み、それをすべて配当に回し、うち1,200円を「義捐金」として

表7－1　創立期の資産・設備（1897年）

商号	め
製造業	生糸製造
資本金額	2,016円50銭
建物賃貸価格	100円
従業者	54人、内職工41人、労役者10人
固定資本	816円50銭
内土地	439坪、地価金62円37銭、時価金112円50銭
住家	木造板葺２階造、坪数22坪５合、時価金112円50銭
工場	木造瓦葺平家、坪数43坪、時価金130円
附属建物	平家３棟、坪数21坪76、時価金22円
器具器械	112円
運転資本金	1200円
土地	230坪、賃貸価格13円、所有者吉澤陸三郎
住家	22坪５、賃貸価格15円
工場	43坪　賃貸価格20円
附属建物	平家３棟、21坪76、賃貸価格２円
土地	419坪、賃貸価格10円、 所有者陸三郎
住家	60坪、賃貸価格５円、所有者同人
繭置場	木造瓦葺２階30坪75、賃貸価格15円、所有者陸三郎
繭置場	木造瓦葺２階15坪、賃貸価格10円、所有者陸三郎
長屋	木造瓦葺平家11坪25、５円、陸三郎
倉庫１棟	木造瓦葺２階造、10坪、５円、陸三郎
従業者	常時３人、営業主１人、雇人２人
職工労役者	常時45人、臨時６人、計51人

出典：「明治三十年　営業名及課税標準届」（箱39-２、請求17-17）。
注：借地借家の賃貸価格は小作料及借家料を算出、自己所有建物はその価格100分の５を標準として算出。

新築費に回した。25釜で操業し96年には38釜、98年には45釜と拡大する。95、99、01年の固定投資は単年度の投資額のみであり、表７－２の貸方には固定資産は記載されていない[12)]。貸方に出てくる長信社は、飯田町にあった小規模製糸の共同出荷組織である。長信社社長斎藤三八から定次郎宛同社株式90株払込

表7－2　喬木館の決算（1894～1901年）

（単位：円）

		94年度	95年度	96年度	97年度	98年度	99年度	1900年度	01年度
借方	合　計	1,300	6,256	8,054	6,528	9,927	16,715	11,604	8,883
	吉澤借入金	1,300	4,000	6,900	4,600	7,700		10,600	8,400
貸方	合　計	1,170	6,046	7,100	9,050	13,099		8,641	13,301
	長信社預金	482	3,028	3,886	180	8,333	7,233	4,400	
	長信社株金	205	1,255	1,666	5,200	2,625			
	工女関係	90	140	194	200	250	350		345
	燃料・食料関係	157	496	735	788	680	997	1,633	453
	貸金			389	1,312	991	2,710	2,188	2,989
	固定投資		1,037				4,000		4,541
	銀行								3,300
差引	損益	△130	△210	△954	2,521	3,171	2,786	△3,454	4,417
	配当					750	1,200		4,417
	積立金				149	2,037	386		
	賞与						1,200		

出典：「明治二十九年五月　製糸場創立費及損益計算帳」（箱44－1、請求44－1）。
注：①1899年度の貸方各項目の金額は正しいと思われるが、借方貸方の合計が合わない。②1900年度の決算は3,454円の欠損となっているが、積立金3,454円を繰り入れた数字であり、実際は6,416円の欠損である。③01年度の配当のうち1,200円は新築費へ義捐金。

金2,250円の領収書（98年12月30日付）、定次郎宛6,750円の預り金証（99年1月5日付）があることから見て[13]、預け金は販売代金の未清算額であり、加盟製糸家からの出資金を信用の基礎として長信社が地方銀行から資金を得、それを加盟製糸家に回すという方法をとっていたのではないかと思われる。長信社は共同再繰は行わず、共同出荷と製糸家の出資金により売込商と地方銀行からの金融を確保する組織であったのだろう。

横浜売込商原商店が96年から毎年発行していた「横浜生糸貿易概況」により、98年8月16日以降長信社の売込価格を幾度か確認することができる。この時期から産地・製糸場ごとの品質に基づく格付けが形成され、市場で一定の価格差によって取引されるようになる。「信州上一番」として当初は高く評価されていた諏訪器械糸は、1890年代末以降、次第に評価を低め、裾物化していった。長信社出荷生糸の横浜市場における位置づけは、その信州上一番と全国的にも優等糸として知られるようになった松代の六工社以下の「信州エクストラ」のほぼ中間に位置づけられている[14]。この位置づけに対し、定次郎は強い不満を有しており、「大に糸質の改良を行はんと欲し屡同社（長信社）に対し改良策を建議」したという。横浜市場を知悉している定次郎からすれば、下伊那の原料繭からエクストラ格の生糸を挽くことは十分可能と見えたのであろう。そのためには「原料の購入及殺蛹乾燥等各々区々に渉」る状況の改善が不可欠であった。長信社全体としての改善を図ったが、その意思が通らず、99年か1900年に脱退し、単独出荷の道を選択する（前掲「(喬木館の治績)」)。単独出荷を行うためには規模拡大が不可欠であり、96年38釜、98年45釜、1900年48釜、02年54釜へと拡大し、後述するように優良な生糸の産出に努めるのである。

第２節　喬木館製糸場の発展

１　組　　織

単独出荷を始めた後、1902年に大きな設備更新を行った。釜数の増加を図るとともに、「釜代金新設代金及諸器械」に1,035円など4,386円を投じ、出資者である４人が300円ずつ計1,200円を「義捐金」として出し、差引3,186円の新設評価金額と「先建家諸器械諸道具一切ノ代金」3,500円の合計6,686円が02年度の「創立費」とされる[15]。後掲表７－３に示しているように、02年度の貸方１万1,227円のうち6,686円が「め主人持建家諸器械其他製糸什器悉皆」、残り4,444円が「貸金外諸物品有高〆」と記されている。

生糸価格が暴落し、損失が予測された07年12月、定次郎以外の「歩持ち」の吉沢為次郎・牧内筆太郎・瀬川成一の３人が陸三郎に対して求めた事項を記した「要望書」が残されている[16]。もう一人、「歩持ち」として利益配当にあずかっている吉沢昌三は３人の承諾なしに定次郎が独断で入れたものであること、３人の「歩持ち」は薄給をも顧みず本業に従事していること、創業以来一定程度の投資をしていることなどを述べ、02年度の１人300円の「義捐金」も定次郎の遺言に基づき利息を付けて「御返戻」することを求めている。この要望書を受けて作成されたと思われる08年１月１日の「誓約書」では、吉澤家が６分、３人が各１分、新に山下英一が180円を出資して１分の「歩持ち」となる。これをもとにすれば、共同持ち部分を1,800円と評価したことがうかがえる。不動産中、製糸場内味噌蔵と付属物置、工女養成工場の建物・付属物、第四号乾燥場の３か所を「従来権利ヲ保留スルコト、但其歩合ハ新事業ノ歩合ニ同ジ」とされ、さらに「直接製糸事業ニ使用スル陸三郎所有ノ不動産」を6,950円と評価し、その使用料として月69円50銭を支払うこととした[17]。

この記載をまとめれば、喬木館製糸場の固定資産は8,750円でその８割が陸三郎個人所有、２割を共有分とし、陸三郎所有分に対しては使用料を支払う、２割の持ち分は陸三郎が６分、他の４人が各１分の割合とし、損益とも持ち分に応じて分配する仕組みである。この「誓約書」において07年度決算で5,000円の積立金を設け、利益が出れば６分以上を積立て、欠損を生じた場合は5,000円までの補てんを行うとしている。

陸三郎を除く４人は08年３月、「各社員ハ誠実熱誠事業ニ従事」「昼夜ヲ論セス緩急其任務ニ従事」などの「社員申合規約」[18] を取り決めており、従業者でもあった。1913（大正２）年に為次郎が出勤できなくなって一部分返還し、その１分を残りの４人持ちとする。その際に計算した固定資産の共有分は3,000円となっている。その後死亡した為次郎の遺族に対しては、固定資産や積立金・利益見込み分など合計1,500円を配分する。

15年11月、製糸部の動産不動産評価額（除く土地）は5,400円、翌16年５月に電気設備800円を加え6,200円となる。そして翌17年５月「権利義務一切」を陸三郎に移転し、名実ともに吉澤家の個人経営とした。また19年度から１口30円1,000口の「匿名株式」へ変更したとの記載があるが、実態は変わっていない。これによれば製糸関係の資産は３万円となるが、各銀行への営業状態や資産の報告には、19年から23年まで製糸用建物什器は10万円の評価となっている。

後述するように喬木館は優良繭の確保に努めるが、そのために蚕種製造・養蚕試験事業に進出する。陸三郎の長子武夫は上田蚕糸専門学校に進学し、武夫を通じて著名な同校の針塚長太郎やその他の教員の指導を受け、桑園や蚕室を設備する。15年、「蚕各品種優劣比較研究並優良種ノ製成」を目的とし、３反歩の桑園に加え、蚕室や冷蔵庫を施設し、30人以内の研究練習生を入所させて学科と実験を課しつつ労働に従事させ、その労働には手当も給付するという喬木館蚕業研究所を設置した。申請者には陸三郎と並び、陸三郎の実家で隣村松尾村の地主田間善雄、後に百十七銀行頭取、下伊那産業組合・在郷軍人会の有力者となる大平豁郎がなっている。この時期、一代交雑種の優秀さが明らかとなって種々の蚕種が開発されていた。研究所は、地域に適した選択と飼育方法の開発を目指し、製造した蚕種を養蚕農民に配布しようという組織である[19]。

1917年の喬木館内規程によれば、喬木館は製糸部と養蚕部からなり、養蚕部は優良蚕種の製造と販売を目的とし、養蚕部内に蚕業研究所を設置している。喬木館は陸三郎の無限責任とされ、製糸部長には山下信治、養蚕部長には田間善雄がなり、創立以来の「歩持ち」であった山下英一・牧内筆太郎・瀬川成一らも「幹部役」として名を連ねている[20]。名実ともに個人経営としたが、製糸部の決算には従来の歩持ちが多額の預り金を残している。17年度決算の利益を除く負債は６万５,580円、そのうち預り金は「め」２万5,000円、山下英一9,550円、牧内筆太郎7,710円、瀬川賢治１万419円である。この金額は「歩持ち」時代の出資金を反映しており、翌年にはかなり減少する。

喬木館の組織は、以後1932年まで基本的に変化せず、吉澤家の個人経営として継続する。

2　優等糸の生産

1902（明治35）年度以降の「製糸決算帳」「製糸決算簿」を整理したのが後掲の表７-３、表７-４である。02～04年の決算が喬木館の実態をよく示している。この間、土地を除く固定資本６千数百円は定次郎家が出資する形をとっている。02年は3,250円の利益を生み、翌年は3,300円の損失、04年には8,229円もの利益を生むという激しい出入りのある決算である。利益・配当の分配は02・03年は定次郎が７分、３人が１分ずつ、04年は新加入（山下英一）があったため定次郎が６分他４人が各１分となっている。05年度以降、決算帳に「建屋諸器械」の記載がなくなってしまう。損益の配当割合は変わらないため、償却した形跡はないが、実質的に償却したということだろう。その後の確認できる固定投資は経費として計上されている。

1903、09、11、13年と多額の損失を生んでいるが、他方で大きな利益を挙げた年もあり、この間は比較的順調であった。糸格も大幅に改善された。後掲表７－７の03年８月１日の価格は信州上一番より80円高、11月24日の1,020円は諏訪生糸（信州上一番）が920〜927円であり、長信社は930円に低迷しているのに対し、喬木館の生糸は信州エキストラとほぼ同格かそれ以上の価格がつくようになった。その理由は、「(喬木館の治績)」によれば、原料繭の改善と製糸工女の技術の向上、工場組織のあり方の三つとしている。原料繭は、春、夏秋とも２種に限定し、１升・100匁当たり粒数の揃った蚕種製造家の蚕種を養蚕農民に斡旋し、農民も村内・近村の熟練養蚕家を主にし、肥料代金なども貸し与え、飼育中は係員を巡回させているという。特約組合という組織は取っていないが、郡是など優等糸製糸家が取り始めた養蚕農民の組織化を行い、安定的に優良繭を確保することに大きな努力を払っているのである。女工の養成と継続的雇用にも注意を払っている。05年２月には329円を投じて12釜の養成工場を設置し、１日の労働時間も14時間以内に制限している。男工も区内・村内のものを使うことに努め、従業員として勤務していた瀬川成一・山下英一の２人も歩持ちの出資者となり、従業員のインセンティブの向上に努める。

1909年、三井物産の伊藤精一は陸三郎に書簡を出し、三河・遠江地方に普及し、下伊那にも入りつつある「安楽飼」「全芽育」という養蚕方法を下伊那の長所、すなわち「大区域に亘り斯く優良なる原料繭を多大に産出」するという長所を破壊するものであるとして排撃している[21]。後述するように、売込商小野商店との間でも糸質や経営問題に関し、書簡を頻繁に交換して経営改善を図っていた。

また三重県の製糸技師安東潜が喬木館の視察に訪れ、技術情報を交換し、糸質改善に努めている。09年11月12日付の安東からの書簡は、喬木館も若干の改良を加えれば、全国でトップクラスに位置する三重県の室山製糸場に匹敵する生糸を生産することができると述べ[22)]、11月16日付の書簡では、前半部でケンネルの改善による糸膚の円滑化など一般的な糸質改善の必要性について述べた後、後半部で当時の日本蚕糸業の問題点を的確に指摘している。戦後の国際貸借の改善には生糸輸出増加が不可欠であり、政策的努力もあって達成したが、それは夏秋蚕の増加が中心で、糸質の低下をもたらし、日本生糸全体の評価を大きく低下させたとする。ケンネルの改良や粒付けの注意によるデニールの統一などの努力では、低下した日本糸の評価の回復は不可能であり、全面的な蚕種の統一が必要としている[23)]。また、翌10年８月の書簡では、米国向き太糸優等糸の価格が低下し、喬木館も含め優等糸製糸家がフランス向け細糸の生産に向かってている様子を述べ、送付されてきた生糸の試験結果を報告し、若干の技術的注意を与えている[24)]。

表７−７に示すように、当初は売込商小野商店を通じた外商への販売が中心だった。05年１月に初めて小野を通じて三井物産に売却し、05、06年度は生糸合名会社へ少し販売しているが、大部分は三井物産に売却し、それ以降は販売先は記載されなくなる。三井物産が市場で優等糸を確保するためにとった成行値決め先約定、すなわち出荷日と出荷量を予定し、価格も基準価格何円高という形で売却するようになるのである。66釜という小規模工場としては例外であったであろう。

本書第３章でも論じたように、優等糸を生産すれば利益が挙がるというわけではない。10年１月、陸三郎の書簡への返書において、小野商店社員は次のように述べている。

> 御製糸売価割安之義に付御高見巨細御垂示被成下逸々御尤もに敬承仕候、当方に於ても至極御同感に御座候へ共、追々御通信申上候通り近頃優等品之売行き思わしからず候、此原因に就ては確たる事相分り兼候共一時的の現象にして、遠からず旧態に復するならんとは一般に期待し居る処に御座候、何れにしても現今之状態にては誠に御気之毒には候得共、前情之次第此際御辛抱之程幾重にも奉願上候[25)]

米国の糸況により、また生糸産地の動向により、糸格間の価格差は変動しており、優等糸が常に有利というわけではなかった。ただ、下伊那の場合は、三井物産社員が記していたように、全国的にも稀な、広範囲に良質の原料繭が産出される地域であり、その利点を生かして優等糸を生産することが有利だったのである。

優良蚕種の確保、製糸の技術改良、工女の養成などに力を注ぎ、横浜市場において高い評価を得、三井物産への安定的な販売ができるようになった。大正期に入ると、蚕業研究所・養蚕部を設置して蚕種の改良にいっそう力を入れ、1919年には「製品之絶品なるを確保仕候……遥ニ優等物」[26]と誇り、20年には「原料ハ弊所配布之ものニ付……本年度ニ到り漸く弊蚕種の優越を認メラレ候モノカ段々顧客をまし、其内尤も理想優越之分ハ繭買〆約定之処へのみ配布罷在候」[27]と自信にあふれた手紙を小野商店に出している。

15年、横浜生糸検査所が糸格を調査し、全国の製糸場を位置付けている。7つのランクのうちトップの「飛切優等」は4製糸場、次の「飛切上」は郡是など25製糸場、喬木館は上位から3番目の「飛切」である。「飛切」は全国で46工場、山形の多勢金上などと同格である。長野県内には喬木館以外に「飛切」までに位置づけられる製糸はなく、次の「準飛切」に松代の本六工社や上伊那の天龍社が位置づけられている[28]。

その後も、繰糸工程の改善に努め、煮繰分業や半沈繰を導入し、18年には「小生ハ是迄ニ種々苦心之結果黄白糸共如何様ノ品質ニテモ蚕種より心懸け候得ば、目的相遂げ得る確信を得候」[29]との自信を披歴している。大正末期、昭和初期に至っても、喬木館蚕種部を「伊那郡の権威」[30]と誇り、多くの蚕種を製造するなど実績を積んでいった。

3　経営動向

製糸企業の損益は、原料繭代と加工費が支出、生糸と副産物を販売した金額が収入、その差額が利益になるという単純な構造である。喬木館の場合、少なくとも1916年度までは歩持ち出資者への配当のために正確な決算を行い、また

表７－３　喬木館の決算（1902～10年）

（単位：円）

		02年度	03年度	04年度	05年度	06年度	07年度	08年度	09年度	10年度
借方	合　計	7,977	15,547	8,375	7,920	7,719	16,263	15,286	33,614	36,200
貸方	合　計	11,227	12,256	16,604	8,520	18,126	16,213	32,660	29,998	37,036
	建屋諸器械	6,686	6,686	6,950						
	工女・工男手付貸金		927	674	575	980	1,591	1,998	2,463	2,812
	燃料・食料		1,606	1,500	1,014	1,577	4,201	3,405	2,530	4,744
	在荷見積		1,400							
	貸金		1,256	6,673	6,095	13,836	1,011	26,404	23,411	28,749
差引	損益	3,250	△3,300	8,229	600	10,407	0	17,374	△3,616	835
	配当	3,250		7,800		10,000		15,000		500
	固定投資			329						
	積立金							2,374		335

出典：「明治三十五年　製糸決算帳」（箱47－２、請求194－３）

注：①　02年度の建屋諸器械は「め主人持ち建屋諸器械その他製糸什器悉皆」。

②　09年度損金は、別途積立金・積立金と相殺して「差引損益無し」とした。

③　09、10年度借方は下の通り。

	09年度	10年度
預金及工女工賃未払	13,241	16,269
積立金	17,471	19,664
雇人慰労積立金	242	266
別途積立金	2,658	

それ以降も銀行や売込商から信用を得るためにも明確な決算を行っていたと思われる。しかし吉澤家と喬木館の関係が複雑であるため、はっきりしない点が残る。

表７－３に1902～10年度、表７－４に11～19年度の決算を示した。同表によれば03、07、09、11、13、14、17、18年と損失を生じている。この間の損益を累計すれば利益が14万6,000円、損失が７万3,000円となる。糸価に強く左右され、不安定な経営ではあるが、累計すると利益を挙げている。

02年から08年までの決算は借方が「借入金〆」「借金預り金総額」とのみ記され、内訳は不明であるが、09、10年度の決算によれば借方は預り金と諸積立金から構成されていることがわかる。11年度以降はより詳細に借方・貸方とも明らかになる。11年度を例に決算の仕組みを述べると、４万3,000円の内訳は吉澤家の資金が１万5,000円、積立金２万3,000円、原某をはじめ18人からの預

表７－４　　喬木館の決算（1911～19年）

（単位：円）

		11年度	12年度	13年度	14年度	15年度	16年度	17年度	18年度	19年度
借方	合　計	42,905	35,554	45,601	44,356	37,647	45,590	65,580	100,055	54,266
	め預り金	15,400	14,500	17,000	16,300	13,800	11,600	24,946	29,800	32,730
	積立金合計	23,095	18,238	23,456	23,564	18,015	21,745			
	歩持ち出資者預り金			689	936	1,419	6,792	29,262	17,478	
	諸預り金	4,360	2,400	1,288				5,415	4,922	
	銀行借入金							5,000	45,000	16,000
貸方	合　計	40,748	43,910	45,363	38,356	62,647	90,043	35,982	71,591	81,773
	工女・工男貸金	3,978	4,973	5,840	4,327	5,120	4,358	5,757	7,941	8,562
	燃料・食料	4,140	6,280	8,338	5,722	5,384	7,930	14,001	14,524	22,641
	在荷見積					5,750				
	貸金	26,601	30,352	30,130	27,720	34,119	66,050	7,071	12,807	48,304
	内銀行預金	18,500	23,000	20,000	16,600	10,000	49,000		4,517	
	養蚕部				2,332	17,022	13,310	2,541	5,500	5,500
	め外歩持ちへ				1,801					
	固定投資	5,305	950				5,316			
	繭前約金					10,790	4,422	4,550		
	前年度損失金								29,884	
差引	損益	△2,157	8,356	△237	△6,000	25,000	44,453	△29,598	△28,464	27,507
	配当		5,000				44,453			
	積立金		2,782				外21,274			
	賞与		574							

出典：「明治四十一年度より製糸決算簿」（箱47－２、請求194－２）。

注：①11年度の処理は積立金22,803円から損金を差引、残金20,646円を５人に配分、「め」は3,387円、他１人当り564円、残積立金15,000円。

②13年度借方の中に「め外三人賞与金320円」と雇人への賞与計520円含む。また違算があり、最終的には13円の利益となる。

③15年度借方に750円の賞与含む。5,750円は「横浜売掛代金未納分見積」。

④16年度の固定投資は「新築費め貸分」。賞与1,153円あり。同年度の積立金は当年の積立か否か不明、471円の慰労積立金もあり。

⑤19年度め預り金は諸預り金も含む合計。

り金が4,000円余である。これらの資金が工男女貸金と燃料・食料に各4,000円、貸金に２万6,000円、固定設備投資に5,300円投じられ、借方の超過額2,157円が当年度損失になっているのである。預り金のうち3,000円が原氏となっているが単年度のみであり、借入金の可能性がある。歩持ち出資者からの預り金は少額である。貸金のうち１万8,500円が百十七銀行への預金、その他数十円から数百円程度の貸金が29口あるが、２万6,600円にはならない。11年に積立金を取り崩している。11年度決算の積立金は２万2,803円で、そこから当年度損失金を差し引いた残額２万646円のうち5,646円の６分を吉澤へ、他の４人に各

１分ずつ配当し、翌年度への「残積立金」を１万5,000円とした。12年度は賞与をひいた7,782円が純益となり、うち5,000円を配当に回し、残りは積立金とする。14年度は6,000円の損失となり、それを歩持ち割合に従って負担することとなるが、その負担のために積立金8,775円を割り戻している。すなわち１分当り877円54銭を割り戻して600円の損失負担を行い、14年は損失だったが、１分当り277円の配当を行ったのである。15年、16年と多額の利益を挙げ、そのほとんどを配当に回し、積立金の増加は少額である。しかし配当金を分配するのではなく、16年度以降にみられるように、そのかなりの部分が「預り金」という形でとどまっている。18年度には吉澤家からの預り金が約３万円、他の３人からの預り金が１万7,000円になっている。翌19年度は預り金合計３万2,000円となり、内訳が不明であるが、17年に歩持ちを解消しているので、３人からの預り金も減少したであろう。

表７-４に示したように、工女を中心にした工男女前貸金が明治末期から増加し、15年度からは多額の繭前約金も出てくる。また14年度から養蚕部への貸金が現れている。

第一次大戦時の好況によりこのこの期の平均糸価格は極めて高いが、17年に約２万9,000円、18年に２万8,000円の損失を生じた。６月から８月にかけての繭出廻り期の高糸価が秋から翌春にかけて落ち込み、その打撃を受けたのであろう。大きな損失を出した年の多くはそのパターンである。例えば03年をとれば、信州上一番の価格は６月から９月にかけ1,000円から1,040円だったが、11月に900円、12月には900円を割り込み、翌年１～３月にかけては900円台から930円台にとどまるのである。07、09年、14年などほぼ同じである。

19年は一転して大きな利益を挙げる。20年５月23日の決算は２万7,000円の利益だが、横浜の在荷など未清算のものがあり、第２回目の決算で5,325円の利益が出る予定としている。しかもこの決算には前年度の繰越損失が含まれていない。おそらくそれも償却しているのであろう。19年は繭出廻り期の生糸価格が2,200～2,300円だったのが、秋から冬、翌春にかけて2,700円から3,000円、4,000円と急騰していった。異常な年であるため、あまり参考とはならないが、製糸部門の収支を整理したのが表7－5である。収入の大部分を生糸販売代金が占め、原料繭が支出の77％、直接的経費の工賃・賄費・衛生費（1,068円）などを合わせると8.6％になる。利子も2.7％に達している。売込費も多額であるが、これはかなりの部分が払い戻される。

表7－5　製糸業の収支（1919年）

（単位：円）

収　入		支　出	
生糸売上代金	417,536	繭代金	321,997
屑物売上代金	18,341	工費	95,250
雑収入	8,876	内工賃	17,322
		給料	6,332
		税金	3,169
		薪代	8,567
		職工入費	4,073
		賄費	17,315
		利子	11,083
		乾燥費	2,686
		売込費	7,371
合　計	444,754		417,247

出典：前表と同じ。

以上示した経営動向の数値は、喬木館の製糸部門のものである。吉澤家と喬木館の経営は複雑な形をとっており、十に分離できないが、喬木館を実質的に経営する吉澤家の動向を示すのが表7－6である。貸方から借方を差し引いた残額を「本宅固定金」「営業固定金」と記しているように、吉澤家が経営する事業の貸借対照表である。記帳のあり方としては、これ以外に「固定金」を出している吉澤家本体の貸借対照表も存在しうるが、それは不明である。「喬木館難局時代」に至って明らかになる。

吉澤家の親戚や知人からの預り金、準備金、無尽・講積立金を借方に記し、それを貸付金や喬木館その他の部門に運用するという形となっている。初期は無尽・講積立金が一定の割合を占めるがその後は低下する。また05年に800円の借入があるが、以後19年まで見られない。05年は隠居講預り金に4人から300～500円の預り金、800円の借入金、それに本宅の固定金5,700円を加えたものにより、製糸部の5,200円、その外橋某への1,200円の貸し付けなどを行っている。06年の製糸益金5,000円の配当金を翌年に「事業準備積立金」とし、暫くはそれが借方の中心だったが、次第に減少し、数十円から数百円、1,000円を超える預り金が増加している。これらをもとに製糸部への貸方が増加し、明治末期には約1万5,000円、その約半分を本宅が出し、残りが親戚や従業員な

表7-6　吉澤家事業の

		05年	06年	07年	08年	09年	10年	11年	12年
借方	合　計	5,040	2,792	8,466	5,187	8,793	8,352	9,457	11,669
	準備金			5,176	3,465	3,250	2,600	3,317	3,609
	無尽講積立	2,486			893	772	772		1,127
	銀行他借入金	800							
	製糸部								
	養蚕部								
借方	合　計	10,815	8,721	15,305	12,045	15,631	15,139	16,837	19,149
	貸金計	9,220	6,974	13,983	10,752	13,938	14,116	16,551	18,260
	製糸部	4,900	3,800	11,900	9,000	12,600	12,800	16,000	14,800
	営業資金貸付								
	諸公債	1,215	1,135		1,425	1,425	925		
	銀行預け							660	660
	諸株払込金								
	養蚕部								
差引本宅固定金		5,775	5,928	6,839	6,858	6,837	6,787	7,379	7,480
製糸部配当		300	5,000						

出典：「貸金、預り金一覧表」（箱42-1，請求43-2-2）。
注：決算の締めの日付は1918年までは翌年2月1日、以後は1月1日。

どの預り金ということになる。13年から借方・貸方とも急増するが、おそらく養蚕部の拡大に伴い、資金と不動産の複雑なやり取りをしたためであると思われる。ほぼゼロに近づいていた準備金が17年に増加される。喬木館の配当に基づくものであろう。18年以降、本宅固定金を1万円に固定していく。19年以降2万7,000円の銀行借入金が固定し、製糸への4～5万円の営業資金貸付、1万円を超える百十七銀行を主にした株式も出てくる。これらは利益を挙げたと思われる養蚕部や製糸部からの借り入れという形とともに、最高6,094円（瀬川賢治）にも及ぶ預り金にもよっていた。

4　生糸の製造と販売

喬木館は単独出荷を開始してから着実に規模を拡大し、釜数は1908（明治41）年に66、09年に78、12年に128、14年に150釜となる。13年の工女契約証を

貸借関係（1905～22年）

（単位：円）

13年	14年	15年	16年	17年	18年	19年	20年	21年	22年
26,352	23,594	21,687	25,527	46,529	32,961	87,807	71,328	74,968	76,783
	16,848			18,488	5,176		5,724	4,689	6,918
				2,808		3,109			4,945
						27,000	27,000	27,000	27,000
						15,000		11,795	16,904
						7,233	6,071		
33,773	31,751	28,984	33,527	53,880	41,914	97,807	81,328	84,968	86,783
33,587	30,490	27,702	32,204	53,093	40,813				
20,800	16,600	14,078	13,000	39,500	26,900	21,875	21,300	16,600	17,100
						50,000	38,000	43,000	48,842
660						600			
						9,883	12,321	12,420	14,045
									2,015
7,421	7,961	7,268	8,000	7,351	10,000	10,000	10,000	10,000	10,000
		別口第二準備金		7,073					

整理すると、合計117人のうち、村内が61人、隣村の松尾が13人、近村の上郷・下久堅・神稲が各４～５人、郡外は上伊那６人、西筑摩２人となり、村内が半数強、近村も含めれば８割を占める。明治期から大正期、製糸業の最盛期にはどこの製糸工場も工女募集に困難を極め、優等工女は争奪戦になった。この中にも２人が前年他の工場に勤務していたが、それらの工場と「何等ノカンケイ無之事」という証文を入れている[31]。第一次大戦期の好況期には、工女募集難は一層深刻になった。21年の史料によると、優良養成工女・優良本工女が72人、二年子と「夫ヲ有スルモノ」が40人、本年度養成工女が23人、「工男ノ婦」が10人、合計145人、それ以外に「旅工女」32人（三河６人、木曽９人、甲州17人）で総計177人に達し、その中には23人の「注意工女」も含まれている。地元の工女を基本としていたが、この時期には多くの「旅工女」に頼らざるを得なくなっていた[32]。

表7-7　生糸販売

1903年	売込日	正味斤量	100斤価格	販売代金	荷為替額	残金	販売先
第1回	8月1日	1,003	1,080	10,840	7,600	2,915	198番館
第2回	9月4日	993	1,120	11,131	10,600	309	198番館
第3回	11月24日	2,472	1,020	25,217	17,000	7,597	89番館
	1月20日	1,456	1,030	14,948	不明	15,065	168番館
	4月5日	194	930	1,806	不明	1,777	168番館
	4月26日	298	885	2,641	不明	2,598	168番館
1906年							
第1回	7月28日	980	1,060	10,389	9,600	460	三井物産
第2回	8月10日	1,025	1,075	11,018	9,000	1,815	三井物産
第3回	9月3日	1,020	1,095	11,172	9,500	1,442	三井物産
第4回	9月26日	1,018	1,120	11,407	9,000	2,179	三井物産
第5回	10月20日	1,083	1,100	11,921	8,000	3,691	生糸会社
第6回	11月15日	1,201	1,150	13,820	10,500	3,048	生糸会社
第7回	12月6日	1,013	1,240	12,571	9,000	3,330	三井物産
第8回	1月15日	1,013	1,325	13,433	10,000	2,196	三井物産
第9回	2月6日	769	1,250	9,623	3,000	6,447	三井物産

出典：「明治三十五年　生糸売上帳」（箱8、請求1）。

原料繭の購入も基本的に地元の繭に頼った。蚕種を製造して村内と近村の農民に配布し、その繭を購入する。16年の繭仕入を見ると、6月7日から購入しはじめ、虎岩・知久平・松尾・小川・阿島などの多くの農民から少量ずつ、6月20日まで購入する。さらに龍江村の尾林に出張所を設け、同年度の春繭1万9,695貫目13万余円のうち7,288貫を仕入れている。その後7月末から8月初旬にかけて夏繭の仕入れとなる、やはり阿島・小川・虎岩・伊豆木・松尾・知久平などである。9月には秋繭仕入れとなる。会地村に出張所を設け、2万5,200円を持参して9月10日から22日頃まで、伍和・駒場・小川・昼神などから3,555貫目約2万円の秋繭を仕入れる[33]。

税務署に提出した資料などによると、この時期は通常、前年からの繰越繭を1月2月に繰糸し、3月から5月の間は休業、6月から新繭を原料に操業する。製造生糸が一定量に達すれば百十七銀行その他の荷為替を付けて小野商店に出荷し、500斤、1,000斤を単位に三井物産に販売した。

表7-7は、1903年と06年の「出荷生糸売上帳」を整理したものである。03

（1903・06年）

備　考
107円定期損金、残金資金借用口へ払込
3,998円６月20日資金借用口へ付替え、3,599円差引残貸、354円定期利益含む、荷為替付無為替混在
左記以前１月26日に39貫目、２月７日に40貫目の出荷あり、小野から計3,000円117銀行為替送金あるも販売等不明
小野商店借入金へ
同上
同上
同上
同上
小野商店・117銀行借入金へ
117銀行より為替金受取
三井銀行振出117銀行宛手形金、935円定期損金
在荷為替取組、４回に分け為替送金

年７月８日に９梱85貫目の第１回目の出荷を行おうとしたが、「天龍川大水にて延期」となり、18日に次の５梱48貫目と併せ、前の９梱には4,500円、次の５梱には2,000円の十九銀行荷為替金を付して出荷し、続いて７月23日に３梱（荷為替なし）、28日に２梱（荷為替1,000円）、８月８日に５梱（同2,500円）を出荷する。８月１日に23日出荷までの17梱163貫目1,003斤が、168番館に100斤当り1,080円で売り込まれた。輸出商への売り込みは基本的には1,000斤単位であり、零細な工場は何回かに分け、地方銀行・売込問屋の荷為替前貸金を得つつ出荷し、操業を継続するのである。販売代金は１万840円であるが、そこから手数料などの販売経費、荷為替貸付金、利息、電信料を差引清算する。第１回、第３回売込清算にみられるように、吉澤は早くから定期売買を行っている。帳簿を見る限り損益は数百円単位であり、生産者としての着実なヘッジだったと思われる。

荷為替は年内出荷分は価格の９割に及ぶ場合が多い。荷為替を付けない出荷は年を越した時期の小量の出荷だけで、基本的に荷為替を付している。残金は、

06年にみられるように、まず小野商店からの借入金返済に充てられ、次いで同6回目販売残金のように、銀行借入金返済に回される。記述の仕方から見て、06年はこの販売分までで借入金の返済が終わったと思われ、以後の販売残金は百十七銀行宛に送付される。16年は規模が3倍に拡大し、500斤単位の販売が多いため表出はしなかったが、ほぼ同様な傾向である。荷為替は時価9割に達することが稀でなく、年内販売分でほぼ小野からの借入金を返済し、1月は荷為替がついているが、2月販売分から荷為替は付されず、年明けから販売の度に百十七銀行、六十三銀行に多額の入金がなされる。

周知のように、製糸業は設備投資資金と同時に、出盛り期の短い原料繭購入資金をいかに調達するかが課題である。喬木館が開業した日清戦後には、すでに横浜売込問屋を介した資金流通の仕組みが整っており、それに長信社を通じて、また単独出荷を選択した後は小野商店からの資金を得た。いわゆる売込問屋による原資金供給は、04年は7,000円、10年は1万円となっている。「製糸資本金」と称し、6月初旬に11月末、12月末を期限として借入れ、その条件として小野への全額出荷、販売の全面的委託、出荷生糸の販売残金からの優先返済などを取り決めた証書を差し入れる。さらにこの製糸資本金以外に荷為替立替金についても規定する。資本金以外に「荷為替金ヲ借用仕候場合ニハ予メ貴殿ノ御承諾ヲ相受ケ其金額ノ割合ヲ一定」とし、生糸販売代金から荷為替立替金の優先償却も定めている。これも周知のことであるが、地方製糸家は生糸出荷と同時に地方銀行の荷為替を付けて資金を得て工場操業資金とし、地方銀行は荷受けをした売込問屋から荷為替金の払込みを受けるという荷為替前貸によって横浜から常に資金が供給される仕組みになっていた。

この時期に規模を急速に拡大するが、なお60～70釜と小さく、原料繭の購入範囲は村内・近村であり、喬木館も養蚕農民から信用買いをしていた。05年には10人から1,088円、06年には27人から3,985円、08年には23人から4,524円の信用買いを行っている[34)]。下伊那郡の組合製糸発展の一つの理由が、小規模営業製糸への信用売りによる繭代金焦げ付きといわれるが、喬木館も延買いをせざるを得なかったのである。信用買いはおそらくこの時期まででであろう。明治末期に急速に規模を拡大して購入範囲が広くなり、また明治末期の糸価の乱高下で倒産した製糸家の繭延買いにより損害を受けた養蚕農民が問題になる。

1911年には地方銀行からも多額の繭購入資金を借入する。６月８日に百十七銀行から３口に分けて２万円、９日には六十三銀行から１万円、24日には百十七銀行から2,000円、合計３万2,000円もの資金を得ている。返済期限は10月30日から12月15日である。小野商店からの借入金の弁済保証人は吉沢為次郎（喬木663）・牧内筆太郎（喬木740）という歩持ち出資人であるが、銀行からの借入金は為次郎が連帯借用人になり、吉澤秀雄（喬木645）・田間善雄（松尾507番地）という本家・実家が保証人となっている。これらの資金も繭購入に投ぜられた。

釜数が150釜と倍増し、繭価格も高騰していた16年にはもっと多額の資金が必要になっていた。小野商店からは６月14日に２万円を製糸資本金として借用し、返済期限の11月30日までは、部分返済をしても、その枠内であれば借入できるという形に変えるが、その外はほぼ同様である。地方銀行は、百十七銀行から６月11日に３口２万円、六十三銀行から13日、14日に計２万円、13日に飯田の信産銀行から１万円、合計５万円を借入する。期限は９月末から12月末までである。これも原料繭購入や工女手付金その他操業開始のための資金である。期日前に返済されたのは六十三銀行からの１万円、百十七銀行からの5,000円の二つだけで、他の返済は翌年にずれこんでいるが、２月までには返済している[35)]。

1923年１月17日の日記に「徒に金利のみ嵩むことをうれふ」と記しているが、売込問屋と銀行からの借入金の返済に追われるのである。

喬木館が、急速に台頭してくる組合製糸をどのように見ていたかは興味深い点であるが、あまり出てこない。好況であった18年の小野商店宛書簡には、族生する組合製糸の荷受先になるため、売込問屋が競合している様子が記され、陸三郎も小野商店のためにいくつかの組合製糸に影響力を行使しようとしている[36)]。戦後恐慌となった20年には、「右組合製糸も此逆境ニ遭遇シ、表面ハ完備を装ヒ居候も、何れも破壊ニ近キ内情ニ有之……怪しげなる組合に農村之中心を依頼する危険ハ余程猛省を要すべき事」[37]、「当地各生産組合内状之惨ハ言外ニ有之、今日之を開放的ニ各組合員ニ打明候時ハ直ニ破滅を恐れ百方虚偽之方法ニテ今日を切抜ケ居候モノ多数」と[38]、大きな打撃を受け、存続を危ぶんでいる。しかし、営業製糸の期待に反し、組合製糸は定着し、着実に発展していく。26年には「当地は御承知の通り組合製糸多く、組合員の生産繭はほとんど組合製糸に持込ミ居り、且つ個人製糸家はほとんど全部坪買に候間、市場出廻り品は郡部生産繭に比し非常に些少」と[39]、組合製糸に圧倒されている様子を述べている。

5　大正12年の日記から

上田蚕糸専門学校を卒業し、前年に没した陸三郎をついですべての事業を継承した武夫（29歳）の、1923（大正12）年の、震災直後までの日記が残されている。多様な内容が記されているが、この日記により製糸工場の状況を見ておこう[40]。

年末に休業し、工男は1月4日から仕事を始め、1月19日には男女合わせると40人位が宿舎に残っている。繰糸を再開するのは2月5日で、正月の間も木曽やその他に募集人を派遣して工女獲得活動を続け、1月30日に木曽・甲州・遠山の遠隔地に工女迎え係を派遣する。23年の春挽きは募集成績が良く「満釜」と喜んでいるので、通常は募集に困難していたのである。4月初旬には春挽きを終え、6月21日、本挽きを開業する。その間も4月30日を「残留工男女公休日」として、ハイキングやテニスをしている。2月8日の記述にあるように、毎週木曜日に大脇先生の「読書修養に関するお話し」を定例化することも決めている。同様な講話は3月22日にも記されている。一方、工男と工女の関係にもこの間2件悩まされている。5月、6月に工女募集の話がまったく出てこないが、この年は募集に関して大きな問題がなかったためかもしれない。

春挽き後の大きな問題は決算である。1月に行った養蚕部の決算は5,000円の利益を挙げ、「好結果」であった。しかし4月9日最終出荷を控えたときは「利益等はなし、いっぱいか」と見ていたが、5月11日には「大欠損ナリ実に我自身に取りて此上なき痛傷」、23日には「ヘボ決算にて酒もまずし、集合セルものもあまり良い気持ちせず」となってしまう。さらに大きな問題は、６月以降の原料繭と生糸価格の動向である。これらの動きを見つつ新年度の計画を立てていく。５月23日に購繭担当者を集めて方針を検討し、隣村の松尾村の組合製糸から全額供繭としたので購繭に入らないよう「懇望」されたり、同年から採用した繭の正量取引の方法について説明を兼ねて購繭地を廻るなど、購繭活動が本格化し、６月６日以降購繭に入り、鼎村には出張所を設けている。喬木館が採用した正量取引は、購繭人の見立てで繭価格を決めるのではなく、一応の繭価を決めつつ、口挽きによって糸量・糸質を確認して最終的な価格を決めるという方法である。

本格的な繰糸が始まると工場内部のことについてはほとんど記述がみられない。製糸関係の記述が出てくるのは夏繭の購入問題である。地元からも購入しただろうが、愛知・三重方面からの購入を計画し、７月28日名古屋・松坂に赴いた。伊賀の山中の繭市場で上伊那郡の工場主らとともに入札に参加するが、落札できず、30日に名古屋に引き上げる途中、山間部に折り合いのつきそうな繭があると聞き、７月31日から８月２日にかけてようやく購入することができたという。

大地震は下伊那にも屋内に居れないほどの大きな揺れをもたらし、翌日には横浜・東京全滅の報が伝わり、秋繭の購入を直ちに中止する。動揺の大きさがうかがわれる。

第３節　「難局時代」の喬木館

１　震災後の経営

前述したように1922（大正11）年の製糸部は金額は不明だが、大幅な欠損だった。翌年の関東大震災においても、他の製糸家と同様、大きな打撃を受ける。喬木館はこのときの打撃も一因となって1932（昭和７）年に全面的な負債整理

表7－8　吉澤家事業の貸借関係（1923～30年）

（単位：円）

		1923年	1924年	1925年	1926年	1927年	1928年	1929年	1930年
借方	合　計	269,371	284,679	356,461	381,737	319,232	302,808	272,960	281,262
	本宅固定資金	10,000	10,000	10,000	10,000	10,000	10,000	10,000	10,000
	め預金準備金	6,918	6,918	6,918	12,457				
	保険積金	4,451	4,161	4,558					
	117銀行銀行借入金	111,500	184,500	200,500	237,000	252,000	232,000	185,900	196,133
	安田銀行借入金	35,000	45,000	30,000	25,000				
	他銀行借入金	20,000		28,000	28,000	7,000	7,000	7,000	6,500
	小野商店借入金	41,612	11,643	26,319	25,930	10,819	15,218	28,033	23,480
	養蚕部預り金	10,108	11,590	17,126	11,155	16,041	30,197	31,274	33,775
	個人からの預り金	38,762	17,462		22,173	20,639		20,741	21,358
	下久堅生産組合				20,000				
貸方	合　計	279,371	294,679	366,461	391,737	329,232	312,808	282,960	291,262
	製糸部固定資金其他不動産	121,176	68,500	82,869	76,791	83,565	92,661	89,769	89,626
	養蚕部固定資金	50,000	50,000	50,000	50,000	50,000	50,000	50,000	50,000
	製糸部貸金	85,872	153,100	210,014	230,491	165,958	136,331	116,423	116,099
	養鯉・養鶏・養豚部	765	922	190					
	銀行預け金		1,500						795
	諸株式	14,520	14,520	14,520	15,795	15,508	15,195	15,173	14,748
	個人貸付金	4,131	2,658		6,706				4,190
	丸二信龍館貸金					7,000	7,000	2,500	13,500

出典：表7－6と同じ（「貸金預り金一覧表並ニ棚卸表」箱42－1、請求43－2）。

を行い、関係書類を一括して残し、そこに「喬木館難局時代」と記している。

「大正十二年度業績概況」[41]は、24年4月、六十三銀行飯田支店が、横浜正金銀行からの依頼として23年度業績概況と翌年度の計画を求めてきたのに対する報告である。震災で大きな打撃を受けつつも「震災相場」の恩恵により、大きな損失とはならなかったようだが、3月において生糸9万7,000円、繭5万4,000円計15万円を超える在庫を抱え、それが損失を生じる恐れがあった。しかし24年以降、全般的な不景気、他製糸の破綻などによるためか、工女募集、原料繭購入も容易になると予測し、積極的な操業を計画している。

実は正金銀行への報告以前に、23年の決算は惨憺たるものとなっていた。この時期には喬木館だけの貸借対照表は見られず、吉澤家が経営する諸事業を含めた貸借対照表だけが知られる。表7－8は表7－6に続くものであるが、22年と23年では金額も内容も大きく異なっている。総額が3倍を超える借方の増加は16万6,500円に達する銀行と4万円を超える小野商店からの借入金である。

19年から２万7,000円で一定していた銀行借入金が急増し、小野からの借入金も年末に完済しえず、翌春まで持ち越すことになる。借方の増加に対応して貸方も増加させ、22年の営業固定資金（４万8,000円）と製糸部貸金合計６万6,000円が、23年には「製糸部営業固定資金其他不動産」12万1,000円と「製糸部貸金」８万5000円合計20万円を超える金額となる。製糸部固定資金が約７万円増加しているのは、在荷やその他従来の資産だけでは銀行借入金の増加に対応できず、吉澤家の不動産を動員することにより一時的に貸借を均衡させたためと思われる。陸三郎死亡直後の23年４月、吉澤家の不動産は、田畑５町５反、宅地１町２反、山林雑地６町４反、時価11万7,000円である。翌年以降は固定資金を大きく減額し、製糸部貸金という形をとる。借方では前代と同様、個人からの預り金も多く、２万円台に達する。27年で1,000円を超える金額を預けているのは６人いるが、家族や親族、特殊なつながりのある個人であろう。

27年から銀行債務は百十七銀行と信産銀行だけとなる。大部分が吉澤家も大株主の百十七銀行からの借入金となる。しかしこれら25万円の借入金が固定債務となった訳ではない。１月から５月にかけて生糸を販売して借入金はある程度減少したはずである。また29年には銀行借入金が19万3,000円になっているように、年末の借入金も減少させているのである。

この時期は、「金銭出入帳」によって日常的に資金の出入りがどのように処理されていたのかを知ることができる。24年６月の借入金の状況を表７-９に示した。６月３日に百十七銀行から30,000円と製糸部から5,700円の入金があり、それによって百十七銀行からの借入金を支払い、６月10日百十七銀行からの借入金２万5,500円も借入金の返済、12日の小野と百十七銀行からの入金も安田と六十三銀行への返済にほぼ消える。その間に数千円から１万円程度の「裏帳場渡」の項目が見え、これが購繭資金と思われる。またそれ以外に数百円単位の「製糸部渡」もあり、これは工場の運転資金であろう。

24年６月から「資金借入帳」という帳簿が出現し、主に百十七銀行からの借入金を記している[42]。６月から新年度に入るが、25年５月末、すなわち年度内に返済できずに25年度に持ち越した百十七銀行への債務は、３口６万9,000円

表7-9　喬木館の資金出入り（1924年）

（単位：円）

入　金			出　金		
6月3日	30,000	117銀行7月20日切	6月3日	35,000	117銀行、5月26日付手形払
	5,700	製糸部			
6月6日	10,000	117借8/5切	6月6日	9,300	裏帳場伊勢持出
6月10日	25,500	117借7/20切	6月10日	24,500	117手形払
6月12日	15,000	117借			
6月12日	20,000	小野送金	6月12日	20,000	4/26付安田銀行手形内払
				10,000	63銀行4/15付手形内払
6月15日	10,000	安田銀行借	6月15日	4,400	裏帳場渡
				4,000	安田銀行残払
6月17日	20,000	安田銀行借8/15切	6月17日	5,000	63銀行払
				3,000	養蚕部内渡
				15,000	裏帳場渡

出典：「大正十二年　金銭出入帳」（箱10-1、請求15）。

に及んでいる。そして25年6月に入るとそれらの借り換えと並行して6月13日から6月25日まで、8口に分け5,000円～2万5,000円合計9万円を借入する。26年5月末、26年度に持ち越した金額は8万6,000円に達し1万7,000円増加している。六十三銀行からは借り入れず、安田からも減少し、百十七銀行に集中する傾向にあった。

表7-10は、1924年の「生糸販売帳」を整理したものである。6月27日500斤の第1回出荷から25年5月12日まで42回出荷し、それが1,000斤ずつ21回に分けて販売されている。荷為替は大部分が百十七銀行、4回だけ安田銀行となり、時価の6掛から7掛と前に比較して低下している。手取り残金が数千円単位で生じ、安定した販売であるが、第4、5、12回に多額の「定期損金」を発生させている。価格にみられるように相場の上り調子のときに損失を生じ、他方第18、20回の下り相場の際に益金を生じた。表出分だけを集計すると5,800円の損失になるが、典型的なヘッジである。荷為替代金を差し引いた残金を当初はすべて「小野別口借入金」に入れ、12月からは「当座口」「銀行当座口」などに入金され、吉澤家や経営本体に来ることはなかった。ようやく3月4月に「油屋当座口」「油屋払」と入金される。喬木館の震災による直接的な損失は最

表7-10　喬木館の生糸販売（1924年）

販売回数	販売日	正味斤量	価格	代価	荷為替金	手取り残金	備　考
第1回	7月19日	978	1,650	16,137	12,000	3,820	小野別口内払
第2回	8月1日	956	1,700	16,264	12,000	3,915	同上
第3回	8月9日	994	1,600	15,914	12,000	3,606	同上
第4回	8月19日	974	1,870	18,221	13,000	1,011	定期第1号損金
					差引手取	3,866	小野別口内払
							内訳　727円別口残払、3,038円13年度今年度別口内払い
第5回	9月4日	980	1,960	19,221	14,000	3,611	定期糸第2号損金
					差引手取	1,212	小野別口内支払
第6回	9月15日	1,005	2,040	20,515	13,000	7,126	小野別口内払
第7回	11月4日	993	1,970	19,578	12,000	7,070	小野別口支払
第8回	11月17日	993	2,010	19,960		19,643	後方第10回売込計算書転記
第9回	11月17日	996	2,030	20,224		19,903	第10回売上計算書転記
第10回	11月17日	992	2,060	20,436		20,111	
〆金				59,657	30,000	23,290	内17,518、小野別口残金払
							〆5,771、11月20日117銀行当座口へ入
第11回	12月1日	1,004	2,130	21,391	12,000	8,981	117当座口へ此表相済
第12回	12月13日	996	2,100	20,916	12,000	4,220	二度に分け定期損金
					差引手取	4,294	12/15117当座口入金
第13回	12月27日	980	2,130	20,880	12,000	8,456	12/27小野別口支払
第14回	1月13日	996	2,210	21,664	12,000	9,577	1/13小野別口支払
第15回	2月13日	998	2,180	21,768	14,000	7,273	2/13別口勘定改メ出
第16回	2月25日	997	2,220	22,150	13,000	8,720	117銀行当座口入
第17回	3月13日	980	2,100	20,596	14,040	6,170	3/13　117油屋当座口へ入
第18回	4月4日	1,002	1,900	19,038	14,000	955	定期益金
						5,570	4/6　117当座口へ
第19回	4月17日	1,168	1,920	22,443	16,000	5,989	油や払、小野別口入
第20回	5月4日	1,076	1,850	19,923	15,000	2,087	定期益金
						4,510	〆6,597油や払い
第21回	6月13日	912	1,860	16,969	11,713		小野為替金残金払い
					2,516		油や分小野別口残払い
						2,923	その他合せ、117当座口入

出典：「大正拾壱年　生糸売上帳」（箱8、請求5）。

大に見積もっても2回出荷分、2万円程度であろう。小規模製糸にとっては少なくない金額ではあるが、24年の経営状況では、十分に回復可能である。表7-8によれば、小野商店からの借入金は23年末の4万円余から24年末には1万円余に減少する。一方、銀行からの借入金は16万円から23万円に増加している。25年、26年にかけ、銀行からの年末借入金残高は29万円にまで増加する。それに対応して貸方では製糸部貸金が23万円にまで増加する。前述したように、製糸年度途中であるため、経営悪化をそのまま示すものではないが、必ずしも順調ではなかった。しかし28年末には24万円、29年末には19万円まで縮小する。

2　生糸恐慌の襲来

前述の「資金借入帳」に小野商店からの借入金が記されるのは、1927（昭和2）年からである。震災で売込商の打撃が大きかったことによろうか、震災直後は小野からの借入金はあまり目立たない。27年度は5月26日に原資金として5万円を借り、7月末の第2回目の販売以降、売上残金によって着実に返済し、8月末には3万3,000円、11月末には1万7,000円と減少し、28年3月31日に「総差引」462円を返済して「支払相済」となる。28年度は原資金として4万円を借り、5回までの売り上げによる清算は利子だけである。6回目の販売以降順調に売上残が生じ、3月22日に4万円の清算が完了する。

翌29年度も4万円を借り入れ、14回販売までは少額ながら販売残金によって返済していた。しかし米国の恐慌によって生糸価格が低落し、11月中旬以降、滞貨生糸の共同保管と操業短縮が決議され、市場が滞った。2月末の元利金は2万6,000円である。当時の糸価と生産費を勘案して、保管生糸に100斤当り1,250円が貸し付けられ、製糸家はその貸付金によって荷為替代金や売込商、銀行への借入金の支払いを行うこととなる。喬木館も3月4日以降、保管生糸への貸付金によって荷為替代金や小野からの借入金の支払いを進める一方、横浜市場で3回にわたって生糸の販売も行っている。結果的に、29年度は小野商店からの原資金を返済しえず、4,000円ほどの借金が残った。30年度は新資金2万5,000円を借り入れるが、しばしば売上金が荷為替その他の経費に達せず、「売残不足金別口借入」となり、30年度末には1万8,000円が残ることとなった。31年度以降は、売込問屋からの従来のような形での資金供給は途絶えることとなった。

1927～29年度については、製糸部門の損益（表7-11）と負債資産の動向（表7-12）を知ることができる。27年度には生糸・屑物売上などの合計が45万円、原料繭と工費を差引き、利益が2万4,000円となった。原料繭は生糸代金の73％、工費は25％、翌28年度は1万円に利益が低下し、原料繭は77％、工費は

25％になる。翌29年度には4万円の損失を生じる。29年の原料繭価額は27年に比べると約3万円、28年からは約1万円減少し、工費も6,000円、4,000円と低下しているが、生糸売上金の低下をカバーする金額ではない。売上金12万円の減少に対し、原料繭、工費の減少は5万円強に過ぎず、4万円の損失となった。

表7-11　喬木館の損益（1927～29年）

（単位：円）

	1927年度	1928年度	1929年度
生糸売上金	436,552	377,163	317,827
屑物売上	13,196	14,890	11,792
雑収入	2,502	2,963	2,879
合計	452,249	395,015	332,499
内原料仕入代金	320,233	290,528	282,949
工費	107,362	94,107	90,003
計金	427,594	384,635	372,952
差引金	24,655	10,380	△40,453
他共計	36,379	22,192	△40,453

出典：各年度「損益計算書」（箱42-1、請求43-5，43-6，43-9）。

表7-12は建物・機械など固定資産の評価がなく、不十分なものである。27、28年の7万円台の借入金が29年には19万円に増加する。その内訳は吉澤家から8万7,000円、共同保管借入金・補償借入金9万円、荷為替借入金が1万9,000円となり、生糸有高の評価が11万2,000円である。吉澤家以外からの借入金が生糸有高に対応している。

29年末から共同保管を開始し、30年3月には糸価安定融資補償法が発動され、市場には膨大な滞貨生糸が生じた。共同保管、融資補償法の発動によっても生糸価格の低落を防止することはできず、新生糸年度を迎えた30年6月から前年度の保管糸10万俵（年間輸出量の2割）を缶詰にして新糸への悪影響を除くこととなった。政府資金からの損失補てんもあったが、製糸家にも大きな損失となる。喬木館にも29年度の損失4万円に加え、保管生糸の損失が、この後加わったことは間違いない。

27年度から29年度にかけては、工費の詳細な内訳も知ることができる。しかし長期的な趨勢を辿ることもできず、また県の調査とも直接的な比較が難しいので表出しなかった。27年の100斤当り生産費を主要な点のみ県調査と比較すると、喬木館370円に対し営業製糸395円、組合製糸360円、その中の利子は喬木館43円96銭に対し同じく57円54銭、21円84銭となっている[43]。組合製糸は諸税や融資など有利な条件があって生産費が抑えられていたので直接的な比較は

表7-12　喬木館の貸借対照表（1927～29年）

（単位：円）

		1927年度	1928年度	1929年度
借方		105,799	95,107	203,185
	借入金	70,251	75,946	
	預り金	5,369	5,495	5,549
	副産物手付金	300		
	給料未払い	253	251	200
	工賃未払い	2,760	207	847
	石炭代未払い	1,450	974	1,211
	賄費未払い	201	42	294
	その他未払い	560	1,785	1,959
	油屋借入			86,934
	共同保管借入			25,000
	補償借入			62,500
	荷為替借入			18,800
	損益	24,655	10,380	△40,453
貸方		105,800	95,107	203,185
	貸金	85,254	63,101	37,070
	生糸有高	13,911	25,261	112,500
	副産物有高・未収	1,612	1,186	1,445
	給料工賃前貸	494	215	18
	賄品有高	1,464	1,733	1,620
	木炭石炭有高	1,291	1,387	1,876
	工場用機械		636	300
	荷造用品有高		625	741
	現金	409	410	642
	仮渡金	55	55	55
	荷造用品有高		625	742
	原料繭残見積・仕入持出金			4,233
	浜利子・手数料割戻見積			2,180

出典：各年度「損益計算書」（箱42-1、請求43-5、43-6、43-9）。

できないが、喬木館の生産費は他の営業製糸と比較して、比較的低位に抑えられ、借入金利子も少ないことがうかがえる。表7-13は29年度の生糸生産に関する諸数値を示したものである。原料繭は白黄4万6,000貫29万7,000円を仕入れ、繰糸したのは4万貫26万7,000円である。当年度に仕入れたのは生繭3万6,000貫だと思われるが、その内2万貫は初秋・秋繭、さらに1万4000貫、当年度仕入繭のうち4割近くが「旅仕入初秋繭」となっている。喬木館はこの時

表７-13　喬木館の原料繭（1929年）

	白　繭			黄　繭		
買入	数量（貫）	代金（円）	平均（円）	数量	代金	平均
春	3,484.865	26,190.07	7.550	7,735.360	55,830.46	7.218
夏	4,931.940	32,306.83	6.550	601.775	3,648.85	6.065
旅仕入初秋	13,435.160	82,401.58	6.133			
同上別口	1,013.340	5,809.81	5.735			
秋	5,594.498	37,575.61	6.754	20.530	104.78	
干繭	9,287.370	53,302.97	5.740			
計	37,747.173	237,586.87	6.300	8,357.665	59,584.09	7.130
内売却高	3,753.140	20,400.83	5.436	1,012.440	6,175.88	6.102
差引	33,994.033	217,186.04	6.477	7,345.225	53,408.21	7.271
昭和５年度へ越	900	3,083	3.425			
差引繰糸繭	33,094.033	214,103.04	6.478	7,345.225	53,408.21	7.271
白黄合計	40,439.258	267,511.25				

出典：「昭和四年度損益計算書」（箱41-１、請求43-９）。
注：干繭目方は３倍して生繭として計算。

期、所要原料の４割を遠隔地の繭に頼らざるを得ない状況になっていた。

これらの原料から4,081貫目（２万5,500斤）の生糸を製出・出荷し、生糸100斤当りに換算した売上代金1,246円となる。生糸100斤当り原料繭・工費・副産物などを差し引くと158円余の欠損になり、総出荷生糸に対し４万円余の欠損を生じた。表７-14は28年と29年を比較したもので、原料繭・工費などの差は少なく、100斤当り生糸代金180円の減少が大きな損失を生んだ。しかも1,246円というのは、1,250円という保管糸価格に基づいており、より大きな損失を生じるのである。

喬木館は明治後期から大正期にかけ、優良な原料繭と優れた繰糸技術により優等糸を生産し、高い評価を得ていた。震災後もその評価と自負は続き、26年にも「今日にては伊那郡の権威として経営罷在候」と誇っている[44]。事実、27年の目的糸格の調査によれば、下伊那の優良な組合製糸大正館が最優200円高、上郷館・片倉飯田工場・丸トなどが150円高であるのに対し、喬木館は神稲村の組合製糸の230円高に次ぐ220円高となっており、最優を基準にした時代の糸格では高い評価を得ていた。

表7-14　生産費等の比較（1928・29年）

（単位：円）

	1928年度	1929年度
事業日数	282	294
生産高（貫）	4,225	4,081
1日平均生産高（貫）	14.94	13.881
百斤当り生糸代金	1,428	1,246
同　原料代金	1,100	1,109
同　工費	356	353
同　屑物売却代金	56	46
同　雑収入	11	11
同　屑物代金差引工費	289	296
対1日の経費	334	306

出典：前表に同じ。

しかしセリプレーン検査が導入されると、原料繭の優良さと女工の訓練だけでは対応できなくなり、従来の繰糸器械は時代遅れになっていった。25年4月、小野商店の社員は吉澤に宛、「現在の御製糸ハ聊時代後れなるを免れず……更に多条繰を研究被成候事に御座候」[45]と多条繰糸機の導入を推薦する。そしてセリプレーン検査が導入された28年以降、他の製糸工場と同様、その対応に悩まされる。28年11月に「前数回分セリプレーンの欠点にて不渡の趣、実以て閉口」[46]と記した後、何回にもわたってセリプレーン検査不良による引き込み不能、値引きを求められることに対する不満の手紙を小野商店に出すのである。29年11月には武夫が横浜に赴き、各所を視察し、原合名が開発した多条繰糸機を実見し、「之れが一般製糸界へ出する時は目下の製糸業界に大なる波乱を起す事と推測罷在候、拙宅にても是非とも早く之れが器械を買入るゝか又ハ借入致し度」と多条繰糸機の導入も考慮していた[47]。しかしこの時期から生糸価格の崩落が始まり、新たな設備投資を考える余地は全くなくなっていった。普通繰糸機によってもある程度の高級糸の繰糸は可能だったが、以後高級糸の生産を目指した形跡はうかがえない。

おわりに——委託製糸としての存続——

1930（昭和5）年度の新糸は700円から600円台で低迷し、31年度も600円前後という低価格が続いた。喬木館の経営主吉澤武夫は、糸価が低迷を続ける中で、膨大な借入金を抱えた状況では、経営を継続することが不可能と考えたのであろう。規格統一組合という養蚕農民の組合を作り、そこの委託によって製糸するという委託製糸により営業を継続しようとする。7月には組合の製品として第１回の出荷を行い、「之れが売却方に就きては組合員多数刮目致居候のみならず、郡下組合製糸も亦此規格統一が如何なる成果を揚げ得るや」を注目し、同年９月には組合員が1,200人にも達したという[48]。

31年秋から委託製糸の組織を整備し、31年11月１日に合資会社め喬木館製糸所を設立する。武夫が無限責任、社員の吉澤正志、山下信治、ほかに飯田町の野原弘一、福住文男の４人が有限責任出資社員となる。定款に記された目的は、生糸製造販売と生糸委託製造販売である。喬木館規格統一組合の組織も整備する。組合の目的は「組合員ノ生産シタル繭ヲ合資会社め喬木館製糸所ニ委託加工シテ生糸トナシ、又加工セズシテ販売シ加工ニ依リテ生ジタル副産物ヲ販売スル」ことを目的とする。一部落ごとに「小組合」を組織して小組合長１名、組合員10人ごとに評議員を選び、組合員は１人10貫目以上の繭を「供繭」することを義務とし、「仮渡金ノ額ハ時価ノ十分ノ八以内」、仮渡金に対しては日歩２銭の利子を取り、仮渡金のうち１貫目に付30銭については組合に借用証書を入れ、過渡金が生じた場合にはそれを返金することとしている。同年６月、規格統一組合代表者６人と合資会社代表者との間で委託料支払いに関する契約書も締結する[49]。

組合製糸ときわめて類似した組織としたことがうかがえる。23年から喬木館は養蚕農民との間に「正量取引」を行っており、また同組合規約第27条にも「供繭の受入、口挽等ノ方法ハ前年ノ例ニ依リテ行フ」との規定があることから、組合製糸の合理的な点を取り入れて原料繭を確保していたと思われる。喬木館がそのままでは存続不可能になる中で、従来の購繭組織を規格統一組合とし、そこからの委託という形にしたのである。31年９月に組合員1,200人に達したとするが、「弊方組合の役員中にハ他生産組合の理事等多く」とあるように[50]、役員も組合員も喬木館と組合製糸の双方に入っていた。

31年秋になっても糸価が回復せず、経営は完全に行き詰り、全面的な整理を迫られる。表７-15は31年11月の吉澤家の資産と負債、表７-16が委託製糸の収支予算である。負債はほぼ正確であるが、資産は見積りである。32年９月、十五銀行横浜支店に提出した「資産負債調」によれば、資産は土地見積が５万円、

表7-15　吉澤家の資産と負債（1931・32年）

資産			負債	
	1931年	1932年		1932年
所有土地見積	90,000	50,000	117銀行借入金	213,540
居宅・製糸部建物器械等一切	40,000	10,000	小野商店同上	20,000
養蚕部建物什器	30,000	10,000	伊那銀行同上	6,000
			信産銀行同上	6,000
			愛知乾繭倉庫借入金	2,600
			地方個人借入金	17,410
			従業員積立金	12,800
合　計	160,000	70,000	他共合計	282,530

出典：「資産負債表」（箱番号36、請求5-31-1、2）。

表7-16　委託製糸収支予算表（1931年）

収入		支出	
委託製糸手数料	7,200	公租公課	2,000
田畑小作其他雑収入	1,500	117銀行工場居宅賃借料	2,000
		昨年度給料未払分	1,800
		健康保険料未払分	200
		工場居宅火災保険料	600
		生活費	1,800
合　計	8,700	合　計	8,400

出典：「収支予算表」（箱36、請求5-31-1）。

居宅製糸部、養蚕部建物が各1万円の合計7万円と評価されている。これらの資産はすべて百十七銀行へ担保に入っており、それを賃借して営業を継続しようというものである。吉澤家は1梱につき12円の手数料を得、それに小作料収入を合わせた8,700円が総収入、直ちに償却すべき債務や生活費を差引き、以後「逐年剰余金ヲ得テ一般債権者ニ対シ応分ノ支払ノ途ヲ講ゼントス」と債務弁済を図るという計画である。

合資会社や組合はあまり実態のあるものではない。税務署からの事情聴取に対し、以下のように返答している。

会社ハ全ク有名無実ニシテ代表社員吉沢武夫カ従来経営セル喬木館製糸所モ打続ク糸況不良ノ為メ経営難ニ陥リ、已ムナク喬木館規格統一組合ナルモノヲ設ケテ之ガ委託繰糸ヲ開始セルモ、吉沢武夫ニ対スル債権取立ノ為メ組合ノ委託品ヲ仮差押等ノ厄ニ遭遇スルヲ慮リ、且組合員ノ信用ニモ考慮シ会社ヲ設立シタル次第ニ有之候、所謂「借金予防会社」に有之候間（以下略）[51]

合資会社と組合は、一つには糸価低落のリスクを養蚕農民と共有する、二つは委託という形にすることにより、製品差押えの回避を目的に設立されたのである。ただこのような組合が可能だったのは、養蚕部設立以来の喬木館と養蚕農民との結びつきの強さがあったからであろう。

32年８月末から10月中旬までの、武夫が記したメモ帳のような日記が残されている。この日記からは、乱高下する生糸価格に一喜一憂しつつも秋繭仕入に努める姿と、借入金の返済を迫られる様子がうかがえる。このような恐慌の中でも養蚕部は利益を挙げていること、規格統一組合は名目でけでなく、小組合まで含めて実態があること、仮渡金・供繭・口挽きなどの語からうかがえるように、組合製糸と類似した組織を取っていること、地元からの原料繭が不足し、千葉・茨城からも仕入れていることなどが注目される[52]。

吉澤家の最大の借入先は百十七銀行であった。31年末において、４万6,000円、11万3,000円、３万7,000円の３口にまとめられ、前の２口16万円弱は32年に「我家ノ土地全部競売ノ形ニテ処分」し、残金を２口３万円の証書にし、それを毎年返済していった。実際に競売したのではなく、「競売ノ形」をとり、使用料を払ったと思われる。あと１口は本家の吉沢秀雄が保証人になっており、本家に対して銀行が強制執行に乗り出したため、本家が債務を弁償し、吉澤家は養蚕部不動産を本家に提供し、養蚕部の利益で返済することとなる。

小野商店に対しては31年末で２万円余、32年８月で１万5,000円の債務があった。毎月150円ずつ返済するということになったが、やがて滞り、41年には２万円を超える。41年、債権を引き継いだと思われる十五銀行横浜支店員との間で話を進め、年間1,500円の支払い能力があるが、ほかに約９万円の債務を抱えてその返済もしなければならないため、小野への債務は年500円宛、10か年で完済することとした[53]。

喬木館は、委託製糸として操業を継続し、また蚕種製造販売を主にする養蚕部は順調であり、戦時景気の中で継続し、長期債務を少しずつは返済していった。

注

1）大日本蚕糸会信濃支会『信濃蚕糸業史　下巻』（1937年刊、1975年の復刻版による）661～668頁。

2）下伊那郡の蚕糸業や組合製糸については、平澤清人・下村郊人『下伊那蚕糸業発達史　附長谷川範七伝』（甲陽書房、1952年）、天龍社『共同の礎伊那谷の天龍社　蚕と絹の歴史』（1984年）、平野綏『近代養蚕業の発展と組合製糸』（東京大学出版会、1990年）、田中雅孝『両大戦間期の組合製糸――長野県下伊那地方の事例――』（御茶の水書房、2009年）、平野正裕「一九二〇年代の組合製糸」（『地方史研究』第212号）などがある。

3）吉澤家に所蔵されている喬木館および関係史料の主要部分は、横浜開港資料館で借用し、目録を作成したが、喬木村村長を勤めた六代武夫の史料など、地域史料の調査は行っていない。

4）明治18年6月17日付、吉澤定次郎宛、田中平八・田中菊次郎書簡（箱番号1、請求番号2）、田中平八の事業に関する唯一の研究ともいえる木村晴寿氏の一連の論文を見ても、吉澤定次郎との結びつきをうかがわせる点は見られなかった。

5）「明治35年　雑誌帳2」（箱23-2、請求2-36）。

6）「明治十二年五月　金銭判取帳　蛎殻町壱丁目三番地　吉澤定次郎」（箱1、請求3）。

7）今村千文「吉澤家の土地所有について」（横浜開港資料館研究報告会レジュメ、2004年12月25日）。

8）「所得税金届（明治27年）」（第二次整理分、未整理）。

9）「（喬木館の事績）明治42年12月」（『紀要』第28号、61～62頁、史料A）。喬木館の主要資料については、松本洋幸氏が『横浜開港資料館紀要』第26号（2008年）と第27号（2009年）、上山が第28号（2010年）において翻刻と簡単な紹介を行っている。それらからの引用は、紀要に付されたタイトルと紀要号数および資料番号を記す。

10）「（創立時の規約）」（『紀要』第26号、資料1）。

11）「（工女等に関する報告）　明治30年6月」（『紀要』第26号、資料2）。

12）「明治29年5月　製糸場創立費及損益計算帳」（箱44-1、請求59）。

13)　箱15-３、請求27-56-１・２。

14)　この時期の「横浜生糸貿易概況」は『横浜市史　資料編７』（昭和45年）による。例えば1899年９月15日、長信社の1,090円に対し、松城館は1,120円、白鶴社は1,060円となっている。

15)「明治35年　雑誌帳２」（箱27-２、請求２）。

16)「（事業継続に際しての要望書）明治40年12月」（『紀要』第28号、史料Ｂ）。

17)「（誓約書）明治41年１月」（『紀要』第26号、資料３）。

18)「（社員申合規則）明治41年３月」（『紀要』第26号、資料４）。

19)「吉澤陸三郎宛針塚長太郎書翰　大正４年２月」（『紀要』第26号、資料９）、「許可申請書　大正４年12月」（『紀要』第26号、資料10）。

20)「喬木館内規程　大正６年９月」（『紀要』第26号、資料11）。

21)「吉澤陸三郎宛伊藤誠一書翰」（『紀要』第26号、資料７）。年不明

22)「吉澤陸三郎宛安東潜書翰　明治42年11月12日付」（『紀要』第28号、史料Ｃ-１）。

23)「吉澤陸三郎宛安東潜書翰　明治42年11月16日付」（『紀要』第28号、史料Ｃ-２）。

24)「吉澤陸三郎宛安東潜書翰　明治43年８月２日付」（『紀要』第28号、史料Ｃ-３）。

25)「吉澤陸三郎宛小野商店書簡　明治43年１月15日付」（箱39-４、請求21-40-７）。

26)「吉澤陸三郎宛小野商店書簡　大正８年６月16日付」（『紀要』第27号、史料21）。

27)「吉澤陸三郎宛小野商店書簡　大正９年６月28日付」（『紀要』第27号、史料26）。

28)　横浜生糸検査所『横浜生糸検査所六十年史』229～230頁。

29)「吉澤陸三郎宛奥村商店書簡　大正７年５月18日付」（『紀要』第27号、史料７）。

30)「三井物産会社内三河内宛吉澤武夫書簡　大正15年３月３日付」（『紀要』第27号、史料51）。

31)「大正弐年度工女契約証及貸金証書」（箱番号42-２）。

32)「大正十一年十一月二十日調　契約工女比較表」（箱43-２、請求36）。

33)「大正五年六月　繭仕入帳」（箱29-１）、「繭買付雑誌帳　大正五年九月」（箱27-２、請求５）。

34)　各年度「繭代延金控」（箱43-２、請求40、41、43）。

35)　借用金証書は、箱番号16、17-１。

36)　吉澤陸三郎宛小野商店・奥村商店書簡（『紀要』第27号、史料６・８・10・12・14）。

37)「吉澤陸三郎宛小野商店書簡　大正９年６月21日付」（『紀要』第27号、史料24）。

38)「吉澤陸三郎宛小野商店書簡　大正９年６月25日付」（『紀要』第27号、史料25）。

39)「三井物産生糸部小沢・三河内宛吉澤武夫書簡　大正15年６月23日付」（『紀要』第27号、史料56」）。

40) 「大正12年　日記」(『紀要』第28号、史料Ｆ)。
41) 「大正十二年度業績概況」(『紀要』第28号、史料Ｅ)。
42) 「大正十三年六月　資金借入帳」(箱43-１、請求22)。
43) 長野県の1927年の数値は「昭和三年度　製糸工場調　長野県生糸同業組合連合会」、喬木館は「昭和二年度損益計算書」(箱42-１、請求43-６)。
44) 前掲「三井物産会社生糸部宛吉澤武夫書簡」(『紀要』第27号、史料51、56)。
45) 「吉澤武夫宛小野商店和田満吉書簡　大正14年４月14日付」(『紀要』第27号、史料50)。
46) 「小野商店宛吉澤武夫書簡　昭和３年11月９日付」(『紀要』第27号、史料65)。
47) 「小野商店宛吉澤武夫書簡　昭和４年11月30日付」(『紀要』第27号、史料81)。
48) 「小野商店宛吉澤武夫書簡　昭和６年７月６日付」「小野商店宛吉澤武夫書簡　昭和６年９月５日付」(『紀要』第27号、史料92、95)。
49) 「喬木館規格統一組合規約」「契約書」(箱39-２、請求15-12-４、６)。
50) 「小野商店宛吉澤武夫書簡　昭和６年７月19日付」(『紀要』第27号、史料93)。
51) 「(書簡下書き)」(箱42-２、請求87)。
52) 「昭和７年　日誌」(『紀要』第28号、史料Ｇ)。
53) 前掲「大正十三年六月　資金借入帳」。

第８章　両大戦間期の生糸貿易

はじめに

横浜・神戸を中心とする国内の流通組織、ニューヨークを中心とする米国における流通・消費については、各章において関説してきた。ここでは、関東大震災以降、大きく変貌した国内の生糸流通、ニューヨークにおける日本商社の状況について検討する。

横浜の生糸売込商は「製糸家の鍋の底まで熟知している」と言われるように、原資金・荷為替取組などの資金供給に加え、技術指導にも当たり、製糸家のモニター、製糸業のオルガナイザーともいえる存在であった。明治期、横浜には20社を超える売込商が存在したが、次第に上位売込商への集中が進み、1901（明治34）年には上位８社で８割、11年には５社で８割を占めるに至った。生糸輸出は外国商社が強く、01年でもなお輸出高の８割のシェアを占めていた。しかしこの頃から三井物産をはじめとする内国商社が急速に進出し、12年には内国商社が５割を超える。

こうした生糸の流通組織は、第一次世界大戦時の好況、戦後の恐慌、関東大震災という大きな社会変動によって変化し、さらに大正末期から昭和初年にかけての生糸需要の変動に伴う検査制度の変化が、流通組織にも大きな影響をもたらした。

本章では、大戦期以降の輸出市場の変貌を踏まえ、商社に加え売込商・製糸家が生糸輸出に進出する経過と、ニューヨークにおける日本輸出商の動向を明らかにする。さらに大正末期以降の検査・取引制度の変更によって業態が大き

く変貌し、淘汰と新規参入が相次ぐ売込商についても検討する

第1節　生糸市場の変貌

1　アメリカ生糸市場の動向

表8-1は、各国の生糸の輸出入を示したものである。日本は世界市場への供給量のうち、1927（昭和2）～31年平均で66％を占めていたが、その後も急速に高め、36年には76％にいたった。日本に続く主要輸出国中国・イタリアは恐慌が深まるなか、輸出量を半減させる。輸入国はアメリカが70％前後を占め、輸出国である日本と対応している。しかし、日本の輸出量が30年代に量的に減少せず、割合を高めるのに対し、アメリカの輸入量は明確に減少し、シェアも低下傾向を示している。アメリカに次ぐのはフランス・イギリス・カナダ・英領インド・オーストラリアなどであるが、30年代にはフランスの減少と他の諸国の増加が目立っている[1)]。

生糸の世界市場に占める日本とアメリカの比重からして、上述の特色は日本の生糸輸出にもあてはまる。1926年には日本の生糸輸出額の96％がアメリカであったが、37年には80％に減少し、フランス・イギリス・英領インド・オーストラリアへの輸出額が増加した。またもう一つの日本の生糸市場の特色は、国内残留高の増加である。31年に19万俵（内地・朝鮮生産高に対し26％）であったのが、34年には28万俵（36％）に達した[2)]。これは輸出不振だけではなく、後述するように、この期間における国内絹織物業の発展をも意味している。

この間における蚕糸業・生糸市場に決定的な影響を与えたのは、レーヨンの進出と恐慌であった。両者の同時並行的な進行は、市場構造を根本的に変貌させ、日本蚕糸業に決定的な打撃を与えた[3)]。

レーヨンは1920年代に入る頃から、アメリカ市場で急速に需要を拡大した。関係者の多くは、26年頃までは以下のように、警戒感を抱きながらも楽観的な見通しを有していた。

一面生糸ノ強敵ナルガ如キ観ヲ為スベシ、然シ此他面ニハ之ガ為メ一般絹物使用熱ノ高マリ来レルニ連レ、益々贅沢ナル純絹ノ製品需要モ限リナク増進シ行クモノニシテ[4)]

この頃まで、生糸・綿・毛織物はそれぞれ独自の市場を形成し、レーヨンは編物やメリヤスなどの原糸需要を中心としていた。ところが、26年以降2.5デニール単糸、艶消し糸、半艶消し糸などレーヨン糸の改良が相次ぎ、天然繊維に劣らない柔軟性と外観を備え、レーヨンが多様な市場に進出したことによって、その垣根が崩れていった。生糸市場を蚕食したのはレーヨン生産額の約２割と推測され、27年にクレープの製織が開始されると、絹織物分野に急速に進出していったのである。

表８－１　世界市場における生糸（1927～31年平均）

（単位：千斤）

国名	輸入超過（＋）または輸出超過（－）
ドイツ	＋1,977
フランス	＋5,048
イタリア	－4,788
イギリス	＋920
スイス	＋500
カナダ	＋697
アメリカ	＋35,156
英領インド	＋910
日本	－31,713
中国	－8,552

出典：『蚕糸業要覧』（1939年版）。

また、レーヨンの進出と無関係に、第一次大戦後生糸需要の変化が進んでいた。大戦を契機にアメリカ女性の社会進出が顕著になり、女性のファッションが変化してきたのである。

断髪（ボッブヘァー）、短袴（ショートスカート）の流行以来殆んど膝の下即ち足が全部顕れる様になってから、足の形は女の美の最も重要なる部分となった[5)]

こうした動きにテキスタイル・マシーン会社（Textile Machinery Makers, Ltd.）、バークシャイヤー靴下会社（Berkshire Knitting Mills, Inc.）による、足にフィットする平編靴下製造機械の改良が重なり、「絹踏〔下〕の原料は殆ど全部日本糸で八王子、矢島格等の中等品」[6)]が用いられ、靴下を含めたメリヤスの消費量は生糸消費量の４割前後に達していた。

女性用平編靴下も当初は厚手であったが、次第に14中５本撚以下の薄手が多くなり、２本撚の最高級靴下も製造されるようになった。アメリカ生糸市場に大きな変化のあった27年頃は、アメリカに輸入される生糸のうち約２割強が靴下用であると推測されている。

生糸需要が限定されつつあるなかでも、アメリカ輸入高の82％を占める日本蚕糸業の増産が進み、横浜・ニューヨーク市場には生糸・絹織物の滞貨が形成されつつあった。そうした時に発生した恐慌は、生糸に決定的な打撃を与えた。

生糸価格は1929年半ばまで１ポンド５～６ドル台を維持していたのが、32年までの間に激落し、1.42ドルと３分の１、４分の１にまで低下する。レーヨン価格は恐慌前1.15～1.65ドル台で、生糸はレーヨンの４倍前後である。恐慌のなかでレーヨンも価格を下げるが、生糸に比べるとその下げ幅は小さかった。特に1932年初頭には生糸価格が１ドルに低下し、レーヨン価格の２倍にまで縮小した。両者の価格差が３～４倍と大きいときにはレーヨンは絹織物の分野を蚕食したが、2.5倍前後になると生糸が有利になり、32年にはレーヨン平地クレープは市場から一掃されるといった事態も生まれた。

生糸価格は大幅に低下するが、アメリカの消費者の購買力も低下し、広幅物・絹靴下とも「高級品は一向に売れない。其結果機業家も大衆向格安品の生産にのみ没頭」[7]という状況となった。生糸価格の低下に際してイタリア・中国は輸出量を大幅に減らすが、日本は輸出量を維持する。日本生糸のアメリカ市場における用途に関しては確定的な数値は得られないが、1932年頃まではフルファッション靴下の用途は12～13万俵、２割強であまり増加しなかった。日本生糸は27～32年頃までのレーヨンの進出、恐慌に対し、価格低下に耐えることによってアメリカにおける絹靴下・絹織物市場でのシェアを維持したのである。

ところが、33、34年以降における生糸価格の上昇と厚地クレープの流行が市場の変動をもたらし、生糸とレーヨンの価格差が再び３倍線を超え、しかも厚地物の流行がレーヨンの使用に有利となったのである。33、34年頃からレーヨンが再び広幅物に急速に進出し、生糸は織物分野から大幅に後退していく。アメリカ市場においては、この34年頃、織物用原料としての生糸の将来に対する悲観的認識が一般的に形成された。

今後益々レイヨンが、其の品質を改善し、価格を引下げて、一層生糸を侵食することの方が確かだ。恐らくは、今後十ヶ年も経てば、生糸は再び贅沢品としての其の本来の地位への復帰の途を辿ることになるであろう[8)]

絹織物市場から排除された生糸は、フルファッション分野に集中していく。1933年頃から急速に増加して4割を超え、35年には5割、36年に6割を超えた。フルファッション分野においては、生糸は第一に「天与の特性たる弾力が真価通りに報ひられ」ること、第二に「生糸の特性を益々発揮しうる薄地もの」の流行が一貫していること、第三に広幅物と靴下では製品に占める原料生糸の価格が靴下において格段に低く、「糸価昂騰の原価に及ぼす実質的影響は比較的軽微」[9)]であったことによって、靴下原料に特化していった。30年代中期において、「人絹ガアラユル努力ヲ払ヒツヽモ現在ノ技術ヲ以テシテハ平編靴下ニ於テハ生糸ニ代リ得ズ」と、レーヨンの技術的限界によって生糸の優位は保たれていた。しかし、「技術ノ進歩ハ無限デアリ、且販売ニモ多大ノ努力ヲ拂ヒツヽアッテ人絹ノ靴下ヘノ進出モ何時出現セラルルヤ計リ難イ」[10)]といった危機感も明瞭に形成されていた。

2　アメリカの輸入業者

アメリカの絹・人絹織物業は、1920年代後半において、工場数1,300、職工数13万人、生産価格15億ドルでおおよそ綿織物業の3分の1の規模と考えられる[11)]。

輸入される生糸の約4割がディーラーを経由し、残り6割は直接消費者（撚糸業者・織物業者）にいった。ディーラーは140～150軒に及ぶといわれ、大きなものはジャーリー商会（E. Gerli & Co.）のように輸入業者でもあり、あるいはオスカーハイネマン社（Oscor Heinemen Silk Co.）のように撚糸業を兼ねるものもいた。撚糸業者には二種類あり、一つはヴァンストラーテン社（Van Strauten & Havey Inc.）のように輸入業者・ディーラーから生糸を購入し、撚糸に加工して販売するもの、他の一つはコミッション・スロースターという委託撚糸業者である。後者の数も多く、100軒にのぼるといわれる。

織物業の主要な業態は三つあった。一つは原料持工場（Stock Carring Mill）という独立した機業者、第二は工賃取業者（Comission Weaving Mill）、第三はコンバーター（Converter）である。第二の工賃取にはパターソンに古くからあったファミリーショップの形態も含んでいるが、恐慌以降、糸価の不安定、運転資金の欠乏が進むなかで大中規模の機業者にもこの形態を採用するものが多くなってくる。コンバーターの比重が大きくなったのは、第一次大戦後のレディーメイドの流行と、恐慌以後の工賃取業者の増加によっている。コンバーターは撚糸業者や織物業者から生糸・撚糸・生地織物を購入し、工賃取業者・仕上げ業者に渡して製品に仕上げる。1930年代には絹・人絹織物の半分はコンバーターの手を経ているといわれている。靴下製造業は織物業に比べて大きな資本を要したために、織物業と異なり賃取業者やコンバーターといった業種はみられない。ただ靴下は流行に左右される絹織物業と違って、ニューヨークから離れることができ、大規模な労働争議の頻発したパターソンを避け、安価で豊富な労働力の得られたペンシルヴァニアや南部諸州に立地するようになり、シルクシティーとして栄えたパターソンの衰退をもたらすことになった。

3　アメリカ以外への輸出

1930、31年には日本の生糸輸出のうち、９割５分前後がアメリカに輸出されたが、33年以降その割合が低下し、37年には８割になった。アメリカ市場に次ぐ地位を占めていたヨーロッパへの輸出も、恐慌の中で減少する。30年代初頭、ヨーロッパ生糸・絹織物の中心であったリヨンに支店を設けていたのは三井物産・三菱商事・原商店であったが、その内実は「仮想口銭収入に対し営業費支出を見るに……取扱量の萎微と糸価絹価の低落は経営に対し正に二重の圧迫を加へ……収支不償の難問題に直面すること茲に年あり」という状況であり、ついに原商店は「積年の犠牲を忍び」維持していた支店を1932年に閉鎖し、代理店を設定する[12)]。

しかし、その一方で輸出拡大の可能性が現れてくる。まず増加したのはオーストラリア・英領インド・南米などである。英領インド輸出は三井物産が圧倒的な強さを誇るが、その経緯は「最近Chinai社ニ対シ日本糸代理買付ヲ為スニ至リシガ、印度ハ従来支那糸裾物多量ニ購入サレ居ル事ナレバ近年ノ如ク日本糸安値トナラバ日本糸モ相当売込ノ余地生ズベク」[13]と、価格が低下するなかで中国糸の市場を奪って進出を果たしていくのである。南米市場はイタリア移民の経営する機業への生糸の供給であったため、イタリア糸が圧していたが、価格低下によって競争力を得た日本が三菱商事を中心に進出した。

33年になるとイタリア糸・中国糸や人絹に対する日本糸の競争力が高まり、リヨンに旭シルク・片倉・神栄・江商などが代理店を設け、ヨーロッパ市場への進出が顕著になった。アメリカでは日本の輸入商は撚糸業者・織物業者・生糸商に直接売り込んだが、ヨーロッパの場合は多くが代理店を通じて販売した[14]。

こうして、日本糸は1933年以降、ヨーロッパ市場、ヨーロッパ生糸が掌握していた「新市場」への進出を果たし、アメリカ市場への輸出の減少を部分的にカバーしたのである。

第2節　輸出商の動向

1　中小輸出商の輩出

表8-2は主要内国商の輸出量である。内国商では長らく三井物産・横浜生糸・原商店輸出部3社の独占状態が続いていたが、第一次大戦以来それが崩れていった。

> 大正六、七年頃迄ノ生糸輸出商ハ一定ノ口銭ヲ加ヘテ生糸ヲ売リ甘イ商売ヲシテ居タノデアル、ソレガ大正八年頃ノ好景気ニ乗ジテ邦商ノ進出ガ多クナルト忽チ輸出商間ニ競争ガ烈シクナリ……横浜在住ノ外人輸出商ハ忽チ駆逐サレ[15]

最初の輸出商の族生は1917～19年で、茂木・江商・鈴木・日綿・久原・小野など、著名な売込問屋、綿関係商社の参入が続いた。二度目の族生は24年から

表8－2　主要内国商生糸

	1926年	1927年	1928年	1929年	1930年
三井物産	82,766	119,419	133,422	145,754	101,022
日本生糸	66,437	78,369	76,425	89,928	107,718
旭シルク	71,508	98,230	102,100	108,480	85,658
原商店	34,655	35,407	33,219	36,320	32,866
日本綿花	35,665	50,094	45,284	42,200	32,047
江商	24,495	22,195	25,930	22,464	16,667
日米生糸	18,807	19,034	18,372	23,666	2,508
鈴木商店	13,447	2,801			
大木商店	1,425	665	625		
数野商店		6,410	3,890	4,830	1,615
神栄生糸		929	1,416	3,974	4,252
林大作商店		20	4,046	6,867	6,727
時沢商店			1,350	1,593	3,383
兼松商店					
片倉製糸	5,876	14,176	24,981	28,723	31,674
郡是製糸			137	658	356
総輸出量	437,297	519,198	552,416	581,640	474,897
内邦商輸出割合（%）	85.2	86.4	87.3	91.4	92.3

出典：1930年までは農林省蚕糸局『横浜生糸販売統制ニ関スル参考資料』(1933年)、

28年頃にかけてである。この時期の増加には種々の要因があった。一つは旭シルクにみられるように神戸からの輸出開始、二つは片倉・郡是のような大製糸家の進出、三つは神栄・時沢のような売込商からの進出、四つは20〜27年にかけての恐慌によって破綻した商社の従業員が独立し、輸出商社を設立したことである。

この時期、日米生糸・時沢商店・木村商店・数野商店らの中小売込商が相次いで輸出業に進出したのは、次項に述べる売込商の先行不安による新たな事業分野への進出という意味を持っていた。中小問屋が輸出業を容易に開業できたのは、第四の特色として指摘した、破綻した輸出商社の従業員がかなり存在したことである。例えば旭シルクの前身、横浜の蚕糸仲次商松文貿易部は「久原の落ち武者の寄り合い」[16]であった。

また、中小規模の輸出商が輩出した理由は、1924年頃から問題となり、27年

輸出量（1926～37年）

（単位：俵）

1931年	1932年	1933年	1934年	1935年	1936年	1937年
134,967	139,358	140,338	158,528	151,938	125,447	105,230
144,585	137,864	95,747	88,955	91,274	68,203	71,246
92,245	103,340	84,320	85,055	80,970	82,715	77,140
50,430	38,676	41,392	41,980	57,680	65,645	53,010
32,395	26,466	22,225	17,480	28,815	29,050	31,480
18,815	16,745	8,507	10,950	475	—	—
1,885						
365	10	10				
5,245	13,620	18,765	12,500	15,820	14,910	14,055
6,234	4,840	5,989				
2,867	0					
				1,826	3,395	3,810
35,011	41,934	45,385	47,098	58,327	59,324	69,784
10	1,605	1,034	15,530	26,505	23,840	19,135
555,504	545,232	480,204	501,349	547,734	498,244	467,665
95.4	96.5	96.8	95.6	94.4		

それ以降は『横浜生糸検査所調査報告』。

7月から実施された正量取引による輸出生糸検査法、29年10月から実施され、32年から強制となった生糸検査所による格付検査である。正量取引は輸出商にとっては10俵で9円の看貫料、供試料糸でマイナスになり、製糸家にとっては水分でマイナスになり、相殺すると製糸家が1,000斤につき4斤の割合で利益になるといわれた[17]。格付検査は輸出商による「拝見」を排除し、糸価低落に際してしばしば発生した糸質を理由にする「ペケ」の余地がなくなるものであった。さらに、検査所の封印付の輸出を強制したため、輸出商が購入生糸を選別して独自の商標（私標）を付して輸出することも不可能になった。こうした不利益をもたらす取引の改革に対し、輸出商は強力に反対するが、製糸家の強い支持でこれらの法案は通過した。

こうした改革が中小輸出商の輩出を促すのである。1924年に設立された大木商会は、元横浜生糸のブローカー大木信次郎がニューヨークに滞在して売り込みを担当し、横浜ではやはり元横浜生糸の社員がビルの一室を借りて事務所とし、「原票付着の儘洋俵と為すべし」[18] と、看貫も拝見もせずに輸出を行った。また、旭シルクとジャーリー商会の共同出資といわれる国際共同生糸は、「生糸輸出会にも加入せず、蚕糸組合にも属せず、ジャーリー商会の理想とする第三者格付による買付機関」[19] という輸出商であった。

売込問屋の行き詰まりから事業展開を意図したもの、あるいは破綻した商社の関係者が創業した中小の輸出商は、一時的には華々しい活躍をみせても多くの場合間もなく破綻していく。人絹の進出と恐慌の打撃によって、生糸の輸出市場はいっそう厳しいものになっていたのである。

中小規模の輸出業者は、どのようにしてアメリカ市場に参入していったのであろうか。1919年末に生糸売込問屋を設立し、急速に成長して大手4問屋に次ぐ売込みを行った日米生糸は、21年から輸出を開始する。実質的な経営者である星野正三郎が二度にわたって渡米し、星野は日本にも支店を持つアメリカン・トレイディング・カンパニー（American Trading Co.）と「代理店契約を結び同社を経て生糸の輸出を為すことに決し」、ほぼ同時に「米国機業家及金融業者トモ謀リテ生糸輸出ニ付更ニ密接ナル連絡ヲ採ル」[20] という形で開始した。

長年の問屋経営で大手問屋としての地位を固めていた神栄が、輸出業への進出を決定したのは1925年であった。同社も「紐育の生糸業者と種々交渉し且つパタソン、ニュージャージィ其他各機業地の機業家とも折衝すると共に、出荷各荷主とも了解を得たので紐育に代理機関を指定し」[21] と、1年以上の準備機関を経た27年から代理店を通じた輸出を開始する。

代理店を通じた輸出が安定した段階で出張員を派遣、支店の設置がなされるのである。恐慌以前の輸出業は大きな思惑をしないかぎり安定した事業であった。神栄は「思惑売買ヲナサザル主旨」[22] であり、日米生糸では売込部が巨額の欠損を計上しはじめた1930年度にも輸出部は若干の利益を挙げていた。また、24年に三菱系として再編された日本生糸は、「主義として投機を忌み大きな思惑を試みない。つまり無理をしてまで儲けることは三菱式に悖る」[23] という方針であった。

2　生糸金融と商社の採算

こうした輸出商は外国為替を扱う銀行で、信用状あるいは指図書によって金融を受けた。この頃には、横浜正金銀行だけでなく、外国銀行や日本の大手銀行も外為に参入、競争が激化していたが、しかし正金がなお大きな割合を占めていた。零細輸出商である六邦商会・数野商店なども正金から多額の為替取組みを受けていた。前述の大木商店は正金ニューヨーク支店に４万ドルを超える負債を負い、神戸の売込商河野商店の破綻などによって被害を蒙りながら、「大木君ハ交際スルトシテハ好人物ナルモ Business man ニテハ無之様ニテ、締ククリ無之困ッタモノ」と非難されながら、「原則トシテ信用状取引ニ限リ不得已サル良好得意先ニ限リ五万＄乃至十万＄ノ程度ニ於テ指図書発行」[24]による取引を許可した。

横浜正金銀行の荷為替取り組みは、1927年前期、アメリカ向け生糸に関して、横浜港積出し日本商人分の５割、外国商人分は0.7割、神戸港積出しの2.5割、合計４～５割程度を占め、他の邦銀が２割、外銀は３割でその半分をナショナル・シティ・バンクが占めていた。各商社の横浜港輸出分の内、正金が為替を取り組んだのは日本生糸・原商店・江商の全額、日綿の６割、三井物産・日米生糸の３割、シイベル・ヘグナー商会（Siber Hegner & Co.）など外商３社の１～３割、旭シルクの0.5割であった[25]。輸出量首位の三井物産は「同相場ナレバ三井銀行ニ行キ居ルニ付、現在以上ニ当店ノ取扱高ヲ増加スル事ハ困難」であり、第２位の旭シルクは「若シ本行ガ Export a/c ヲ許容スレバ其三四割ヲ本行ニ取ル事ハ可能ナランモ、同社ノ standing ニ鑑ミ果シテ何レカ得策ナルカ疑問也、或ハ日米生糸同様ノ厳重ナル監督ノ下ニ Export a/c ヲ許ス事モ一策ナラン」[26]とされている。恐慌を経るなかで生糸輸出の様相も大きく変化してきた。正金の荷為替取り扱い率は1933年には全体で72％に達し、原商店・江商・日綿の取り扱い率はほぼ100％、三井をはじめとする他商社の為替扱い率も飛躍的に増加した[27]。

表８－３　輸出商社の採算（1931～33年）

（単位：千ドル）

年　次	1931	1932上期	1933
Japan Cotton Trading			
俵数	11,225	4,460	
輸入価額	3,742	1,149	
販売価額	3,798	1,185	
利益	168	92	
損失	112	55	
純益	56	36	
Gosho			
俵数	6,261	3,416	5,988
輸入価額	2,060	889	1,600
販売価額	2,063	912	1,498
利益	78	3	16
損失	74	52	120
純益	3	△29	△103
Hara			
俵数	21,982	11,878	13,450
輸入価額	7,849	2,894	3,519
販売価額	7,981	2,965	3,290
利益	293	116	24
損失	160	145	253
純益	132	△29	△229

出典：「原合名、江商、日本綿花 House Bill 担保荷物売買差益表」（Y. S. B., Box 157）。

商社の採算は、表８－３に示したように悪化する。1931年には３社とも利益を出したかの如くであるが、その輸入金額（アメリカへの輸入）は正金が「貸渡シタル」もので、売上げ金額も「当店ニ Assign セシメタル」もの、「経費、其他ノモノヲ考慮スレハ元ヨリ三社トモ損失ヲ免レサルモノナリ」[28]であった。32年上期には江商・原商店両店は巨額の損失を計上している。その損失の原因は、「今迄底値と信じて買ったものが何時の間にか高値になってしまう。今日の最安値は、明日の最高値といった風に、底抜け的に崩れ込んでゆく」[29]というアメリカ市場における糸価の連続的な下落にあった。絹織物業者の注文にせよ、輸出業者の思惑にせよ、日本市場で購入した手持生糸の何年にもわたる下落によって巨額の損失を負ったのである。

恐慌のなかで、アメリカ市場は二つの点で大きく変化した。1928、29年までは横浜価格に公式には約７％、80円の諸掛り、実際には60円を乗せたものが採算価格で、ニューヨーク価格は通常、横浜より上鞘にあった。ところが、30年以降価格が逆転し、「少クトモ十円以上多イ時ニハ五六十円カラ百円」という逆鞘になり、同鞘になるのは「稀有ノコトデアル」といわれる事態になった。第二の変化は、絹織物業者が輸入業者に対する先物注文を減らし、当用買いをするようになったことである。こうした変化に対し、輸出商は逆鞘には横浜・

ニューヨークの清算市場で対応する。即ち、安値見越の場合はShortを維持し、採算価格に達した段階で清算・現物市場で購入し、高値見越の場合は直ちに買付け、Longの立場を保つのである。市況が見込通りに推移した場合は下鞘がカバーされ、推移しなかった場合にも清算市場の活用により、損金をカバーすることができたのである。ただ問題は清算市場が標準格を基準にしているため、現物の各種糸格の変動には対応できないこと、現物・清算相場にはどうしても格差が生じ、計算通りにはいかない場合が頻繁に発生することである。絹織物業者のSpot買いに対しては、ニューヨーク支店における現物の手持で対応しなければならない。その量は「各種Grade一揃へ各五十俵ヅヽトシテモ七百俵ヲ最低限度」といわれ、倉庫料の負担だけでなく、相場変動への対応も大きな問題であった。こうして輸出商は「ドウシテモ投機的トナラザルヲ得ナイ」となり、中小の輸出商が撤退するだけでなく、大資本を背景とする輸出商も幾度かの盛衰にさらされるのである[30)]。

3　物産・正金史料に見る輸出商社

まず最初に三井物産ニューヨーク支店の考課状によって、アメリカにおける邦商の全体的な動向をみよう。

日本生糸会社ハ堅実ナル行動ヲ続ケ日綿ハ従来信用ニ対スル注意充分ナラザル為売掛金ノ回収不能ノ苦キ経験ニ鑑ミ得意先ノ選択ヲ主トセシ故カ以前程目立チタル商内ヲナサザリシ様子ナリ、原ハ絹物景気良好ナル際ヲ利用シ幾分如何ハシキ信用ノ客先ヘモ売付ケタルガ如シ、高田ハ二月半本店ノ破綻ト共ニ全然閉縮セリ、鈴木、江商、日米ハ特筆スベキ事ナシ……整然頭目ヲ現シ来リシハ松文及E. Gerli社ニシテ此両社ハ何等カノ条件ノ下ニ協同シテ行動シ居ル様子ニテ取扱高モ著シク増加シ今後如何ニ発展スベキヤハ注目ヲ要スベシ（1927年上半期）

旭シルクハ……同社ノ主要客タルGerliヘノ売込ガ当社ヲ始メ他小輸出商ニ奪ハレタル為一時ノ高潮ニ比シ稍々下火ノ傾向アリ、日本生糸、日綿ハ引続キ従来ノ地位ヲ保持シ片倉ハ漸次取扱ヲ増加セルモ原及日米生糸ハ衰

頽ノ傾向ニアリ、猶問屋業行詰リノ打開策トシテ従来ノ問屋業者中直輸ヲ兼営スルモノ続出セリ（1928年下半期）

（上海器械糸）……期末日本糸暴落ニ先チ日本糸定期ニ売繁ギタリ（広東糸）三月中日本糸漸落ニ先チ銀為替共ニ先安傾向ニ鑑ミ大量ノ新糸ヲ売付ケ売越増加ニ出テ（1936年上半期）

産地事情ハ……漸騰当地絹業界ノ好転ト相俟ッテ市況滅切リ強調ニ転ジタル為メ先物ノ大量売越ヲ逸速ク買埋メ、其後ハ専ラ大量売越ヲ維持スルト同時ニ円為替ノ先行軟弱ヲ見越円貨買継品ノ増加ニ努メタリ、之ガ為メ八月糸価暴騰ト為替ノ一段安ヲ見ニ及ビ為替ノ有利取極メ手持品ノ高値処分ニ頗ル有利行動ヲ為シ得タリ（1932年下半期）

期初同業者執レモ適品簿ニ期近売物出セス、之ガ為著シク行動ノ自由ヲ欠キタルモノノ如ク余儀ナク約定ノ取消ヲ為セルモノモアリタル模様ナリ、期央後各同業者ハ相当数量買持シタル模様ナルモ、特ニ目醒シキ活動ヲナセルモノナク、旭シルク社ハ上ゲ相場ニ相当大量ノ売越ヲシ居タル為莫大ノ損失ヲ蒙リタルモノノ如シ（1935年下半期）

当店ハ日本糸ニ於テハ期初ノ買越ヲ漸次減ジテ以後大体ニ於テ Position ヲ取ラザルカ、又ハ若干ノ売越ヲ以テ進ミ、又紐育横浜定期ト現物ノ値鞘ヲ利用シテ其間ニ有利行動シタルモ前期並ニ当期ニ亙リ白十四中高格品異常ノ値鞘狭小トナリテ著シキ痛手ヲ蒙リタリ（1935年下半期）

前述したニューヨーク市場における事情が明確に表現されていよう。松文（旭シルク）の台頭、片倉・郡是の進出、問屋の進出、原商店・日綿・江商の衰退傾向、日本生糸の着実な営業振りなど、同業者の動静が知られる。三井物産は糸価の変動予測に応じて、期中幾度も売り越し・買い越しを繰り返すとともに、上海糸・広東糸・銀相場と日本糸との相関関係を考慮して、中国糸の売買を行い、中国糸のヘッジを横浜市場でも行っている。1936年には清算・現物で有利に行動した筈であったが、高格品の値鞘縮小により、大きな損失を蒙っている。

表8-2にみたように、1932年頃まで三井物産・日本生糸・旭シルクの三大

輸出商のシェアはほぼ並んでいたが、33年から三井物産と他２社との格差が拡大し、日綿・江商も衰退する一方、片倉・郡是・神栄といった製糸系輸出商の進出が顕著になる。三井物産の強さは「大口取引ノ一流得意先」を確保していたこと、ハウスビル、ニューヨーク一流銀行の信用状により利息負担が少なく、船舶部からの運賃割り戻しなどによって、他輸出商より５円以上下値でのOfferが可能であることなど、三井物産が古くから培ってきたニューヨーク市場での地位、財閥を背景とする利点などに加え、上海・広東での活動にみられるような世界的視野に立った相場感に基づく、清算・現物市場での思惑商売の巧みさも大きかった[31)]。

次に横浜正金銀行の史料によっていくつかの商社の動向を見ておこう。日綿・江商など生糸関係以外の部門が大きい商社は、生糸だけを取り出すことは困難である。江商はニューヨークに主に生糸輸入に携わる現地法人のGosho Co. を設立していたが、「同社ノ得意先ハ他社ニ比シ不良ノモノ多カリシ為」20年恐慌で大打撃を受けた。1921年には同社が所有する故障手形は190万ドルに上り、そのうち35万ドルほどが２、３年の内に償却可能で他は長期か償却の見込みがほとんどないものであった。しかし、「江商会社ハ当地ニ関スル限リ全然正金銀行ニ依頼仕リ忠実ニ営業致居リ、至極順当ニ棉花ノ為替ノ取扱ハ中々多額ニ上リ候」[32)] という状況であった。江商は恐慌のなかで最も早く生糸輸出から撤退していく。

日綿は江商と異なり、ニューヨークに有力な得意先を有し、破綻の危機に瀕した1927年にも正金ニューヨーク支店長から「日綿ガ昨今ニ至リ利益減少シタルハ余リニ多種ニ仕事ヲ広メタル為ナリ、棉花綿糸布并ニ生糸ノミニ専心用意シ居レハ損失ヲ来タス筈ナシ」[33)] といわれている。原商店も20年恐慌で大きな打撃を受けた。

原商店ニ関シテハ年来小生ノ苦慮致居候処ニ有之、目下ノ荷物貸渡極度四百八十万＄ノ過大ニ過グルコトハ議論無之、何トカ減少セントスルモ従来ノ滞貸損失等アル為メ（小生ノ予想ニテハ弐百五拾万＄ト見ル可キカ……）之ハ千九百二拾年恐慌当時ヨリノ持越ニテ俄ニ整理出来得可キ事ニ

無之[34]

原商店は日本国内での震災や金融恐慌による打撃も加わって破綻寸前にいたるが、ニューヨークでも旧貸が回収できずにずるずると債権を引きずっており、「原自身ニ決定スヘキ問題トシテ小生又ハ当店カ責任ヲ負フテ命令ス可キ問題ニアラス……原ノ岡田氏ハ余リズルク責任ヲ本行ニ転嫁セントスル嫌アリ」と非難されている[35]。多額の滞貨がある場合にはその処理に苦しんだが、それがない場合には安定的な経営が可能であった。

邦人輸出商として最も古い歴史を持つ横浜生糸は、20年恐慌と震災により再起不能の打撃を受け、大株主であった三菱商事の手によって清算され、1924年に横浜生糸の営業権を継承した日本生糸が誕生した。同社はニューヨークではモリムラ・アライ・カンパニー（Morimura, Arai & Co.）名義で営業し、急速に業績を伸ばし、30年には三井物産を凌駕して最大の輸出量を誇った。営業成績も32年６月期まで連年数十万円の利益金を上げ、配当もほぼ１割を保ち、諸積立金は150万円に達した。ところが一転して33年６月期には82万円、34年６月期には389万円の損失を計上する[36]。巨額の損失を来たしたのは、「著しく投機的となって来た……為替及糸価の激動時代に処し相場上の見込違いを重ね」たからである[37]。即ち一つは三井物産ニューヨーク店の考課状にもあったように、相場が激変するなかで先買い、先売りで失敗したこと、二つには以下のように為替相場が激変するなかで、片為替になる輸出専門商社は極めて不利になっていたからである。

生糸輸出事業に於て利益を見ない場合にも為替上に於て利益を見る場合がある……極端に言へば外国よりの商品輸入事業を行っているが故に生糸輸出事業が可能であるとさへも言われ、三井物産はこれが典型的な存在……彼の三菱系資本をバックとした三菱資本の傍系会社たる日本生糸株式会社が、生糸貿易のみにとらはれていたが故に経営困難に陥り[38]

莫大な損失を減資によって償却した後の36年、「余りに大がかり過ぎたと云へる。三菱商事の雑貨部に比較して見ても、生糸部門は雑貨の小部分位の陣容で結構である」[39]と解体され、三菱商事生糸部となった。

4　旭シルクの動向

旭シルクは前述したように、国用糸仲次商松文が震災前に久原商事の退社社員を中心に設立したものである。ニューヨークに藤村寿が駐在し売込みをはかったが成果を上げ得ず、震災直前にはニューヨークで10万ドル以上の負債を負っていたといわれる。震災直後、小田万蔵・西橋外男らは壊滅した横浜を後にして神戸に出向き、神戸からの生糸輸出を計画し、藤村宛「オールセーフ、オプンドオフィス、神戸ケーブル松文」と電信を打ち、藤村は30万ドルの信用状と現金をかき集め、神戸に急送した。それを元手に生糸を集荷し、40～50万円の利益を挙げ、「震災成金」といわれた[40]。その後神戸に旭シルク商会を設立し、横浜の松文輸出部と連携して輸出を伸ばし、1925年7月、旭シルク株式会社を設立した。横浜・ニューヨークに支店を設置し、表8-2にみられるように急速に輸出を拡大した。同社の急成長の理由は、第一には神戸港からの輸出開始に対し、横浜の蚕糸業者が強力な反対運動を展開したため、一部の外商を除いて神戸港からの輸出にきわめて消極的になり、その間隙をついたからである。第二には輸出のあり方が従来の大手と異なっていた点も大きかった。

> 生糸商ゲアリー商会との取引を主とし、同商会の信用状により金融の道を啓き重に手数料取引であるから、大なる利益なき代りに損失の虞れ最も少き点が他の輸出商と多少趣を異にし[41]

株式会社化に際し、ジャーリー（ゲアリー）は旭シルクの発行株数2万株のうち1,000株を引き受け、三井物産の考課状にも記されていたように、ジャーリーとの特殊な関係によって扱い高を伸ばした。1928年頃から三井物産やその他輸出商の意図的な切り崩しによって打撃は受けたが、29年頃で同社輸出量の約6割がジャーリー向けであると推測されている。ジャーリーが郡是製糸から購入する生糸も旭を通じることになっており、郡是が直接販売しようとしたときには「旭シルクノ泣付ニヨリヂャーリーカラ今後郡是糸ノ取引ハ従来通リ旭経由」[42] となった。

表8-4は旭シルクの財務を示したものである。1934年まで一度も損失を出

表8－4　旭シルクの

	1925年	1926年	1927年	1928年	1929年
資産	4,144	5,778	5,948	6,649	5,466
商品在荷	2,681	3,082	2,090	1,708	811
現・預金	1,100	2,297	1,045	1,962	1,575
荷為替立替払	152	122	157	322	286
支店勘定	153	142	750		
有価証券	6	67	177	834	970
建物・什器	31	29	240	271	265
負債					
払込資本金	1,000	1,000	1,500	1,500	1,500
諸積立金		68	148	438	728
輸出荷為替手形	2,274	2,627	843	1,301	709
生糸仕入先	392	1,517	1,378	1,289	346
代理店				7	34
純益金	266	468	505	468	502
利益金処分	226	517	558	531	534
配当金	(0.13) 100	(0.25) 350	(0.12) 175	(0.12) 180	(0.12) 180
諸積立金	68	80	290	290	290

出典：旭シルク株式会社「営業報告書」。

さず、配当も１割以上を継続し、33年には払込資本金を超える積立金を蓄積し、現・預金、有価証券も莫大な額に達した。同表からうかがえる特色は、27年から30年までの負債項目中輸出荷為替手形が少なく、生糸仕入先勘定が多いことである。製糸家の委託的な輸出を行っていたことの反映であろうか。所有有価証券は郡是・片倉などの関係製糸家、神戸瓦斯・大阪瓦斯・川崎造船などの地場資本株に加えて、ニューヨークアサヒシルク、横浜の鈴木商店、国際共同生糸などの子会社・関連会社の株式が多かった。

鈴木（登志）商店は㋳（マルヤ）と称する横浜取引所の取引員で、旭シルクは同店の株式の半数を持ち、また横浜に「紐育ナショナル生糸取引所会員」だけを看板に掲げた丸ヤ商店も有していた。丸ヤ商店は後述する、ニューヨークの Maruya Co. の親会社の機能だけを果たしていたようである。マルヤは1928年以降活発化する清算市場で旭シルク・郡是などの蚕糸関係者、飛行機筋といわれた中島知久平など投機筋の売買を取り次ぐとともに、ジャーリーをはじめ

営業状況（1925〜37年）

（単位：千円）

1930年	1931年	1932年	1933年	1934年	1935年	1936年	1937年
6,365	11,125	8,355	7,805	7,152	6,410	6,049	5,605
809	3,022	3,112	1,898	1,933	700	634	862
2,505	4,227	2,044	2,781	2,175	2,121	937	292
102	332	272	305	210	196	146	90
1,095	1,164	1,681	1,560	1,546	1,719	2,983	2,976
240	240	217	214	216	216	214	214
1,500	2,000	2,000	2,000	2,000	2,000	2,000	2,000
1,018	1,473	1,763	2,213	2,270	2,350	2,050	2,055
686	2,124	2,217	1,196	1,151	547	430	
542	3,004	287	341	236	125	248	325
179	762	137	405		8	68	
703	572	742	408	327	△370	47	15
737	625	802	461	408	△272	74	85
(0.12) 180	235	(0.12) 240	(0.10) 200	(0.10) 200	—	—	—
455	290	450	140	80	—	5	1

とするアメリカの機屋・ディーラー・投機筋など90口に及ぶ海外得意先を有し、相場形成に大きな影響を与えた。29年、ニューヨークにMaruya Co. を設立し、アメリカ清算市場でも活躍する。

旭シルクがニューヨーク支店を子会社Asahi Co. として独立させたのは1927年のことであった。同社の12月末における報告書を整理したものが表8-5である。決算時が3月と思われ、勘定科目の内容も必ずしも明確ではないが、同社のおおよその推移は知ることができる。銀行支払手形と資本金によって生糸を輸入し、顧客に販売された生糸は受取手形・売掛金・銀行引受手形、あるいは在庫として表現されている。注目されるのは32年を除いて銀行引受手形が少なく、引受手形・売掛金が多く、販売リスクを同社が全面的に負っていることであろう。損益に関係するのは、一般経費（General Expense）・生糸経費（Raw Silk Direct Charges）・雑損益（Mis. P＆L）・取引所関係損益（P＆L of N. R. S. X.）・粗利益Gross Profit）の項目である。34年までは32年を除くと、余剰金の

表8－5　ニューヨークアサヒの貸借対照表（1928～37年）

（単位：千ドル）

	1928年12月	1929年	1930年	1931年	1932年	1933年	1934年	1935年	1936年	1937年
貸方	2,269	2,333	2,239	1,787	2,044	2,167	2,191	2,348	3,226	2,059
現・預金	117	113	152	172	151	111	6	194	49	53
株・証券	302	312	270	174	118	26	20	10	66	32
投資	2	107	158	158	158	106	137	339	332	332
売掛金	226	273	113	75	102	52	58	91	124	38
受取手形	642	697	405	283	189	222	161	212	352	203
銀行引受手形	31		56	94	165	51	32	9	39	20
在庫	776	455		334		902	987	1,546	1,634	1,012
諸経費	85	94	104	120	119	71	70	70	64	
諸損失	8	35	2		62			540	79	61
借方										
資本金	500	600	600	600	600	600	600	600	600	575
剰余金		57	133	214	188	358	584	633	579	524
銀行支払手形	1,126	1,122	888	729	523	465	682	1,264	1,649	665
買掛金	326	152	16	45	36	28	17	11	8	48
粗利益			18	85	597	463	77	695	228	
準備金					23	17	27	12	10	11
利益（取引所）			168	7	1	205	175		41	128

出典：Asahi.Co.「Statement」（Asahi Co. Box 48-50）。

急激な蓄積・投資の拡大にみられるように、総じて順調な経営ぶりである。投資で注目されるのは、Maruya Co. への2万2,000ドルと、旭シルク本社の筆頭株主（1万1,820株、38万円）となったことである[43)]。Maruya Co. は表出を省いたが、31年を除けば順調な経営を続けている。顧客は、日本関係ではアサヒ・マルヤ商店（Asahi, Maruya Shoten)、神栄の専務取締役勝山勝司らであった。横浜・神戸の蚕糸業者もかなり多数ニューヨークで清算取引を行うが、取り次ぎはこれらの名義で行われていたのであろう。

旭シルクもニューヨークアサヒも1934年までは順調な経営であったが、35年以降一挙に悪化する。

各輸出商ハ一期ヲ通ジテ、常ニ内地ヨリモ大逆鞘ヲ叩ク海外市場ニ追従セザルベカラザル難関ニ立タサレタ……本年ノミデナク、寧ロ年ヲ追フテ、利益逓減ノ過程ニ在ルコトヲ付言シ度イ……本邦生糸輸出業ソノモノノ機構ニ、自由ナル活躍ヲ掣肘スル分子ガ含マレテ居ルコトヲ否定シ得ナイ

……正量検査……第三者格付検査ガ実施サレテヨリ、輸出業経営ノ妙味ハ年毎ニ失ハレテ来タノデアル[44]

主に取引形態・市場構造に原因を帰しているが、前述した三菱系の日本生糸と同様な事情もあったことはいうまでもない。

5　製糸系輸出商社の動向

ニューヨークアサヒなどとは異なる、ニューヨークに設立された製糸系の輸出商社（米国への輸入）をみておこう。神栄製糸は1928年に輸出部を設け、29年にニューヨーク支店、35年にはShinyei Co. を開設した。表８－６・表８－７・表８－８はシンエイの３年間だけの経営状況であるが、この時期の輸出商社の動向を如実に物語っている。表８－７に見えるように、35年は期末在庫を差し引いた販売生糸の購入価格と総販売価格の差は1,481ドルで、清算取引の利益を加えても諸経費を賄うことはできず、6,755ドルの損失を計上した。短期間であるので断定はできないが、注目点は二つある。一つは商品販売益（Profit on Merchandise）の少ない年には取引所利益が多く、商品利益の多い年は取引所利益が少なくなっていることである。３年間にわたって差引損失となるが、商品・取引所の両

表８－６　シンエイの貸借対照表（1935～37年）

（単位：ドル）

	1935年12月	1936年	1937年
貸方	488,001	364,442	365,630
現・預金	20,536	31,510	47,402
未収金	61,863	45,611	12,991
受取手形	114,307	60,285	127,679
商品勘定	232,004	136,553	123,585
神戸店勘定	48,685	49,335	48,007
損失	6,755	1,802	407
借方			
資本金	50,000	43,244	41,443
支払手形	432,833	263,195	287,218
割引手形			30,602
Kamishin	1,996	18,436	6,358

出典：「Blance Sheet」（Shiyei Co. Box 42, 43, RG 131）。

表８－７　シンエイの損益計算表（1935～37年）

（単位：ドル）

	1935年	1936年	1937年
利益	44,967	48,935	55,433
商品	1,481	20,866	18,159
取引所	41,051	23,639	27,173
雑収入	2,434	4,429	1,379
仲買手数料			8,720
損失	51,722	50,737	55,841
仲買手数料	8,703	10,596	7,005
通信費	4,338	4,619	4,827
給与	19,604	18,337	22,606
貸借料	4,500	3,600	3,600
差引	△6,755	△1,802	△407

出典：表８－６に同じ。

表8－8　シンエイの主要勘定（1935～37年）

（単位：ドル）

	1935年	1936年	1937年
期初在庫	126,062	232,004	124,822
期中購入（日本）	887,510	890,726	(998,338)
〃　(N. Y.)	17,589	4,688	(6,517)
〃　(仏)		2,275	(2,136)
在庫評価	△195,957	△136,553	△89,750
差引	835,171	993,158	1,042,939
総販売額	836,652	1,014,025	1,061,098
損益	1,481	20,866	18,159

出典：表8－6に同じ。

者を合わせると年間粗利益は4万数千ドルで安定している。第二には、それと関係してシンエイの損失は日本からの購入生糸価格の問題に帰せられると思われる点である。同社の輸入生糸は親会社の製糸部が製造した生糸が多かったと思われるが、それがアメリカ採算価格より高めの日本の市場価格で設定され、損失を計上したのではないかと思われる。これは神栄のみの問題ではなく、日米両国生糸市場の構造的問題であった。

第4章に記したよう、郡是製糸は1933年にアメリカの撚糸業者ヴァンストラーテン社との共同出資により、横浜にはヴァン社の買付け機関であった林大作商店を改組して横浜郡是を設立し、ニューヨークには資本金50万ドルのニューヨークグンゼ（Gunze New York Inc.）を設立する。横浜郡是は原価に船積み諸費と営業費を加えた価格で出荷し、「利益構成上ノ主位ヲ占ムルモノハ屑糸代ナリ、屑糸トハ検査料糸」[45]といわれるように、検査所から還付される糸が利益の源泉で、毎年安定的な利益を挙げた。他方、ニューヨークグンゼは生糸貿易のリスクを全面的に負い、また郡是製糸が高格糸の生産に特化したため、輸入商として不可欠な多様な糸格の品揃えを欠いて損失を重ね、ヴァン社は事業から撤退する。郡是製糸がニューヨークグンゼに期待したのは、第一に高格糸の販路拡大、第二に需要動向を早期に、正確に察知し、品位改善の資料を得ることであった。こうした性格であったため、ニューヨークグンゼは構造的な赤字体質に陥っていたのである。

神栄・郡是・片倉のような製糸系商社は輸出専門という点で片為替という弱点を持つが、先売・先買でたとえ子会社あるいは輸出部門が損失を生じても、親会社あるいは製糸部門においては利益になるのである。

第3節　生糸売込商の動向

1　新問屋の輩出と業容の変化

生糸売込商は、居留地貿易の下で優越した地位にあった外商に対抗し、日本銀行・横浜正金銀行からの政策金融を受け、国内蚕糸業者の金融・商業、さらには技術的にもオルガナイザー的な役割を果たし、輸出産業としての蚕糸業の発展に大きな役割を演じてきた。その売込問屋業の最初の大きな蹉跌は関東大震災であった。地方生産者から横浜に出荷され、問屋保管中のもの、輸出商へ引き込み済みのものなど、時価3億6,100万円の生糸が灰燼に帰した。複雑な権利関係にあった焼失生糸の負担問題は、1924（大正13）年に第三者の裁定により一応の解決をみた。しかし、焼糸の負担は製糸家だけでなく、問屋にとっても重く、1927年末においても正金に対し14問屋で480万円の焼糸負債を抱え、山田商店・阿部商店が恐慌前に破綻していった[46)]。

渋沢栄一・志村源太郎などの裁定者は同時に、「生糸貿易の基礎を鞏固ならしむる為め、協力一致して共同販売組織を設け、取引の改善を図る」[47)]という勧告を出した。その勧告は、製糸家500万円、売込問屋500万円（営業権出資）の出資によって共栄蚕糸株式会社を設立し、売込みルートを一本化し、そのなかで焼失生糸の問題も解決していこうという案であった。その背景には「横浜の問屋中には将来の問屋業を如何に展開せしむべきかにつき、胸中自から安からざるものがある」の如く[48)]、問屋業の地位の低下、将来の不安が明らかに認識されていたのである。

今井五介・工藤善助・大久保佐一らの製糸家は、問屋側が共栄案に消極的なのに対し、「従来の問屋に代って生糸の販売を行わんとする……生糸の共同販売会社を設立しやうという」[49)]計画を抱き、種々の活動を行った。この案は問屋側の反対で実現しないが、片倉・郡是・山十などの大製糸はその後、横浜・神戸に荷受け・売込みの機能を持つ支店を設け、問屋業に進出する。

震災後には、「問屋が旧の如く資金を放出せなくなった」[50] ことに加え、前節に述べた正量取引・格付検査が、売込商に直接的な影響を与えた。正量取引によって看貫の際に輸出商に目方をごまかされる危険がなくなり、また格付取引により「問屋は販売につき少しも手腕の施しやうなく、只手を拱して正量にて格付のまま売込むより外ない」といわれた[51]。

こうした事態は既成問屋の危機感を生んで、業容の変化を迫るとともに一方では問屋業への参入障壁を低め、いわゆる「新問屋」を多数輩出することになった。横浜の売込問屋は、1924年に25社であったのが29年に40社、32年には48社と倍増し、神戸でも25年に９社であったのが32年には23社に増加する。横浜では、神栄の営業部長から27年に独立した石橋治郎八による石橋生糸、日米生糸を退社した福島音治が設立した庚午商会、同じく高橋保久による横浜シルクなどが著名である。また、神戸の売込問屋では、神戸財界の有力者を発起人にして設置された共同荷受所（神戸生糸）の実務担当者の多くが横浜から移転してきた人々であり、神戸蚕興商会の長村幸之助は横浜の阿部商店の売込主任を勤めた人、相互生糸の和田円平は横浜生糸を退社した人といったように、神戸の売込問屋、生糸市場は横浜から移っていった人々によって形成されたのである。

設立数年後にして横浜で第４位の入荷量に達した石橋商店は新問屋の典型である。その営業ぶりは、資金融資や再荷造りはせず、右から左に売込む、というものであった。

> 曰く荷主に対しては前資金の融通を行わぬ……自己商店内にガラ場はないが、其代りに荷主から荷口の明細表を徴し買人の前に赤裸裸に品質を告白する……産地から来た荷物は倉庫に入れる遑もなく、右から左に売込む[52]

新問屋の経営方針は、一般的には次のようなものであった。

> 旧債務のない事と、規模を極度に小くして経費を省く処に経営の重心をおき、有力なる製糸家で前資金の必要なきものを荷主に抱き込み、またその製糸家之を自己販売組織の延長と見做してそれを手足の如く使ふ……口銭は大製糸家に対しては千分の三か五にしか過ぎぬが、他の製糸家にしても

千分の七とか六で釣るのだから、旧問屋は良荷主は取られる上に、口銭までも自然低下する二重の苦みを喫せられる[53)]

問屋の増加による直接的な結果は、荷主獲得競争の激化である。その有力な手段であった前資金の供給は、「変体的の製糸金融」と認識され削減されていく。しかしなお「営業を持続する上に於て現在ではまだ投資していかなければならないし、銀行も従来の惰力で、問屋の裏書のある方が可い」[54)] と継続されていたが、以前のようにそれを梃子に集荷することは難しくなっていた。他問屋を凌ぐ資金供給が危険であるとすれば、可能なのは1,000分の15とされていた売込み手数料の軽減である。従来から有力製糸家への割り戻しは行われていたが、この時期には平均して1,000分の７～８に減少した[55)]。また、もう一つの手段はよりよい販売先、即ち高価に、且つ早期に売り抜けることのできる販売先を確保しておくことである。そのため、中規模問屋がこの時期、無理をしてでも輸出業に参入しようとしたり、新興問屋のなかには輸出商の下請け的な性格を持つものも生じた。

業容の変化も迫られる。後述するように、担保流れといった面もあるが、製糸業への進出もその一つである。最も一般的なのは生糸流通部門のなかの、他分野への進出である。委託問屋から仕切問屋に性格を変え、清算市場へ進出し、あるいは原商店が「仲次商としての立場を取って進む事の将来、生命のある事感得して」共栄蚕糸会社を設立したように[56)]、国用糸部門にも進出するなど、生糸流通の多様な分野に進出するのである。

2　蚕糸業の救済と統制

横浜の生糸価格は1926（昭和元）年初頭から下落し、29年まで1,300～1,400円台（100斤当り）を上下した。こうした事態に対し、蚕糸業者は危機的な下落があるたびに操業短縮・出荷制限・荷受け制限を繰り返し、26年12月～27年２月、27年11月～28年２月まで、帝蚕倉庫、第三次帝蚕会社を機関として滞貨生糸を買い入れて共同保管し、糸価が回復すると市中に売り出す糸価維持政策によって対応した[57)]。第三次帝蚕は従来のものと異なって恒久化され、29年３

月には生糸価格暴落時に価格を下支えするために銀行融資を受け、共同保管を行って損失が生じた場合、銀行の損失を政府が補償するという糸価安定融資補償法が成立した。29年末からの恐慌に対し、蚕糸業者は同様に共同保管・操短を行い、翌30年３月、「伝家の宝刀」といわれた融資補償法が発動された。ところが、それによって糸価を維持することができないばかりか、日本の高値維持政策に反撥したアメリカの輸入商ジャーリー（輸入生糸の２割を扱っているといわれていた）が清算市場で売り向かい、いっそう低下していった。こうして1,250円の補償価格で保管した10万俵（当時の年間輸出量の約２割）を超える生糸が缶詰とされて市場を圧迫し、32年４月まで価格は600～500円台で推移する。この滞貨生糸のうち、輸出適合品７万俵をジャーリーの意を受けた旭シルクが455円で一旦全額購入することになったが、価格が一時的に400円台を切ったことによって旭が破棄し、結局国が全額買い取ることによって解決した。この生糸は、その後国内の新用途向けや新市場向けに売却され、生糸の用途拡大・輸出先拡大の役割を担った。

生糸取引の統制問題は1932年４月、糸価が500円台で低迷し、滞貨糸処分が重大な局面を迎えている頃、養蚕業・製糸業の救済要求運動と同時に、主に製糸業者の側から提起され、その後数年間にわたって業界の大問題になった。製糸業者はニューヨーク価格が横浜価格を割っていることなどを捉えて、輸出業者がニューヨークで激しく競争して安売り競争をしていると非難し、売込問屋に対しては荷主の獲得競争によって製糸業を不健全にしており、そもそも正量・格付取引の整備されはじめた生糸市場では問屋のような中間業者は不必要であると非難し、大規模な集会を開催して流通組織の合理化を要求したのである。

政府は、日本中央蚕糸会に設置した生糸販売統制制度調査会、農林省に設置した輸出生糸販売統制調査会を中心にして法案をまとめていった。当初の内容は（1）問屋を免許制にする、（2）輸出生糸共同金庫を設け、制高制低価格を決め、価格維持をはかる、（3）委員会を設け、価格の決定・共保・買収を行う、（4）輸出生糸の登録制度を実施する、というものであった[58]。1934年10月の調査会に出された佐藤試案は、製糸業者・問屋・輸出業者強制加入の統制組合を設立し、組合が輸出生糸の流通を掌握し、価格安定、需要増進をはかるというものであった。大手商社は各業種にわたって設立されていた統制組合・輸出組合の専任的受託商社になり、安定的な輸出によって高い利益を挙げていたが、生糸という日本の独占的商品の価格を統制することに対するアメリカの反撥を顧慮して消極的であった。

一方横浜・神戸の関係者は存立の基礎を奪われる懸念を感じ、強力な反対運動に立ち上った。ただ、年間扱い量5,000俵以上の問屋は組合のなかで存立を許されるのに対し、それ未満は営業を継続することができなくなるため、反対運動の中心はいわゆる新問屋の中小業者であった。大問屋は、問屋業の衰退傾向から「部分的統制気運」にあり、統制のなかで生き残りをはかる方向に傾いていた。

11月1日、横浜の中小問屋35人が横浜生糸同志会を組織し、「生糸問屋既得権擁護」を決議し、消極的な大問屋・横浜財界・神戸財界を巻き込む大きな運動を開始した。12月には300名の横浜取引所取引員従業員大会、1月には600名の生糸問屋及仲次商全従業員大会を開催し、大衆的な行動も行って運動を盛り上げた[59]。こうした運動によって輸出生糸取引法は34年4月に公布されたが、統制組合・価格維持規定は削除され、問屋免許制度・輸出生糸登録制度の規定だけとなった。5,000俵未満の問屋も5年間存続可能となり、その後も延長され、実質的な影響は軽微なものとなった。

3　売込問屋の経営①――奥村・神戸・筒井・原・日米生糸――

この間に売込問屋の業容は決定的に変化した。表8-9は売込商奥村商店と神戸生糸の主要勘定である。

奥村商店は1917年、奥村鹿太郎が神栄から独立して設立した。資産の荷為替金と負債の銀行勘定がほぼ対応し、銀行に滞り借りがない。受取手形30万円余は9万円前後の震災手形貸残と次年度の新資金貸金であり、それらが自己資金で賄われている。収入は8割前後を手数料が占め、手数料よりも利息で儲ける

表8－9　奥村商店・神戸生糸の主要勘定（1928～30年）

（単位：円）

	奥村商店		神戸生糸
	1928年5月	1929年5月	1930年4月
資産	2,168,212	1,829,484	9,155,746
土地家屋等	133,181	147,196	41,188
有価証券	140,643	133,847	90,359
現預金	56,748	52,050	50,027
受取手形	321,495	381,278	4,016,872
荷為替金	865,559	401,997	2,886,086
貸付金			414,788
負債			
払込資本金	350,000	350,000	3,000,000
積立金	320,000	335,000	310,000
銀行勘定	725,566	419,250	4,037,120
利益金	63,614	61,213	122,022
収入	285,655	273,028	207,483
利息	60,217	49,869	110,057
配当率（年）	1割	1割2分	5分

出典：奥村商店は『蚕糸経済』第6号（1930年3月）神戸生糸は同第9号（同年6月）。

といわれた問屋の中では異例に利息が少ない。製糸資金として年間200万円を貸付けるといわれているが、同社への出荷主は片倉・郡是をはじめ、若林・熊本・日本など「粒揃いの一流製糸」[60]といわれ、利率も低く回収も容易であった。両年とも不良貸金を償却した後、6万円の利益金を出し、極めて安定した経営ぶりである。

神戸生糸はその創立事情から出荷主には郡是・若林など関西の一流製糸を網羅していた。神戸が半期、奥村が1年と期間が違うが財務状況も相当異なっている。神戸の貸付金41万円は「某製糸」への工場設備費長期貸付であり、割引手形のうち新糸期まで持ちこすと思われる額は300万円で内100万円が長期貸付、200万円が固定貸と推測されている。収入でも利息が手数料を上回って過半を占めている。こうした長期且つ多額の固定貸は「神戸市場建設と云う大きなモットーの下に、荷主招致の為には多少の犠牲は之を忍ばねばならないと積極的に出発して来た」という同社の特質から余儀ない点もあるが、滞貸の償却をせずに配当しているのが問題視されている[61]。

表8-10は1930年4月期も含めた神戸生糸の損益計算表である。その後、無配とし毎期多額の滞貸償却金を計上して財務状態の改善に努めたが、数万円の償却では追いつかなくなり、33年8月、減資にいたる。払込資本金300万円の半額と諸積立金37万円合計187万円を原資に、33年6月末の割引手形・貸付金合計476万円のうち、不良債権190万円を一挙に償却したのである。なお276万

表８-10　神戸生糸の損益計算表（1930～35年）

（単位：円）

	1930年４月	1931年10月	1932年４月	1932年10月	1933年４月	1934年４月	1935年４月
収入総計	207,483	120,800	119,269		110,740		176,258
支出総計	78,461	55,045	69,967		47,869		99,129
前期繰越金	18,315	3,855	4,271	4,344	4,826		7,118
差引合計	140,338	69,610	6,344	6,826	6,911	66,587	77,668
諸積立金	47,000	2,000	2,000		2,000	25,000	25,000
滞貸償却金		60,020	(44,485)		(60,786)		
諸償却金		3,317	(2,743)			(4,469)	(6,579)
配当金	75,000					(0.02) 30,000	(0.03) 45,000
後期繰越金	18,338	4,271	4,344	4,826	4,911	7,118	7,668

出典：『蚕糸経済』第９、27、33、39、45、57、68号。カッコ内の償却金は差引合計を出す前に行われている。

円の債権が残るが、それは「保証人の支払い能力を多少加味して考査するときは、現在同社の保有する担保物件の帳簿価格は、大体競売価額即ち時価程度まで引下げられる」[62]というものであった。半額減資によってもなお多額の不良債権を抱えていたことがうかがえるが、翌年度から２％、３％という低額ではあるが復配し、再建が軌道に乗った。

表８-11、表８-12は筒井商店の経営状況を示したものである。第３章に記したように、同店は徳島県の筒井製糸など、四国に地盤を持っていた横浜の売込商中沢商店が、震災後の神戸港からの輸出開始に際し、地盤擁護のために設立した神戸出張所から発展した問屋である。1927年に筒井・亀山などの関西の有力製糸の出資を得て株式会社に変更し、最大の荷主兼出資者の筒井製糸の名前をとって、新会社を設立した。

神戸生糸に比較して筒井商店は抜群の決算をしている。荷主勘定はすべて荷為替手形であり、前資金は30年４月期に138万円を出しているが、受取手形として期末まで残っているのは５万円に過ぎない。回収不能見込分は損失の中で滞貸償却を計上し、また帝蚕積立金も損失として切り捨てている。それは利益金中手数料収入が多い点にもあらわれている。滞貸の償却もせず、帝蚕積立金を「漫然夫れを資産勘定に繰入れて居る他社の決算振りに比べたら同日の談ではない」[63]と評価されている。32年、34年を除けば１割配当を行い、1933年には36万円の現預金・有価証券を持ち、36年４月期には資本金に匹敵する23万円

表8-11 筒井商店の経営（1928～33年）

（単位：円）

	1928年4月	1929年4月	1930年4月	1932年4月	1933年4月
資産	987,568	759,971	2,462,796	1,374,017	1,299,267
有価証券	3,750	40,100	36,949	36,949	129,201
現・預金	6,745	60,791	266,868	211,087	237,838
荷主勘定	867,090	547,143	1,520,548	499,448	311,898
受取手形	61,982	63,135	50,802	38,977	33,869
共保			537,500	537,500	537,500
負債					
払込資本金	255,000	255,000	255,000	255,000	255,000
諸積立金		50,000	100,000	175,500	182,500
別約当座借越	622,851	333,195	1,449,736	311,363	209,414
共保借入金			537,500	537,500	537,500
前期繰越金		10,966	10,275	11,428	18,504
当期利益金	60,966	62,058	50,654	34,475	47,599
利益金	132,307	144,912	154,623	114,555	121,345
手数料	116,076	119,333	123,600	90,033	82,645
利息	11,404	23,454	30,340	24,522	31,617
損失中償却金			8,931	10,230	8,256
利益金処分					
積立金	50,000	50,000	50,000	7,000	17,000
配当金	—	12,750	—	20,400	25,500
生糸取扱数量					
入荷（梱）	18,102	20,278	26,633	（俵）23,297	17,327
売込	17,395	20,332	23,441	22,759	17,414
積戻	177	284	402	463	352
繰越	1,232	894	2,506	1,240	800

出典：筒井商店「営業報告書」。

の積立金を有している。

横浜の原商店は第一次大戦期に500万円に及ぶ前資金を供給し、茂木と並んで最大の売込問屋であったが、震災によって大打撃を受けた。焼失生糸の問屋負担分100万円だけでなく、破綻製糸家の銀行に対する問屋裏書き分も同店の責任になり、1927年末においても横浜正金銀行に対し、180万円を超える焼糸負債を負っている。29年10月以降の糸価下落はさらなる打撃となった。30年度の新糸期に際しては、前年度来の固定資金裏書300万円に加えて、新資金とし

表8-12　筒井商店の損益計算表（1932～36年）

（単位：円）

	1932年4月	1933年4月	1934年4月	1935年4月	1936年4月
当期純益金	34,475	47,599	54,769	21,453	35,053
前期繰越金	11,428	18,504	21,603	59,372	46,326
合計	45,904	66,103	76,372	80,826	81,379
積立金	5,000	15,000	17,000	7,000	7,000
奨励金等	2,000	4,000	—	2,000	2,000
配当金	20,400	25,500	—	(0.1) 25,500	25,500
繰越金	18,504	21,603	59,372	46,326	46,879

出典：『蚕糸経済』第33、45、57、80号。

て用意し得たのは70～80万円、31年度は30万円、32年度は20万円と激減し、「内容堅実なる製糸家に対しては当社の裏書保証なく直接銀行より製糸資金を融通」[64]と、問屋の重要な機能であった前資金の供給から撤退していった。原商店は33年度から35年度にかけて50～150万円の損失となり[65]、横浜正金銀行に多額の債務を負うが、正金にとっては「横浜における原の名声と正金の同地における立場との相互関係甚だデリケートにて、思いきったる処置もできず、まことに難物の相手」[66]であった。

輸出商を兼営していた日米生糸も震災以降苦境にあった。正金ニューヨーク支店長によれば、同社の専務取締役星野はニューヨークに来るたびに支店にやってくるが「星野ト云フ男ハ中々油断ノナラヌ人物ナリ」と評価されていた。24年末、星野が正金ニューヨーク支店長を訪問して話したのは次のような内容であった。

> 内地ニ於テ各方面ニ借入金アリタルヲ一纏トシ、朝鮮銀行ヨリ長期年四歩テ五百万円借入シタレハ会社ノ基礎ハ之テ先ツ安心トナレリト申候、五百万円中百二拾五万円ハ全ク欠損テ残高三百七拾五万円ハ主トシテ製糸家ニ対スル貸金ニテ中ニハ悪シキモノモアルモ良キモノモアリ、先ツ年一割ノ利息ヲ収メ得ル予算ナレハ四歩トノ差ハ利益

この内話に対し、支店長は次のように観測している。

> 同社ノ損失ヲ朝鮮銀行ニ於テ負担シ呉レタル勘定ト相成り、本行ノ如キハ

大イニ仕事モ仕易ク相成次第……鈴木商店ノ台湾銀行ニ於ケル干係ト見テ差支ナキカト存申候……何レニシテモ危険人物ニ付相応警戒シツツ営業スルノ外ナシ67)

すなわち、製糸家への滞り貸を抱えた日米生糸に対して朝鮮銀行が多額の貸金を行ったことは、同行が日米の貸金を負担したことを意味し、台銀と鈴木商店の関係と同類であるとみていた。同社は1929年度に175万円の損失を計上し、30年度をかぎりに解散し、優良荷主だけを残した日本蚕糸として再出発する。その解散の事情を社長に語らせると次のようなものである。

多年に亙る荷主への不良貸が溜り溜りて彼此七八百万円にも上っている。……此暴落では如何とも致方なく、荷主の貸金が回収されない結果は銀行の融資も不可能となり、日米生糸は終に整理の已むを得ざる状態に立ち至った。……担保となっている製糸工場や土地なども製糸事業を中止しては価値はなく、さりとて事業の継続することは到底不可能だし、処分するにも仕方がない……問屋が不良荷主に引っかかっては実に惨めなものだ。また輸出部にしても新糸前に米国に対し高値で先売した荷物は、其後の糸価暴落で買手は引取らない意向か、容易に信用状を送って来ないので現物を積出す訳には往かぬ68)

製糸家への多額の貸金が滞り、工場や土地の価値はなくなって回収できず、銀行ももちろん融資を継続しなくなり、製糸家も問屋・輸出商も破綻したというのである。その他にも横浜の中堅問屋である若尾・井上・涌川などが相次いで破綻したが、それらの事情は日米生糸とほぼ同様なものであった。

4　売込問屋の経営②——神栄・石橋——

表8-13は神栄の主要勘定である。神栄の生糸荷受け高は、横浜・神戸をあわせて1929年まで第1位、30年以降横浜での荷受け高を減らすが、原商店とならぶ問屋であった。他の問屋と同様に震災で大きな打撃を受けたが、問屋負担分は焼失生糸見舞金として順調に返済し、1931年11月期で完済した。1925年、日本郵船神戸支店長であった勝山勝司を専務に迎え、26年に資本金を500万円

から1250万円に増資していっそうの積極方針を採用した。28年10月期まで年間100万円前後の利益金を上げ、１割前後の配当を実現していたが、26年から収入中の利息金が激増し、31年頃まで手数料収入にほぼ並んでいる点にみられるように、内部は大きな問題をはらんでいた。29年４月期から急速に悪化し、30年４月以降、損失は計上しないが、年間30万円台の収入超過金をすべて減価償却に回し、無配に転落する[69]。

問題が表面化するのはこの頃であるが、すでに増資の頃には多額の不良債権が発生していた。1925年度末において山十製糸への貸金300万円のうち230万円が返済されなかったのである。その返済方法を種々交渉するが、「新繭仕入ノ季節ニモアリ直チニ決定スルニ居ラ」[70] ず、そのまま持ちこされ、新たに70～80万円の繭購入資金が投入された。同様な事態が綾部製糸・金一製糸・豊中製糸などの間で続発する。山十製糸は結局破綻し、最大の債権者安田銀行が主要部分を継承して昭栄製糸を設立し、神栄は担保にとっていた３工場のうち、木ノ本工場は未払い金が複雑で「工場経営法、従業員等モ殆ンド劣悪ナルモノ、ミ」[71] であったため引受けず、２工場を別会社にして神栄からの委託という形で操業した。綾部製糸の大口債権者は百三十七銀行・何鹿銀行・神栄の３社であり、同社は「其設備、従業員、原料、製品共何レモ優秀ニシテ今後更生ノ見込充分」[72] であったので、神栄が中心となり、新綾部製糸を設立して再建していった。資産のうち受取手形の多くがこうした固定債権であり、1928年10月には1,300万円を超えている。また、荷為替金には焼失生糸為替金が入っていたため、30年４月期まであまり減少していない。それ以降の荷為替金減少は償却金を注ぎ込んでいったのと、生糸価格が低下したことによっているのであろう。

1928年頃から固定貸の担保処分を計画し、新規の繭資金供給も厳しく削減し、各製糸家から出される年末資金の要請もほとんど拒絶していることから、荷為替を含めた資金供給を大きく制限していった。こうした準備を踏まえて、33年８月、払込資本金412万円、その他積立金・利益金など合計625万円を注ぎ込んで受取手形540万円をはじめとする償却を行い、その前後から表に見えるように製糸・輸出・取引所勘定が増加、あるいは分離され、蚕糸関係の内部ででは

表8-13　神栄生糸の

	資産の部						
	受取手形	荷為替手形	繭口勘定	輸出・海外	取引所	払込資本金	諸積立金
1927年4月	9,518	4,651				6,875	1,458
10月	11,643	7,275				〃	1,520
28年4月	7,900	4,242				〃	1,620
10月	13,119	4,048				〃	1,690
29年4月	8,272	3,613				〃	1,755
10月	13,066	5,212	1,953			〃	1,827
30年4月	10,021	6,565	433			〃	1,852
10月	10,133	1,208	539			〃	1,842
31年4月	8,753	1,661	171			〃	1,826
10月	9,258	2,227	3,320			〃	1,826
32年4月	8,235	1,172	1,170			〃	1,807
10月	8,129	2,688	4,954			〃	1,805
33年4月	2,080	1,588	2,146	1,253	504	〃	—
10月	1,901	2,192	5,875	1,895	207	2,750	—
34年4月	1,810	1,480	2,627	480	271	〃	80
10月	1,723	899	3,664	768	378	〃	160
35年4月	1,672	1,331	2,298	999	240	〃	240
10月	1,613	1,743	5,680	2,173	1,128	〃	320
36年4月	1,522	1,633	2,802	999	368	〃	400
10月	1,466	1,675	5,766	947	455	〃	470
37年4月	1,345	1,203	2,687	1,309	476	〃	525
10月	1,317	1,798	6,328	1,588	495	〃	580

出典：「営業報告書」。

あるが多角化し、問屋業は「純粋問屋業務に換え確実なる手数料収入を以て主眼」とする方向に変えていった[73]。

表8-14は前述した新問屋の典型、石橋商店の財務表である。石橋は神栄時代に培った人脈を生かし、日本生糸専務永峰承受や有吉忠一など横浜の有力者や片倉兼太郎・多勢吉次・小口・丸万製糸・龍水社など製糸業者の出資を得て設立した。同社の荷主では株主の製糸家と東海地方、および長野県の組合製糸が目立っている。石橋のセールスポイントの一つは、石橋治郎八に次ぐ出資者である日本生糸の永峰であった。石橋は、横浜・神戸の滞貨が増加し、「自己の製品を最も有利に売捌かん」と思っている荷主に、「我石橋商店の背後には

主要勘定（1927〜37年）

（単位：千円）

負債の部					収入の部		損失中諸償却金
再割引手形	銀行（別約）	繭口借入金	輸出手形	当期利益金	収入	内利息	
2,150	2,949			431	653	327	
2,505	7,159			517	768	352	
950	1,943			488	731	362	
3,340	4,482			419	691	377	
340	2,046			364	662	327	
4,945	5,962			329	564	198	
2,480	5,461			1	396	173	190
2,409	467			—	412	195	201
937	1,013			1	298	134	156
6,071	960			1	342	140	215
1,319	989	583		1	284	151	141
2,284	2,376	3,611		1	359	144	252
970	2,356	351	1,022	—	6,456		6,255
1,669	1,951	4,071	1,899	208	446		
766	2,222	611	687	141	340		
1,112	977	2,119	735	135	389		
730	1,220	917	1,139	145	389		
1,255	1,653	4,351	2,024	167	434		
660	1,661	1,038	1,134	149	405		
1,302	1,011	4,248	933	138	410		
680	875	1,425	1,028	140	424		
1,364	1,314	4,725	1,151	129	420		

天下の大三菱直系の日本生糸会社あり」[74]と呼号した。事実、石橋は創立直後、日本生糸に３万円の「信認金」を供託し、販売先も数年の間日本生糸が大部分を占めている。

もう一つの特色は「製糸資金の融通を行わず、単に荷為替取引専門」であるということである。荷主取引勘定の中に荷為替と受取手形が合算されているので全期間を分離することはできないが、表に示した数値によれば、第１年度、第２年度は受取手形がみられず、第３年度から登場する。年度末の試算表によれば、年間を通じて162万円の受取手形を引受け、年度末には20万円の手形が残っている。大きいのは林組の10万円と小口組の５万円である。受取手形・荷

表8-14　石橋商店の主要勘定（1928～36年）

（単位：円）

	1928年度	1929年度	1930年度	1931年度	1932年度	1933年度	1934年度	1935年度	1936年度
資産	592,727	412,588	360,857	575,846	779,568	1,176,483	1,284,719	1,224,925	782,231
有価証券	398	2,898	9,148	17,818	37,963	33,188	39,607	40,357	71,380
什器	5,628	8,169	14,531	16,134	16,934	16,934	12,652	12,652	12,652
荷主勘定	554,280	400,184	336,616	436,074	443,584	825,558	991,103	938,171	350,655
（内受取手形）			200,468	279,250	302,565	425,339			
仮払金	31,638	1,165		14,144	4,291	16,959	15,960	8,078	4,341
負債									
払込資本金	200,000	200,000	200,000	200,000	275,000	275,000	275,000	275,000	350,000
積立金		8,000	31,500	54,500	76,500	111,800	146,800	177,800	215,300
銀行勘定	344,487	151,034	78,078	283,181	134,777	503,775	582,164	480,825	
繰越金		5,347	3,668	2,354	3,164	4,710	5,157	5,255	5,927
利益金	36,347	37,721	36,685	35,810	65,125	56,197	50,597	60,921	61,004
収入	98,315	119,707	125,507	133,288	172,454	175,333	165,368	173,649	186,761
手数料	72,092	93,038	96,449	96,958	123,871	132,233	122,843	129,543	141,132
配当金		14,000	14,000	12,000	25,280	13,750	16,500	19,250	25,000
（配当率）		(0.07)	(0.07)	(0.06)	(0.1)	(0.05)	(0.06)	(0.07)	(0.08)

出典：石橋商店「営業報告書」「決算諸表」。

主勘定とも増加気味ではあるが、数値通りではない。33年度から石橋が個人で経営した沼津製糸場の勘定が受取手形で10万円、荷為替で30数万円加わっている。こうした点を考えれば、荷主への金融は、当初の看板とは異なって荷為替だけにとどまることができず、受取手形での資金供給を余儀なくされたといえる。ただ、2、3の製糸家を除けば年度末の金額はきわめて少額であった。他の問屋が製糸家に貸し込んで共倒れの状況になるのをみていた石橋は、手形貸付けの回収に充分な注意を払ったのであろう。

林組への手形貸金は最も多額で、少しずつは減少したが、固定化する傾向を示していた。長野県平野村の林今朝太郎の経営する林組は、長野県以外に千葉・埼玉・静岡・愛知に巨大な製糸場を有していた。石橋と林組との関係は1930年度からはじまり、31年度には10万円の手形貸付を行うと同時に約6,000梱の出荷を得たが、その後林組は破綻し8万6,000円ほどが焦げ付いてしまった。林組に対する大債権者は横浜正金銀行であり、石橋は正金の依頼により、33年度から店主個人の名義で年間1万円で沼津工場の賃借経営を開始する。石橋が製糸業に乗り出した理由は、統制が強化される中で、次のように商業よりも製造業に将来性があると考えたからであった。

> ファッショ的統制の力は強大を加え、国権の発動は極端なる自由経済主義を拘束する事になる。差し詰め問題となるのは生糸の販売統制問題である。……斯る時勢に於て最も安全にして且つ強い存在は、物を製造するもの即ち製糸家である。……製糸場位ひ地道にやれば安全且つ確実の面白い商売はない[75]

その後我孫子工場も加え、39年には正金が林組に対して持っていた債権34万円を石橋が肩代わりし、沼津・我孫子・稲沢の３工場を入手し、沼津・我孫子２工場で製糸業を兼営することになった[76]。

新問屋の輩出は横浜で1932年の15社、33年の９社によって終わり、同年末には横浜だけで62、神戸が28社を数えた。それと同時に淘汰も開始され、36年末には横浜が45社、神戸が22社となった。売込問屋から輸出・製糸・仲次商に進出するものを輩出したが、その一方で他業種から問屋に進出するものも相次いだのである。横浜の問屋のうち、片倉・糸連・昭栄・飯島・長野・共同・郡是・多勢金上・日東らは製糸業者の問屋兼営部門である。その合計は同年の横浜入荷量の44％に達し、それに加えて原商店・石橋・神栄・小野らの売込商兼営製糸の入荷量を加えれば、純粋の問屋業を介さない入荷は５割を超えていたであろう。

おわりに

1920年代後半から30年代にかけ、世界生糸消費量の７割を占めていた米国の生糸消費は、レーヨンの進出と恐慌により大きく低下していく一方、世界市場への投入量の７割を占めていた日本の生産高は低下せず、生糸価格の低下に対応しつつ新市場の創出に努めざるを得なかった。

生糸輸出は第一次世界大戦前まで、内国商３社、外国商10社近くで独占されていたが、大戦中に多くの内国商が参入した。その参入の理由はさまざまであったが、内国商によって外商はほぼ駆逐され、日本商社間の競争が激化した。生糸輸出への行政の介入、また恐慌・人絹の進出によって市場条件が変化し、輸出商社にとって環境は厳しくなっていった。三井物産や日綿は為替などでカバーが可能であり、製糸系商社の損失は製糸本体でカバーされた。それらに比較して、日本生糸・旭シルク・原商店などの生糸専門商社の打撃は大きかったのである。

関東大震災は横浜の問屋に大打撃を与えたが、それを契機に製糸家への資金供給機能が低下し、正量取引・格付検査も問屋業への参入障壁を弱める役割を果たし、新問屋が族生した。開港以来生糸輸出を支えてきた売込業者は、震災・恐慌によって打撃を受けるなかで石橋・筒井のように業容を大きく変え、蚕糸業の中での比重を低下させていった。

注

1）農林省蚕糸局『蚕糸業要覧』（1939年度）359頁。

2）横浜生糸検査所『横浜生糸検査所検査報告　上』（1935年）94、103頁。

3）この時期の蚕糸業を取り巻く状況については、平岡謹之助『蚕糸業経済の研究』（有斐閣、1939年）第二部第一章、第三部第三章、本位田祥男『綜合蚕糸経済論』（1937年）第四部第一八章、第一九章、井上鎧三『一九三〇年生糸恐慌』（森山書店、1930年）、マーカム『レーヨン工業論』（帝国人造絹糸株式会社調査課訳、東京大学出版会、1955年）など、同時代の研究が豊富である。

4）「人造絹糸業ノ勃興ニ関スル問題」（在紐育商務書記官事務所『第一回日米貿易協議会報告』1926年）10頁。

5）蚕糸同業組合中央会『中央蚕糸報』（第128号、1927年３月）５頁。

6）大日本蚕糸会『大日本蚕糸会報』（第365号、1922年６月）49～50頁。

7）根橋清三「高級品から値安物へ」（横浜経済通信社『蚕糸経済』第29号、1927年２月）11頁。

8）大日本蚕糸会『蚕糸会報』（第511号、1934年９月）64頁（*The Analist* 掲載論文の翻訳）。

9）全国組合製糸連合会『産業組合製糸』（第４巻第３号、1936年３月）５頁。

10）紐育海外生糸市場調査事務所『最近米国絹業事情概要』（1934年）43～44頁。

11）アメリカの絹業については、紐育海外生糸市場調査事務所『最近米国絹業事情概要』、郡是製糸株式会社神戸営業所『最近米国絹業事情ニ就テ』前編・後編（1933年）、松本万太郎「米国絹業の全貌（上・下）」（『蚕糸経済』第51、52号、1933年）、メルヴィン・コープランド、ホーマー・ターナー「アメリカ絹業の生産と配給（一）～（八）」（『蚕糸経済』82～89号、1936～1937年、*Production and Distribution of Silk and Rayon Broad Goods* の翻訳）による。

12)　原合名会社「生糸絹織物共販会社設立趣意書」（1931年9月、Y. S. B., N. Y., Box 141, R. G. 131）。

13)　三井物産会社「第十回支店長会議議事録」（1931年）320頁（三井文庫所蔵）。

14)　三菱商事株式会社『立業貿易録』634～641頁。

15)　横浜正金銀行「今日ノ生糸商売ハ何故難シイカ」（1931年9月、Y. S. B., N. Y., Box 141, R. G. 131）。

16)「生糸商総捲り（三）　旭シルク株式会社（下）」（『蚕糸経済』第4号、1930年1月）26頁。

17)『大日本蚕糸会報』（第426号、1927年8月）56～62頁。

18)「ブローカー式の生糸輸出開始」（志留久社『シルク』第72号、1924年8月）20頁。

19)「国際共同生糸の定款と其内容　今後の転変如何に」（『シルク』第144号、1930年8月）14頁。

20)　日米生糸株式会社「営業報告書」第3期（1922年4月）4頁、同第4期（1923年4月）3頁。

21)『大日本蚕糸会報』（第422号、1927年4月）24頁。

22)　神栄生糸株式会社「取締役会議事録」（1928年1月22日、神栄株式会社所蔵）。

23)「事業と人物　三菱直系日本生糸（その一）」（『シルク』第137、1930年1月）29頁。

24)　1925年12月3日付、一宮副頭取宛柏木秀茂書簡（Y. S. B., N. Y., R. G. 131）。

25)「本店ノ取扱ヘル米国向生糸手形ニ関スル信用状ニ就テ」（1927年上・下、Y. S. B., N. Y., Box 167, R. G. 131）。

26)「最近四ヶ月間生糸為替ニ就キテノ考察」（1927年5月、Y. S. B., N. Y., Box 167, R. G. 131）。

27)　この時期の正金銀行の生糸金融については、石井寛治「横浜本店・神戸支店の生糸金融」（山口和雄・加藤俊彦編『両大戦間の横浜正金銀行』日本経営史研究所、1988年）が詳細である。

28)「原合名・江商・日本綿花 House Bill」「担保荷物売買差益表」（Y. S. B., N. Y., Box 157, R. G. 131）。

29)「極度に行詰った米国絹業界の実相」（『蚕糸経済』第31号、1932年4月）12頁。

30)　横浜正金銀行「今日ノ生糸商売ハ何故難シイカ」（Y. S. B., N. Y., Box 141, R. G.

131)。

31) 同前。

32) 1921年8月29日付、児玉取締役宛柏木秀茂書簡（Y. S. B., N. Y., R. G. 131)。

33) 1927年7月14日付、頭取児玉謙児宛柏木秀茂書簡（Y. S. B., N. Y., R. G. 131)。

34) 1925年4月13日付、前田老兄宛柏木秀茂書簡（Y. S. B., N. Y., R. G. 131)。

35) 1928年8月7日付、大塚伸次郎宛柏木秀茂書簡（Y. S. B., N. Y., R. G. 131)。

36) 日本生糸株式会社「営業報告書」(各期)。

37) 三菱商事株式会社『立業貿易録』633頁。

38) 碓井茂『中小蚕糸業者問題』(1936年）155頁。

39) 『蚕糸経済』(第78号、1936年3月）34頁。

40) 「生糸商総捲り（二） 旭シルク株式会社（上)」(『蚕糸経済』第3号、1929年12月）24～25頁、「生糸商総捲り（三） 旭シルク株式会社（下)」(『蚕糸経済』第4号、1930年1月）26～27頁、『シルク』(第154号、1931年6月）9～10頁参照。

41) 「神戸旭シルクの新陣容」(『シルク』第82号、1925年7月）18～19頁。

42) 神戸出張所「昭和六年度販売史」七～八丁（グンゼ株式会社所蔵)。

43) *Sale and Exchange of Securities between Maruya Co.,* Asahi Co. and Asahi Silk Co., LTD. (Asahi, Box 42, R. G. 131)。

44) 旭シルク株式会社「第十一回営業報告書」(1936年5月『自昭和十年十月至昭和十三年一月郡是シルクコーポレーション営業報告』グンゼ株式会社所蔵)。

45) 「横浜グンゼシルクコーポレーション一月末試算表科目研究」(1937年1月)。

46) この時期の売込商については、海野福寿「大正末・昭和初期における横浜生糸売込商の営業形態」(『横浜市史』補巻、1982年)、松村敏「製糸業の危機と生糸売込問屋の経営」(『国立歴史民俗博物館研究報告』第19集、1989年)、石井寛治前掲「横浜本店・神戸支店の生糸金融」などを参照。

47) 「焼糸問題を解決せんとする裁定と勧告」(『シルク』第69号、1924年5月）13頁。

48) 「計画中の共栄蚕糸株式会社の内容」(『シルク』第68号、1924年4月）15頁。

49) 「問屋製糸業者の態度と共栄案保留の経緯」(『シルク』第69号、1924年5月）16頁。

50) 「蚕糸界に現はれたる革新運動の思想と傾向」(『シルク』第104号、1927年4月）11頁。

51) 橋本十五郎「格付取引に対する最大疑惑」(『シルク』第115号、1928年3月）9頁。

52) 「帝蚕ビルート巡り」(『シルク』第121号、1928年9月）10頁。

53) 「問屋よ！何処へ行く？」(『シルク』第168号、1932年8月）8頁。

54) 座談会「生糸問屋を語る」(『蚕糸経済』第14号、1930年11月）19頁。

55) 「展望台 問屋業者の口銭著減」(『蚕糸経済』第10号、1930年7月）3頁。

56)　「共栄蚕糸と浜の仲次商戦線」（『シルク』第204号、1935年５月）19頁。
57)　以下の記述は、大日本蚕糸会『日本蚕糸業史』第二巻（1935年）479〜614頁、『蚕糸経済』（第32号、1932年５月）19〜27頁、小野征一郎「昭和恐慌と農村救済政策」（安藤良雄編『日本経済政策史論　下』東京大学出版会、1976年）などを参照。
58)　明石弘『近代蚕糸業発達史』（1939年）530〜547頁。
59)　「生糸問屋更生運動に就て」（『蚕糸経済』第62号、1934年11月）３〜４頁、「輸出生糸統制問題を繞る政府案排撃運動激化」（同第64号、1935年１月）49〜51頁。
60)　「生糸商総捲り（四）　株式会社奥村商店」（『蚕糸経済』第６号、1930年３月）24〜25頁。
61)　「生糸商総捲り（五）　神戸生糸会社（上・下）」（『蚕糸経済』第８号、1930年５月）24〜25頁、（同第９号、1930年６月）18〜20頁。
62)　「神戸生糸も愈々減資断行」（『蚕糸経済』第47号、1933年７月）43〜44頁。
63)　「生糸商総捲り（六）　株式会社筒井商店」（『蚕糸経済』第10号、1930年７月）27〜29頁。
64)　蚕糸経済調査会「生糸輸出業問屋業者経営調査録」（年月日不詳）57頁（藤本化工株式会社所蔵、この史料は松村敏氏より提供を受けた）。
65)　原商店の経営については、松村敏「製糸業の危機と生糸売込問屋の経営」、石井寛治「横浜本店・神戸支店の生糸金融」、山口和雄「横浜正金銀行と貿易商社」（山口和雄・加藤俊彦編『両大戦間の横浜正金銀行』）参照。
66)　東京銀行『横浜正金銀行全史』第一巻（1982年）357頁。
67)　1924年10月10日付、大久保老兄宛柏木秀茂書簡（Y. S. B., N. Y., R. G. 131）。
68)　「日米生糸の整理　日蚕の新生星野専務の苦衷」（『シルク』第144号、1930年８月）17頁。
69)　「生糸商総捲り（一）　神戸生糸株式会社」（『蚕糸経済』第１号、1929年10月）18〜19頁、「減資を断行した神栄生糸会社の前途（上・下）」（同第45号、1933年６月）35〜39頁、同第46号（1933年７月）35〜37頁。
70)　神栄生糸株式会社「取締役会議事録」（1926年５月26日、８月10日）（神栄株式会社所蔵）。
71)　神栄株式会社「取締役会議事録」（1930年３月26日）。
72)　神栄株式会社「取締役会議事録」（1927年９月７日）。
73)　神栄株式会社『神栄百年史』（1990年）100頁。
74)　「生糸街の惑星石橋商店」（『シルク』第152号、1931年４月）20頁。
75)　「石橋治郎八君の製糸場経営論」（『シルク』第184号、1933年９月）12頁。
76)　株式会社石橋商店「昭和三年二月　取締役会決議録」（石橋生糸株式会社所蔵）。

終章　蚕糸業の「一元的経営」へ

開港以来、輸出産業の中心になり、日本の近代化を支えた製糸業は危機を迎えた。

> 遠い将来に明確な展望を投げつつ退却することが、現在以降将来に亙る蚕糸業の根本的態度……最後に来るものは、最高級品贅沢品として一定の需要を維持し、恐くは現在の生産額の何分の一かになるであろうが、一定の価格を維持した、需要に適応した計画経済化の段階であろう[1)]

1930年代の半ばになると、大幅な需要減少を前提にした蚕糸業の存続を模索しなければならないという認識が、業界関係者の共通のものになっていた。1928（昭和３）年時点で養蚕農民216万戸、10釜以上の製糸工場3,800、職工数50万人を擁する巨大な産業であったが、人絹の進出と恐慌の打撃のなかで、全体としては如何に長らえ、どこに着地点をみつけるか、個別的には如何に生き残るか、いつ見限るのかが課題となるのである。衰退過程のなかで、製糸業は市場条件と政策によってこの時期激しく変貌する。

1920年代後半以降の蚕糸業は、大きく分けると、（Ⅰ）1928年まで、（Ⅱ）1929～31年、（Ⅲ）1932年以降、の三つの時期に分けられる。本書各章、特に第４章、第６章、第７章の各章でこの時期の蚕糸業の特質について論じてきたが、衰退期蚕糸業の特質について、改めて整理しておこう。

1　セリプレーン検査と製糸家

1924（大正13）、25年頃から靴下用生糸にとってマイナス要因となる、糸条斑を調べるセリプレーン検査が導入されはじめ、26年には優等生糸のプレミアムが次第に高まってきた。「米国に於て特殊織物並に編物等の流行に基ける頭物の偏好的需要旺盛……是等の理由により日本糸の裾物と頭物との値鞘を著しく拡大せしめ」[2] てきたのである。郡是女神格（当時の最高級格）は26年度当初90円高であったが、年度内に急速に上昇し、27年度初めには210円高まで昂騰した。

糸格によるプレミアムが拡大するなかで、格付け方法が大きく変わってきた。従来の格付けは「製糸工場格と言ふものが基礎となり、生糸の品位決定上製糸場の経歴格式といふやうなもの」[3] が大きな影響を与えていたが、生糸検査所が作成した点数表示による標準格をＤ格とする七等級への格付（Ａ～Ｇ格）を横浜生糸取引所が28年から採用したことにより、セリプレーン点数が糸格に決定的な意義を持つようになってきた。セリ点数による格付と糸格間の値鞘の拡大は、「黒板セリプレーンは恰も黒船来のやうに我製糸家及関係者に甚大なる衝撃」[4] を与えたのである。

糸条斑は繰糸中の落緒、それをカバーするための添緒の際に発生する。落緒・添緒は製糸工程上余儀ないことであり、また糸状の短い太・細は従来のデニール中心の検査では問題にならず、「太い処と細い処を安排配合する呼吸の上手な工女」[5] が優良工女であった。糸条斑を減少させ、セリ点数を上げることがまず工女に求められ、工女はセリ検査に泣かされることになる。必然的に工程は低下し、「目下製糸家として此の問題に就て外の見る目も気の毒な程苦心惨憺して居る状態である。仄聞する処に依ると本年は該問題の為繰糸能率は全国的に約一割五分は減ずる」[6] と予測されるほどであった。

表終-1に示したように、個別製糸レベルででも、全国生産高の２割以上を占める長野県の数字によっても、1928年前後の能率減少は明らかである。郡是や片倉はこうした動向を26年頃にはすでにキャッチしていたが、両社の対応はかなり異なっていた[7]。郡是はすでに特約組合によって繭の統一と質の改善を果たし、熟練度の高い工女を有していたため、従来の技術水準を前提にした原料処理や繰糸技術の改善に限っていた。片倉では御法川多条繰糸器の開発に拍車をかけるとともに、26年には「繭買入ニ付テハ従来糸歩ト解舒方面ニハ相当考慮サレタルモ繊度ノ如何ニツキテ注意サル丶所少ナシ、蚕事課、普及団方面ニ於テ繊度ヲ細クスルコトニ考慮サレ居ルヤ」と[8]、早くもセリ点数向上の鍵になる単繊維の細い繭の開発を考慮するにいたっている。

生産費の上昇をも顧みず、工程を落とし、セリ点数を上げることに多くの製糸家が努力しているなかで、生糸価格が崩落していった。価格が下落している局面では、高値で先売り約定を結んだ輸出商が販売先のキャンセルを恐れて、約定格よりも高格品を納入しようとするので価格差は維持されるが、恐慌のなかではプレミアムの高い生糸の需要は減少していく。

表終-1　製糸業の工程（1924～36年）

（単位：匁）

年度	長野県１人１日当り繰糸	上郷館１人１日当り繰糸	郡是１釜日当り繰糸
1924	88	117	160
25	96	126	165
26	106	138	184
27	112	135	183
28	107	115	165
29	110	99	181
30	126	111	192
31	112	104	229
32	137	151	231
33	121	165	261
34	167	159	232
35	171	163	237
36	184	189	

出典：「長野県蚕糸業資料」（1939年）、「上郷館事業報告書」、郡是「社内累年統計表」。

1929年新糸期になると高格糸の値鞘が縮小してきた。

多大ノ犠牲ヲ払イテ一〇〇円高ノ糸ヲ作ルヨリモ、生産容易ナル八十二、三点物ヲ作リテ六十円高ニ売却スル方遥カニ有利ナリトノ理由ヨリ、羽前地方ヲ始メ各地ニ中辺物繰糸ニ転ズルモノヲ見ルニ至レリ[9]

その原因は、一つは高格物の価格が高くなり過ぎたためアメリカの靴下製造業者が高級靴下の製造を減少したこと、二つには日本で高格糸の製造が急増したことであった。御法川ローシルクは高い評価を得、片倉はこの後３～４年間高格糸の市場で、品質・価格とも他の追随を許さないほどの地位を築くが、その片倉でも、30年には生産費の減額に全力を上げるようになる。「生産費ヲ最低限度ニ止ムヘク細心ノ注意ヲ傾倒セラレ居ルコトヲ確信ス」[10]と、29年度は100斤当り生産費を7.5％低下させたという。郡是でも生産費の割高が問題とされ、「優良品ヲ生産スル関係上致方ナイトシテ済スコトハ出来ヌ」[11]と、糸歩の向上、工程の10～12％増しにより、生産費低下の目標を200円から150円に引き上げるのである。前掲表終-1によれば、女工・釜当りの生産額は30年度から顕著に上昇し、また生産費は減少していることがうかがえよう。

もちろん、プレミアムも縮小したとはいえ存在したので、製糸家は生産費の圧縮にのみ取り組んだのではなく、高点物の生産に不可欠な多条繰糸機の開発・導入、原料繭の改善・規格統一にも大きな努力を払った。郡是は、製糸業者として最も早くから蚕種を製造しその品質も優れており、特約組合による養蚕指導によって優良な原料繭を確保していたが、高点物を製造するためにいっそうの努力を払った。「良イ糸ヲ造ルノニハ原料ガ七、八割迄ヲ支配スル」「揃ッタ優良ナ糸ヲ造ルタメニハ繭質ト共ニ繭形ノ統一ガ大切デアル、大小不動ガアッテハ駄目デアル」と、養蚕の全過程にわたる指導によって繭の規格を統一していった。また、多条繰を導入した数か月後には早くも「今後普通繰ハ競争出来ヌノデハナイカ」[12] との認識に達している。

2　糸況対応的経営とすみ分け

米国絹業界との種々の折衝の上、1932年以降、セリプレーン点数を基準にする格付けが七格から九格（３Ａ～Ｇ）に分化し、輸出生糸の強制検査・強制格付が実施されたことも製糸経営に大きな影響を与えた。

生糸の需要は靴下に特化しつつあるとはいえ、なお景気・流行によって市場の求める生糸は変動し、それに応じて販売上有利な糸格も変化した。従来から、多くの製糸家は比較的固定的な糸格のもとでも、需要動向に対応して製造生糸を変化させていたが、この格付の開始によって、それがいっそう組織的に行われ、且つ中小製糸家においても、年度内に多様な糸格を生産できるようになった。高級絹靴下の原料に２本撚り、３本撚りで使用される３Ａ以上の白十四中生糸のプレミアムは大きかったが、郡是でさえ、常にそれのみを目的にしていたのではなく、糸況に応じた繰糸方針をとっていた。プレミアムの縮小した1929～32年にかけては金塊・握手（SP３Ａ、３Ａ）の割合を低下させて２Ａ、Ａ格を増加し、糸価低下にともなってプレミアムの拡大した33、34年にはSP３Ａを増産し、スリーキャリアーの普及によって格差が縮小すると２Ａを増産する。郡是は27年以降、靴下用需要の多い白十四中を急激に増加して34年には８割を超え、多条機も32年以降急増させ、高級靴下用への集中度合を高くさせていった。

片倉は相当異なっていた。以下のように、プレミアムの大きいときは、御法川式多条繰糸機の性能を最大限発揮させて品位第一主義で製造し、普通繰糸機では能率増進・糸量の増加を図って人絹に対抗できるような生糸の生産に努め、格差が縮小した時には、趨勢に応じて有利な格、有利なデニールの生糸を生産したのである。プレミアムだけを目指した繰糸を行ったのではなかった。

> ㊟ハ天絹ノ美質ヲ発揮セシムルニ最モ適当セル器械ナレバ品位第一主義トシテ……高級品市場ヲ圧シ、㊢ハ生糸ノ原価ヲ低下セシムルニ適当セル器械ナレハ能率ノ増進ト糸量ノ増収ヲ鋭意研究シテ人絹ニ対抗ス様致シ度シ[13]

> 多条立繰ハ益々増加……高級格生糸ノ産額ハ愈々増加……其ノ格差ハ更ニ縮小スルヲ免レズ、即チ多条立繰ト雖モ大勢ニ応ジ自由ニ合理的ニ、有利ナル格合、有利ナルデニール……諸般ノ対策ニ万全ヲ期スル[14]

恐慌とその後の不況のなかで、人絹の絹織物への進出のために、アメリカの生糸需要が女性用フルファッション靴下に集中しつつある状況は幾度となく語られた。しかしその一方で、「広幅物に使用される生糸の量は較べものにならぬ位大きい」[15] とか、「下級格でも相当の売れ行き」[16] のあることも強調されていた。靴下原料に使用される生糸は、ほぼ白十四中と考えてよいが、表終-2に示したように、日本の輸出糸のうち、十四中が恒常的に５割を超えるのは1935年からである。アメリカでも靴下用が５割を超えるのは35年であった。

生糸市場から製糸業をみる場合、一方には、急速に消費を伸ばし、プレミアムの確保が期待される白十四中に特化しつつ、市場条件によって白十四中の多様な糸格を生産し得る条件を築いていった製糸家——その典型は郡是や組合製糸——が存在した。他方には、虫質が壮健で違蚕が少なく、解舒が良くて繰目が上がるが、靴下には不向きの黄糸製糸家や靴下用以外の白糸を生産する製糸家が多数存在した。これらの生糸はアメリカ市場で人絹と激しい価格競争を演

表終-2　全国輸出生糸の糸格別割合（1932～37年）

	1932年度	1933年度	1934年度	1935年度	1936年度	1937年度
14中SP 3 A	0.6	1.9	3.6	4.8	2.5	3.7
3 A	1.7	2.5	3.9	5.9	5.0	7.4
2 A	4.6	5.6	7.0	8.8	9.0	11.1
A	5.4	6.2	6.1	7.0	7.8	7.6
B	7.0	8.4	6.6	5.4	5.7	5.4
C	7.2	9.1	6.6	6.4	6.7	6.5
D	9.0	10.3	7.9	8.3	7.9	8.0
E～G	8.0	6.1	6.4	7.4	7.1	5.2
14中総計（俵）	(43) 230,800	(50) 263,895	(48) 248,482	(54) 296,321	(52) 258,929	(51) 289,740
総受検数（俵）	526,388	522,304	513,262	545,200	496,351	510,955

出典：各年次『生糸検査所事業成績報告』。
注：14中総計の（　）内は％。

じつつ、次第に排除されていったが、中米やインド、オーストラリアなどの新市場を開拓した。そしてまた、この時期にいっそう増大する国内市場、即ち、輸出絹織物、あるいは国内向け絹織物の原料生産者として残っていくのである。片倉は前者の条件も達成し、郡是に劣らない高級生糸の供給者の地位を築くが、恐らくはその巨大さの故に、高級絹靴下に特化することは不可能であったのであろう。前述したように、後者の側面をかなり残していた。

3　蚕糸業の「一元的経営」へ

1932年は種々の意味で蚕糸業の大きな転換点の一つであった。32年以降、時局匡救事業として桑園の整理改植が開始され、桑園から水田に戻るところが増加した。31年に蚕糸業組合法が制定され、養蚕実行組合が全国的に組織されていく。恐慌の中で産繭処理難が叫ばれ、32年以降国費を投じた繭共同保管を実施し、乾繭装置を持つ養蚕農民の共同繭倉庫の設立がはかられ、乾繭取引が次第に普及していった。産繭処理問題の議論のなかで、次第に比重を高めていた特約取引の可否が大きな問題になり、種々の議論を経た後、36年の産繭処理統制法によって、乾繭取引は「合理的産繭処理」の一つとされた。この統制法によって繭検定取引も強制されることになった。

製糸業に対しても、1932年、製糸業法が公布されて免許制となり、150釜未満の工場を排除していく方針と、製糸業の統制による蚕糸業の安定化をはかっていく方針が明示された。小規模製糸工場に対しては、製糸業法に基づき、製糸共同施設を奨励した。製糸業の特殊性の故に明治期から存在した組合製糸も、32年には産業組合製糸拡充五年計画を立て、積極的な普及活動を開始する。

恐慌のなかで生糸価格が崩落したまま回復せず、人絹の進出により需要も減少していくことが明らかとなってきた。巨大な製糸家が没落して製糸工女は路頭に迷い、繭価格も暴落し、200万戸を超える養蚕農民は危機に瀕し、蚕糸業地帯の金融機関も相次いで打撃を受け、社会不安が醸成されてくる。こうした事態に如何に対応するかが大きな問題となったのである。

如何に蚕糸業の延命をはかるか。一つは栽桑・蚕種から製糸業までの製造工程の改善により、低落した価格に耐え得る生糸を製造することである。そのために原蚕種国営、桑園の効率化、育蚕法の省力化、製糸企業への統制がはかられるのである。第二には、人絹との差別化を目指した方向である。生糸の欠点を克服し、特性をより発揮するためにアメリカ市場の要求に応えることであった。生糸は原料繭の規定性が極めて強いが故に、製糸業と養蚕業との「一元化」がはかられるのである。この二点はもちろん別々のものではなく、密接に関係している。「一元化」は品質の改善のみでなく、製造工程に多大の影響を与え、生糸の価格低下に耐えうるものでもあった。その動きは、製糸業と養蚕業の双方からすでに進行しつつあった。製糸業からは特約組合による養蚕業の囲い込みであり、蚕種製造業への進出であった。養蚕業からは組合製糸による製糸への進出であり、乾繭共同販売による産繭処理であった。

1937年の産繭処理割合をみると、特約取引が48%、組合製糸が12%、乾繭取引が18%となっている。乾繭取引には多様な形態があり、蚕糸業救済のためにとられた政策的誘導が大きな役割を果たしたが、中心は実行組合・産業組合による養蚕農民の共同処理・共同販売であり、養蚕農民の産繭処理への進出形態の一つである。

組合製糸の側からは組合の弱点を克服するために、部分的な組合の営業製糸化が叫ばれ、営業製糸の側からは組合製糸の利点を導入することが主張された。

両者は其の根本主義を異にしながら、実践的には互ひに採長補短的に近接しつつある。一部では組合製糸の資本主義への降伏と謂ひ、一部では特約製糸の協同組合主義への転向とさへ評している[17]

片倉は自らの発展の根拠の一つであった「悪クトモ安キ繭ヲ仕入レ格下品ヲ盛ンニ製造シテ高ク販売セントスル」を「過去ノ方針」と非難し、良質な繭を養蚕農民の納得できる価格で購入し、片倉の方法で良質な生糸を製造販売していくことを表明する。

糸価ハ次第ニ低落ノ傾向ニアルヲ以テ、之ヲ安キ繭ノミニテ見合ヒセントスルハ不可ナリ……原料繭ハ出来ルダケ高価ニ買ヒ蚕業政策ヲ妨ゲザランコトヲネガフ、入荷前ハ組合製糸ノ組織ニ於テ行ヒ、入荷後ハ片倉ノ現在方針デ之ヲ行ヘバ鬼ニ鉄棒デアル[18]

片倉を代表する今井五介も、1935年には共栄蚕糸組合という形で、蚕糸業の「一元化」に関する包括的な案を発表した。片倉・郡是は高い利益を挙げた年次には決算後、繭代金の追加払いという名目で特約農民への配当を行うにいたっている[19]。

製糸資本の特約農民への対応は、もちろん一定の枠内のことである。新繭出廻り期に予想よりも清算市場が上昇した場合には、大製糸6社が連合して取引所に「六社玉」を売り浴びせ、糸価の沈静をはかったことも一再ではなかった。また当時よく主張されたように、特約組合は糸質本位で虫質無視、多労働、現金支出も多かったことは否めず、特約農民は「製糸場現業部の労働者」「違蚕と糸価変動の危険転嫁組織」という非難も的外れではなかった。この非難は大製糸の特約組合にのみ当てはまるだけではなく、一部の組合製糸にも放たれるようになった。生糸の特質を十分に発揮してアメリカ市場で生き残っていくためには、蚕種・養蚕・製糸の各部門を「一元化」して、良質で安価な生糸を製造することが不可欠となったのである。

4　アメリカ向け輸出の途絶

恐慌と人絹の進出によって危殆に瀕した蚕糸業の維持、回生のために、種々の手段が模索された。輸出商・売込商・製糸家・養蚕農民・蚕種製造家など、多くの業界の利害が対立する中で、成案を得ることは困難だったが、1934年４月の輸出生糸取引法、36年５月の産繭処理統制法、37年３月の糸価安定施設法の三つの法律の制定によって、一段落を告げたのであった。

日中戦争の勃発、都市爆撃の開始、パネー号事件によって米国では日貨排斥運動が広がった。排斥の対象は多様な品目に及んだが、最大の問題は生糸であった。「日本の侵略に反対する委員会」(Committee for Boycott against Japanese Aggression) などの排日貨運動団体が組織され、ビラを作成・配布した。それらのビラは「生糸が爆弾を買う」と言った衝撃的な見出しを掲げ、「日本の侵略を金融的に援助する絹靴下の重要性はますます増大している」と絹靴下に対象を絞り、木綿製や人絹靴下の使用を奨励した[20]。

しかし、この生糸の不買運動は成功しなかった。その理由は、第一に木綿製や人絹製靴下と絹靴下の間には決定的な品質の格差があったこと、第二に米国が消費する生糸の大部分を日本が供給していたこと、さらに第三に絹靴下製造業者団体が積極的な反排日貨のキャンペーンを展開したことである。米国絹靴下製造業者協会専務理事は、38年初頭次のような声明を発表した。代用品の可能性を探ってはいるが、「生糸の有する独自の品質に匹敵する製品を作りえない」、絹靴下工業は325の会社を擁し、１億5,000万ドルの投資を行い、８万5,000人の労働者を雇用している。絹靴下の製造を中止すれば、設備は綿や人絹には転用できずに無駄になり、労働者の収入を減少させ、「失業者を一層増す結果を生ずる」として、生糸不買運動に反対を表明したのである[21]。

1938年10月、デュポン社が開発途上のナイロンについて発表すると、靴下・パラシュートの原料として重要であつた生糸に代替するものとして大きな話題になった。日本からの輸入は莫大な量に達し、それが中国への侵略のための軍需物資購入の手段になっているのを苦々しく思っていた米国人が、それを囃し立てたのである。

39年７月26日の日米通商航海条約の廃棄通告は、横浜生糸市場にも衝撃を与えたが、白十四中Ｄ格で1,300円から1,250円に低落しただけであった。横浜の生糸業界は、「生糸は平和産業品であるからとか、又は米国絹業の原料品だからと云ふやうなことのみで、今では無条件楽観を許さぬ時代」[22]と、すでに日米関係の悪化を織り込んでいたのであった。

生糸相場は一進一退の状況だったが、それが変化したのは欧州情勢の緊張だった。欧州戦争の勃発が明らかになった39年9月5日は立会が停止され、その翌日には1,300円台から一挙に1,500円台に入り、12月には2,000円を突破した。米国への欧州からの生糸輸入の途絶、日米関係のいっそうの悪化を懸念した米国からの仮需が発生したのである。昭和恐慌以来、奈落の底にあえいでいた日本の蚕糸業全体にとって、この39年末の価格高騰は、まさに「日本の製糸業に対するアメリカからの最後の贈り物」であった。

41年3月に制定された蚕糸統制法に基づき、41年から計画生産が開始される。桑園は食糧増産のために整理され、製糸工場も釜数の整理計画がたてられた。日米関係断絶を懸念し、41年は見越し需要、見越し輸出によって輸出価格は好調だった。7月、資産凍結が発表されると、市場はすでにそれを織り込んでいたため、平静を保ち、従来のような狼狽売りは生じなかった。輸出価格は凍結令発動時1,600円だったが、維持価格は1,350円であり、投げ売りが出ても維持価格以下になることはなかったのである。輸出業者はその後、米英ブロック以外への輸出にも努力するが、微々たる量にとどまった。

横浜開港以来、世界の需要に対応して発展を遂げ、日本の近代化を支えてきた蚕糸業は最大の輸出先との戦争によって市場を喪失し、軍需品として細々と生産を継続するだけとなった。貿易を支えてきた関係業者は統制会社に商権を委ね、全面的な転業・廃業を余儀なくされた。しかし彼らは、戦争が終われば、再び生糸貿易・蚕糸業が復活するだろうという期待を持って、戦争末期の苛烈な時代を過ごしていった[23]。

注

1）『蚕糸界報』（第513号、1934年11月）24頁。

2） 原合名『原生糸月報』（1928年新年号）4～5頁。

3）『蚕糸界報』（第440号、1928年10月）28頁。
4）『蚕糸界報』（第448号、1929年6月）2頁。
5）『中央蚕糸報』（第149号、1928年12月）3頁。
6）神栄生糸株式会社『神栄生糸時報』（第37号、1928年8月）2頁。
7）片倉と郡是の動向については、松村敏「昭和恐慌下の養蚕農民」（椎名重明編『ファミリーファームの比較史的研究』御茶の水書房、1987年）、花井俊介「繭特約取引の形成と展開」（『土地制度史学』第118号、1988年）、高梨健司「一九三〇年代の片倉・郡是製糸の高級糸市場における地位」（『土地制度史学』第123号、1989年）、および本書第4章参照。
8）片倉製糸紡績株式会社「大正十五年十一月　所長会議」（『自大正十三年至昭和三年　所長会議関係雑書類』片倉工業所蔵）。
9）郡是製糸神戸出張所「昭和四年度　販売史」53～54頁（グンゼ株式会社所蔵）。
10）片倉製糸「昭和五年二月　所長会議記録」（片倉工業所蔵）。
11）秘書課「昭和五年十月二十三日、二十四日　場長会録事」二丁（グンゼ株式会社所蔵）。
12）秘書課「昭和六年五月十二、十三日　場長会録事」一四丁、秘書課「昭和五年九月六、七日　場長会録事」一七丁、秘書課「昭和七年十二月一日　場長会録事」七丁（グンゼ株式会社所蔵）。
13）「昭和八年二月　所長会議記録」（片倉工業所蔵）。
14）「昭和十一年二月　所長会議記録」（片倉工業所蔵）。
15）「スリーキャリアーシステムとは」（『産業組合製糸』第4巻第6号、1936年6月）18頁。
16）全国製糸業組合連合会『製糸』（第7号、1934年1月）19頁。
17）『蚕糸界報』（第522号、1935年5月）13頁。
18）林要一郎「昭和五年　所長会議記録」33頁（片倉工業所蔵）。
19）『蚕糸界報』（第512号、1934年10月）81頁、及び『今井五介翁傳』（1949年）271～275頁。
20）「（日貨排斥を呼びかける英文ビラ）」（上山和雄・阪田安雄共編『対立と妥協――1930年代の日米通商関係――』第一法規、1994年）。
21）「生糸に国籍なし」（『蚕糸経済』第102号、1938年3月）29頁。
22）「条約廃棄と生糸問題」（『蚕糸経済』第119号、1939年8月）3～4頁。
23）小島周次郎『生糸と共に』（上山和雄監修、神奈川新聞社、1987年）第六章。

あとがき

國學院大學の定年を迎える年に、ようやく本書を刊行することができた。思い起こせば、長い回り道であった。生糸や養蚕を勉強しようと思ったのは、長野県松本市にあった信州大学文理学部の卒業論文作成の際であった。近代史の分野では、明治維新や社会運動などの研究が盛んだったが、そうした分野よりも社会経済史に興味を持ち、また「下から」「上から」の資本主義の発展といった議論が盛んな中で、「下から」の典型である蚕糸業と「上から」の政策的対応がどのよう関係したのだろうかといった関心から、蚕糸業を対象にした。もちろん、長野県が蚕糸業の発展を主導した地域であり、勉強しやすいだろうということもあった。当時、長野県史の編さんが始まり、高校の先生から県史編さん室に転じられた町田正三先生などにお世話になりつつ、県庁文書などを使って明治前期の蚕糸業政策を取り扱った。

東京大学大学院の修士課程では、蚕糸業を一つの核にしつつも、より広げた勧業政策という視点で修士論文を作成した。振り返ってみれば、本書の構成に大きな影響を与えている石井寛治氏の著書が刊行されたのは、筆者が修士課程の２年生の時である。本書の「序」において述べているように、『史学雑誌』にかなり長い書評を書かせていただいた。石井氏の枠組みに大きな違和感を持ったが、壁はあまりにも高く見え、蚕糸業よりも経済政策の方向に舵を切っていった。

政策に関する論文を何本か発表したが、隔靴掻痒というか、しっくりしないものを感じ、改めて「歴史」の中へ分け入りたいという欲求が高まっていた。私にとっての「歴史」というのは、人々が悪戦苦闘して生き、人々が交叉し織りなして作りあげた「地域社会」であった。地域の中で生きた人々や組織、その人々や組織が作り上げた地域のありようを明らかにする、養蚕・製糸が生きる核であった人々や組織団体、彼らが織りなした地域や団体を検証しよう、それを通じて近代日本の蚕糸業とは何だったのかも明らかにする、という方向に動いていった。そうして長野県の上田市・小諸市・飯田市をフィールドに、調査と研究を続けた。上田では市立博物館を拠点に幕末・維新期の研究をさせていただき、飯田でも原家をはじめとする方々や図書館などのお世話になった。

この間、長野県史や佐久市史にピンチヒッターのような形で関わったり、一般的な書物に蚕糸業に関する論文を書かせていただいたりした。フィールドに入って実証的な研究を続けるだけでなく、生糸出荷先の横浜、輸出先のニューヨークの動向を調べ、第1章のもとになる原稿を書いた。さらに高村直助先生の現役・OBのゼミ生で、日露戦後の日本経済をテーマとする論集を編むということになり、本書第2章の論文を作成した。同論文はアメリカの市場動向に日本の養蚕業や製糸業がいかに対応したかを、政策も含めて論じたものである。筆者にとって心残りなのは、本論で使用した純水館や依田社、野村家などの分析を十分に果たせなかったことである。

筆者が城西大学から國學院大学に移ったのは1984（昭和59）年であったが、ほぼ時を同じくして、高村先生の推薦により横浜市史に従事することになり、貿易や蚕糸業を担当することになった。本書第3、4、8章はその成果でもある。第5、6、7章は長野県下伊那郡の養蚕業・製糸業を分析したものである。上郷町（現、飯田市）の原常吉家を初めて訪問したのは城西大学に勤務していたころであった。短期間在職した横浜開港資料館の友人たちが、原家を含む飯田周辺の資料調査に入るとの話を聞き、同行させていただいたのがきっかけである。その後、単独でいく度かお邪魔させていただき、何人かの知己を得ることができた。

いったん飯田地域との付き合いはなくなったが、飯田市史の後継的組織として東京大学の吉田伸之氏などを中心に歴史研究所を構想している、その一員に加わらないかという話が出てきた。そうして研究所の顧問研究員という肩書をいただき、飯田とのご縁が復活した。研究員として何か話をせよと言われ、下伊那の蚕糸業の話をしたところ、喬木館経営者吉澤家の奥様がおいでになっていたのである。拝見した喬木館の資料は膨大であり、開港資料館に引き受けていただいた。

蚕糸業と筆者との関わりはおおよそ以上のようなものである。「序」や本文で記した蚕糸業を研究されてきた先学、近年も精力的に研究を発表されている研究者の方々からは、直接、間接に大きな影響を受けてきた。「序」に記したように、本書に収載したもっとも古い論文は1983年のものである。こうした古い論文を含めて編むことに若干のためらいもあったが、近年も第１・２章を参照していただくことが多く、筆者の実証的研究の根拠であることに鑑み、一書とした。商社史や軍隊と地域、あるいは首都圏史、渋谷学などに手を染めながらも蚕糸業に関する研究には目を配ってきたつもりではある。しかし、近代日本の他の産業分野よりもはるかに多くの研究が蓄積され続けており、こうした研究をすべてフォローすることはできず、私の関心に合致する限りで取り上げざるを得なかった。

以上記したように、フィールド調査に際しては資料所蔵者の方だけでなく、何人もの方々に多くのご援助をいただき、論文とするに際しては多くの先学や友人、若い方々のご助力、ご批判を得てきた。お一人おひとりお名前を記せないが、心から感謝申し上げる。

最後になったが、日本経済評論社の栗原哲也前社長、柿﨑均現社長、編集の谷口京延氏には改めてお礼を申し上げたい。同社とは筆者の最初の単著『陣笠代議士の研究』をお引き受けいただいて以来のご縁である。

本書は、「國學院大学出版助成（乙）」をいただいて刊行することができたことを記しておく。

図表一覧

第1章

第2章

第3章

第4章

第5章

第6章

第7章

第8章

終　章

索　　引

事項索引

あ行

か行

さ行

た行

な行

は行

ま行

や行

ら行

人名索引

あ行

か行

さ行

た行

な行

は行

ま行

や行

【著者略歴】

上山 和雄（うえやま・かずお）

1946年　兵庫県に生まれる
東京大学大学院博士課程満期退学　博士（文学）
城西大学助教授を経て
國學院大学教授・横浜開港資料館館長
著書　『陣笠代議士の研究』（日本経済評論社、1989年）
『北米における総合商社の活動』（日本経済評論社、2005年）
編著書『対立と妥協――1930年代の日米通商関係――』（第一法規、1994年）
『帝都と軍隊――地域と民衆の視点から――』（日本経済評論社、2002年）
『歴史の中の渋谷――渋谷から江戸・東京へ――』（雄山閣、2011年）
『戦前期北米の日本商社――在米接収資料による研究――』（日本経済評論社、2013年）
『柏にあった陸軍飛行場――「秋水」と軍関連施設』（芙蓉書房、2015年）

日本近代蚕糸業の展開

2016年11月28日　第1刷発行　定価（本体8000円+税）

著　者　上　山　和　雄
発行者　柿　﨑　均

発行所　株式会社　日本経済評論社
〒101-0051　東京都千代田区神田神保町3-2
電話　03-3230-1661　FAX　03-3265-2993
E-mail：info8188@nikkeihyo.co.jp
URL：http://www.nikkeihyo.co.jp/

装幀＊渡辺美知子　印刷＊文昇堂・製本＊誠製本

乱丁落丁はお取替えいたします。　Printed in Japan

ISBN978-4-8188-2434-8